Quelles proximités pour innover ?

GÉOGRAPHIES EN LIBERTÉ

sous la direction de Georges Benko

GÉOGRAPHIES EN LIBERTÉ est une collection internationale publiant des recherches et des réflexions dans le domaine de la géographie humaine, conçue dans un sens très large, intégrant l'ensemble des sciences sociales et humaines. Bâtie sur l'héritage des théories classiques de l'espace, la collection présentera aussi la restructuration de cette tradition par une nouvelle génération de théoriciens.

Les auteurs des volumes sont des universitaires et des chercheurs, engagés dans des réflexions approfondies sur l'évolution théorique de la discipline ou sur les méthodes susceptibles d'orienter les recherches et les pratiques. Les études empiriques, très documentées, illustrent la pertinence d'un cadre théorique original, ou démontrent la possibilité d'une mise en oeuvre politique. Les débats et les articulations entre les différentes branches des sciences sociales doivent être favorisés.

Les ouvrages de cette collection témoignent de la diversité méthodologique et philosophique des sciences sociales. Leur cohérence est basée sur l'originalité et la qualité que la géographie humaine théorique peut offrir aujourd'hui en mettant en relation l'espace et la société.

Déjà parus :

23. *Milieu, colonisation et développement durable*
V. BERDOULAY et O. SOUBEYRAN, eds., 2000
24. *La géographie structurale*
G. DESMARAIS et G. RITCHOT, 2000
25. *Le défi urbain dans les pays du Sud*
M. ROCHEFORT, 2000
26. *Villes et régions au Brésil*
L. C. DIAS et C. RAUD, eds., 2000
27. *Lugares, d'un continent l'autre...*
S. OSTROWETSKY, ed., 2001
28. *La territorialisation de l'enseignement supérieur et de la recherche. France, Espagne et Portugal*
M. GROSSETTI et Ph. LOSEGO, eds., 2003
29. *La géographie du XXIe siècle*
P. CLAVAL, 2003
30. *Causalité et géographie*
P. CLAVAL, 2003
31. *Autres vues d'Italie. Lectures géographiques d'un territoire*
C. VALLAT, ed., 2004
32. *Vanoise, 40 ans de Parc national. Bilan et perspectives*
L. LASLAZ, 2004
33. *Le commerce équitable. Quelles théories pour quelles pratiques ?*
P. CARY, 2004
34. *Innovation socioterritoriale et reconversion économique : le cas de Montréal*
J.-M. FONTAN, J.-L. KLEIN, D.-G. TREMBLAY, 2005
35. *Globalisation, système productifs et dynamiques territoriales. Regards croisés au Québec et dans le Sus-Ouset français.*
R. GUILLAUME, ed., 2005
36. *Industrie, culture, territoire*
S. DAVIET, 2005
37. *Chroniques de géographie économique*
P. CLAVAL, 2005
38. *Les clusters de l'aéronautique. EADS, entre mondialisation et ancrage territorial*
V. FRIGANT, M. KECHIDI, D. TALBOT, 2006
39. *Géographie de l'Espagne*
R. MENDEZ, ed., 2006
40. *Géographies et géographes*
P. CLAVAL, 2007
41. *Quelles proximités pour innover ?*
A. RALLET, A. TORRE, eds. 2007

Sous la direction de
Alain Rallet et André Torre

Quelles proximités pour innover ?

L'Harmattan
5-7, rue de l'École-Polytechnique ; 75005 Paris
France

L'Harmattan Hongrie
Könyvesbolt
Kossuth L. u. 14-16
1053 Budapest HONGRIE

Espace L'Harmattan Kinshasa
Fac..des Sc. Sociales, Pol. et Adm.
BP243, KIN XI
Université de Kinshasa – RDC

L'Harmattan Italia
Via Degli Artisti, 15
10124 Torino
Italie

L'Harmattan Burkina Faso
1200 logements villa 96
12B2260 Ouagadougou 12
BURKINA FASO

www.librairieharmattan.com
harmattan1@wanadoo.fr
diffusion.harmattan@wanadoo.fr

ISBN : 978-2-296-02647-6
EAN : 9782296026476

SOMMAIRE

Introduction
Faut-il être proches pour innover ensemble ?
Alain Rallet , André Torre **7**

Partie I
La localisation des activités innovantes

Chapitre I
Polarisation et internationalisation des activités d'innovation : incidences sur la spécialisation technologique des nations
Rémi Lallement, El mouhoub Mouhoud, Sandrine Paillard **19**

Chapitre II
La localisation des firmes de haute technologie : le cas des biotechnologies
Messaoud Zouikri **51**

Partie II
Les systèmes localisés d'innovation

Chapitre III
Réseaux d'innovation et diversification économique de l'environnement Côte d'Azur
Adel ben Youssef, Michel Quéré **77**

Chapitre IV
L'interactivité des composantes sectorielles « conception – assemblage final – commercialisation » comme caractéristique d'un système industriel localisé, l'exemple d'Airbus à Toulouse
Jean-Marc Zuliani **93**

Partie III
La géographie des connaissances

Chapitre V
Les caractéristiques spatiales de la création et de la diffusion des connaissances technologiques françaises : une exploitation de données contenues dans les brevets
Claudine Gay, Fabienne Picard **111**

Chapitre VI
La densité scientifique et technologique des régions, facteur de la capacité d'innovation des firmes
Jean-Alain Héraud, Francis Munier, Patrick Rondé **133**

Chapitre VII
Le débat sur la nature des agglomérations innovantes : éclairages théoriques et empiriques
Nadine Massard , Stephane Riou **151**

Partie IV
Quelle diffusion locale des connaissances ?

Chapitre VIII
Les Réseaux d'Innovation sont-ils localisés?
Proximité et diffusion des connaissances (le cas des PME de l'« agbiotech»)
Delphine Gallaud , André Torre **177**

Chapitre IX
La distance culturelle entre pays européens ralentit-elle la diffusion de connaissances ?
Caroline Hussler **197**

Liste des auteurs **219**

INTRODUCTION

FAUT-IL ETRE PROCHES POUR INNOVER ENSEMBLE ?

ALAIN RALLET
ANDRÉ TORRE

On connaît l'histoire. Jusqu'aux années 80, le thème de l'innovation est souvent délaissé, au point qu'il n'est même pas abordé par la plupart des études économiques. Les références à Schumpeter restent épisodiques et convenues, juste le coup de chapeau que l'on donne à un génial pionnier dont on ne sait trop que faire. Le sujet est réputé intraitable par l'analyse économique. Et puis tout s'emballe avec les travaux des auteurs évolutionnistes et de leurs prédécesseurs, des Nelson et Winter aux Dosi et Lundvall, en passant par Pavitt et Rosenberg. Ces derniers révèlent tout l'intérêt du sujet. L'innovation compte, elle est importante, ce serait même un moteur de l'économie. Elle a des particularités, des sources, des cycles, elle est majeure, ou incrémentale, portée par la technologie, tirée par le marché. Et l'on découvre alors que cette innovation est liée aux connaissances, et pas seulement aux volumes de R&D, et encore que les savoir-faire, les capacités humaines, les compétences, sont essentiels et qu'ils contribuent à la marche des économies et aux mutations qui les caractérisent. Même les auteurs du mainstream s'y mettent, et élaborent des modèles dans lesquels le capital de connaissances constitue l'une des variables déterminantes de la croissance des économies contemporaines.

La phase suivante consiste à explorer les caractéristiques de l'innovation. On cherche à établir des régularités dans les relations avec la recherche, les connaissances, les compétences, puis à approfondir les liens avec la croissance, le développement des économies et la place ou le rôle joué par les Institutions dans ce mouvement. On en vient à identifier et à caractériser des systèmes nationaux d'innovation. Ils sont liés aux idiosyncrasies des structures de production, mais également aux incitations ou réglementations mises en place au niveau national, ainsi qu'à la structure même des institutions et à leur implication dans le processus de développement économique. Parallèlement, les statistiques concernant l'innovation, les brevets, la R&D, commencent à se faire plus nombreuses. Et l'on fait une constatation : l'innovation est spatialement concentrée, voire très concentrée ! Au niveau mondial tout d'abord, car elle ne concerne que quelques pays sur la planète, du moins sous sa forme canonique. Au niveau régional ensuite, car les activités d'innovation sont regroupées dans certaines régions, au détriment des autres. Au niveau local enfin, les entreprises innovantes ou les laboratoires de recherche ayant tendance à se localiser dans les mêmes périmètres ou à se rapprocher au sein de systèmes d'innovation localisés.

Alors naît l'idée qui va faire à la fois le bonheur des chercheurs et la fortune des politiques : il est important, voire essentiel d'être proche pour innover. En d'autres termes, la proximité géographique est nécessaire, ou favorable, à l'innovation.

I- LE DOGME

C'est la doxa des années 80 et 90. Les politiques et décideurs locaux sont les premiers à s'en emparer, en s'appuyant sur le succès de certains systèmes locaux, au premier rang desquels les mythiques Sillicon Valley ou route 128 (Sophia Antipolis, sous nos latitudes). Ils contribuent alors à la promotion ou au développement de technopoles, de parcs scientifiques, de zones d'activités technologiques, de tailles et d'ambitions diverses… dans toutes les régions, les villes et les bourgs. L'équation retenue est simple : 1) l'innovation constitue un moteur de la croissance économique ; 2) les entreprises innovantes et éventuellement les laboratoires de recherche ont besoin d'être localisés côte à côte pour bénéficier au maximum de leurs contributions respectives ; 3) il faut donc édifier ou favoriser l'implantation de zones spécifiquement dédiées à l'activité d'innovation, dans le but d'entraîner ou d'accélérer le processus de développement local.

Dans le même temps, les chercheurs mettent en évidence les performances de différents types de systèmes locaux de production, des districts industriels aux milieux, puis en déduisent une classification en termes de systèmes localisés d'innovation. On va ainsi, et successivement, voir apparaître les termes et les concepts de districts technologiques (Antonelli, 2000), de milieux innovateurs (Camagni, 1991 ; Maillat, 1995) et plus récemment de clusters (Porter, 1990 et 2000 ; Steiner 1998), tous porteurs d'une idée commune : la co-localisation des firmes innovantes et éventuellement des laboratoires de recherche privée ou publique constitue un préalable favorable au développement d'une activité d'innovation.

Mais pourquoi ? Les idées avancées sont nombreuses et souvent confuses, voire contradictoires. Il s'agirait de favoriser la fertilisation croisée entre les entreprises, de permettre aux ingénieurs d'échanger leurs idées, d'encourager la création et l'émergence d'une ressource locale, de faire émerger un capital humain localisé et non délocalisable, de créer des relations de confiance entre les innovateurs, de développer les transferts science-industrie, de concentrer les scientifiques les plus en pointe, de regrouper en un même lieu des entreprises très performantes dans le même secteur dans le but de favoriser les transferts de connaissances tacites, de co-localiser des activités complémentaires afin de recréer une chaîne de compétences… Une justification majeure émerge toutefois : la proximité géographique entre les entreprises innovantes, ou avec les laboratoires de recherche, est favorable à la mise en oeuvre de synergies et à la transmission de connaissances relatives à l'activité d'innovation.

Et puis tout se mélange. Les décideurs publics s'emparent (tardivement) des cadres analytiques élaborés par les économistes et commencent à favoriser la mise en œuvre ou le développement de systèmes localisés d'innovation. En France, c'est le travail de la DATAR sur les districts, puis les systèmes localisés, et aujourd'hui la saga des pôles de compétitivité. Ils doivent assurer la mise en œuvre de relations fortes, au niveau local, entre les composantes industrielles et scientifiques des activités d'innovation, et nous permettre de reprendre une place enviable dans la hiérarchie des champions nationaux. En Italie ce sont les aides et la promotion des districts, au Japon les programmes sur les technopoles, dans les pays du Nord de l'Europe les pôles locaux de développement. Partout dans le Monde c'est l'engouement pour les clusters, la nouvelle Mecque de l'économie (Martin et Sunley, 2003 ; Karlsson, 2005). Promus par l'OCDE (2001) outils majeurs de développement, ils sont censés combiner les vertus de la bonne vieille économie productive et les appâts de l'économie de la connaissance, et doivent permettre d'associer les synergies internes avec l'ouverture aux techniques et idées venues de l'extérieur. Certes, les chercheurs peinent à donner un contenu théorique cohérent à des notions si disparates, mais ils adhèrent souvent massivement à l'idée des vertus de la proximité géographique, et tentent même des débuts de théorisation de systèmes d'innovation tels que les technopoles ou les parcs scientifiques. Les travaux théoriques ou appliqués sur les clusters sont légions et remplissent ouvrages et numéros de revues.

Alors que les fondements théoriques de cet édifice restent relativement vagues, un essor déterminant va être apporté à sa construction par la géographie de l'innovation (Feldman, 1994). Issus à la fois des approches en termes d'externalités positives d'innovation (du type « les secrets de l'industrie sont dans l'air » de Marshall) et des recherches sur les économies d'agglomération (davantage wébériennes), ces travaux cherchent à vérifier l'hypothèse des avantages de la proximité géographique, sans postuler de clôture du local. Ils analysent les externalités (ou *spillovers*) géographiques de connaissances et caractérisent la structure spatiale des activités d'innovation sans se limiter à des espaces délimités pré-existants (voir Massard et Torre, 2004). Pas de systèmes localisés, ici, mais des distances. Les méthodes utilisées, qui rejoignent celles de l'économétrie contemporaine, vont faire beaucoup pour le succès de ce courant, en permettant un dialogue avec les économistes orthodoxes. Fondées sur la réfutation empirique, elles s'appuient sur une modélisation des externalités géographiques d'innovation et de technologie. Selon Autant-Bernard et Massard (1999) quatre grands types d'approches peuvent être distingués en fonction des choix de modélisation opérés pour rendre compte des externalités d'une part, et de leurs caractéristiques géographiques d'autre part. Il s'agit respectivement de la recherche des marqueurs d'externalités (Jaffe, Trajtenberg et Henderson, 1993), de l'étude de la concentration de l'innovation (Audretsch et Feldman, 1996), de l'analyse de la proximité géographique comme input de la production d'innovation (Anselin, Varga et Acs, 1997) et de la modélisation des externalités et des interactions locales (Zucker et *alii*, 1998).

Dans tous les cas, les résultats révèlent une importance forte de la proximité géographique dans le processus de diffusion des connaissances. On peut dire, pour faire vite, que les entreprises innovantes et les laboratoires se trouvant souvent concentrés au sein des mêmes zones géographiques, on va mettre en évidence le caractère fortement localisé des externalités de connaissances ou, de manière plus générale, la forte sensibilité à la proximité géographique des relations science-industrie au sein des régions (souvent des Etats américains) ou des aires métropolitaines (Sonn et Sorper, 2003).

II- LES DOUTES

Ainsi donc, l'idée que la proximité géographique est essentielle, voire parfois consubstantielle, à la diffusion des connaissances et des innovations est largement acceptée, à la fois par les décideurs et par les spécialistes de l'innovation. Toutefois, des doutes sérieux commencent à émerger sur la validité et sur le bien fondé de cette hypothèse.

Les premiers sont de nature purement empirique et guidés par le simple bon sens. Il apparaît clairement à tout le monde, aujourd'hui, qu'il est impossible d'implanter en tout lieu et avec succès des systèmes localisés d'innovation, quel que soit le nom qu'on leur attribue : districts, clusters, pôles de compétitivité... Impossible d'en installer partout, d'abord, parce que la taille critique s'impose et qu'il est peu réaliste d'édifier une zone d'innovation dans une ville de petite taille, par exemple, ou dans le rural profond. Impossible d'atteindre le succès à tout coup, ensuite, comme le montrent de nombreux échecs subis au cours des années 90 : il est souvent difficile de transposer ou de recréer à domicile les expériences qui se sont révélées performantes dans une aire ou une région voisine. Ces limites remettent paradoxalement au premier plan le caractère fortement spatialisé de l'innovation, qui a entraîné l'apparition des recherches sur ce sujet : l'innovation reste spatialement concentrée dans un certain nombre de zones particulières. Mais elles viennent contredire l'hypothèse selon laquelle l'innovation entretient un lien fort et systématique avec le niveau local.

D'autres doutes se font jour à la lecture des entreprises de ces deux dernières décennies. Beaucoup de systèmes locaux d'innovation ont échoué, ou disparu. Mais les enseignements tirés de l'expérience de ceux qui ont réussi sont éclairants. Tout d'abord, et comme le montre l'exemple de Sophia-Antipolis (Longhi, 1999), l'histoire compte. Un système créé de toutes pièces ne peut d'emblée fonctionner sur le mode interactif. Il faut attendre que les ingénieurs et les dirigeants se connaissent, que les entreprises essaiment, que se tissent des liens inter-personnels, voire même qu'une seconde génération de jeunes chercheurs émerge au niveau local et se trouve, elle, réellement ancrée dans le territoire, avec l'envie d'y vivre et d'y réussir sa carrière professionnelle. Ensuite, il se confirme que les dimensions organisationnelles et institutionnelles sont déterminantes (Filippi et Torre, 2003). Un technopôle, un parc scientifique, existent avant tout grâce au travail d'une structure organisationnelle de base, qui attire des entreprises ou des laboratoires, qui réunit et fait se connaître les principaux protagonistes, insuffle un esprit local et promeut l'image de la zone d'innovation à l'extérieur. Et le rôle joué par les Institutions locales - ou par les services déconcentrés de l'Etat - est également central dans la réussite des zones d'innovation. Elles initient l'opération ou contribuent à son montage, accordent des exemptions ou des avantages fiscaux, voire apportent une contribution non négligeable au fonctionnement économique et financier du système local. Après tout, la Silicon Valley ou Campinas (au Brésil) ne doivent-ils pas l'essentiel de leur succès à leur liaison avec le complexe industrialo-militaire ou avec une grande Université soutenue par les subsides de l'Etat fédéral ?

A ces réserves viennent s'ajouter les nombreuses critiques faites à l'analyse des spillovers géographiques (voir en particulier Breschi et Lissoni, 2001), qui apparaît à la fois limitée et souvent abusive dans ses conclusions. Ces critiques, de trois ordres, laissent planer beaucoup d'interrogations sur la validité des travaux de géographie de l'innovation. Tout d'abord, une confusion s'établit souvent entre la co-localisation des entreprises ou des laboratoires et la présence d'externalités positives de connaissances. L'agglomération spatiale est parfois un peu rapidement présentée comme un indice des relations inter firmes ou laboratoires, alors qu'il peut fort bien s'agir d'une simple coïncidence géographique, ou encore du résultat d'efforts de nature institutionnelle. Ensuite, l'existence des spillovers est liée à une appréhension de la nature des connaissances qui varie selon les moments de l'histoire racontée. La connaissance peut en effet connaître des effets de débordements en raison de son caractère public, qui lui interdit d'être (totalement) appropriée par les acteurs qui la produisent. Mais, et là est le paradoxe, c'est son caractère tacite, c'est à dire fortement appropriable et difficilement transmissible, qui justifie la nécessité de relations de face à face plutôt que d'interactions à distance ! Enfin, ces analyses prétendent s'affranchir du lien aux systèmes locaux, avec la volonté de rendre compte d'une dimension « naturelle » des activités d'innovation. Mais elles sont souvent menées sur la base de regroupement géographiques de nature institutionnelle (districts, états, aires métropolitaines, régions...) plutôt que sur la distance kilométrique, ce qui soulève beaucoup de questions quant à la nature même des effets observés.

Enfin, différents travaux montrent que, contrairement à l'idée selon laquelle la co-localisation des firmes doit les conduire à collaborer en matière de technologie ou à échanger des connaissances au niveau local, il arrive souvent que les entreprises préfèrent entretenir des relations à distance plutôt qu'avec leurs voisins. Des études faites au sein de clusters de haute technologie révèlent ainsi la tendance à privilégier les relations avec l'extérieur du système local, en dépit des efforts faits par les institutions pour favoriser les synergies internes (Dahl et Pedersen, 2004). Un travail mené sur les réseaux de diffusion technologique français a mis en évidence le fait que, en dépit des incitations fortes à la collaboration avec les entreprises situées au sein du même espace géographique, les firmes manifestent une préférence, dans leurs échanges de connaissances technologiques, pour des partenaires avec lesquels s'est établie une habitude de collaboration. Ce résultat se vérifie même quand ces derniers sont situés à une distance respectable, qui implique des coûts de déplacement et de coordination importants (Rallet et Torre, 2001). L'histoire, les apprentissages, les dimensions organisationnelles, la confiance qui s'est instaurée dans la relation, comptent, souvent davantage que la seule proximité géographique.

Comme on le voit, si le caractère spatial et fortement localisé de l'innovation est depuis longtemps prouvé dans les faits, le rôle joué par la proximité géographique dans la circulation des connaissances est loin de faire l'unanimité. De sérieuses interrogations subsistent. En particulier, est-il nécessaire d'être proches, ou localisés au sein d'une même aire géographique, pour innover ensemble, voire même pour innover tout court ? En d'autres termes, la co-localisation des activités d'innovation est-elle contingente, résulte-t-elle du caractère même de la connaissance, ou dépend-elle de variables institutionnelles ou historiques locales ?

III- LES PISTES DE RECHERCHE

Un certain nombre de pistes de recherche ont été ouvertes, ces dernières années, pour tenter d'apporter des éléments de réponse à cette interrogation fondamentale.

La première repose sur la constatation, étonnamment tardive, qu'il est parfois risqué, pour une firme, de se trouver localisée dans le voisinage d'entreprises ou de laboratoires produisant ou utilisant les mêmes techniques ou les mêmes connaissances (Boschma, 2005). Le dommage peut se révéler important au niveau individuel, avec les fuites de connaissances, l'espionnage industriel ou l'intelligence économique, qui mettent en péril l'effort d'innovation et menacent les bénéfices escomptés de cette option. En effet, le caractère difficilement appropriable de l'activité d'invention et d'innovation lui confère également une dangerosité en matière d'appropriation, dangerosité accentuée par la faible distance. Comme on le voit ce débat renvoie à la question de la similitude ou de la complémentarité des activités d'innovation dans les systèmes locaux, en faisant pencher la balance en faveur du second type d'agencement, qui permet l'existence de firmes indépendantes et de taille supérieure à la TPE. Mais le problème peut également se retrouver au niveau collectif, avec des systèmes locaux qui pâtissent d'une trop grande proximité géographique entre leurs différentes composantes. Le fonctionnement en vase clos peut facilement conduire à un affaiblissement des capacités d'innovation, à une reproduction des mêmes schémas et à un manque d'inventivité. L'apprentissage interactif, dont le rôle demeure essentiel, peut souffrir de cette situation de lock-in spatial. De même, une trop forte ressemblance en matière d'innovations ou de traitement des connaissances entre les entreprises ou les laboratoires appartenant au même système local va ôter tout intérêt à une collaboration éventuelle, et militer plutôt en faveur de la recherche de liaisons externes au système local (encore un argument favorable à la complémentarité plutôt qu'à la similitude). Ainsi, les vertus de la proximité géographique se voient mises en balance avec des inconvénients forts, qui doivent s'apprécier selon des types d'activités et des caractéristiques propres des différents processus d'innovation, en particulier en fonction des disparités sectorielles.

Un autre sujet d'étude intéressant est celui des canaux de transmission des fameux spillovers d'innovation. Il est clair que s'il y a circulation des connaissances ou des capacités d'innover au niveau local, la voie des airs n'est pas suffisante. Les connaissances se transmettent entre des individus, dans le cadre de leurs relations professionnelles ou amicales : la dimension interactive est essentielle. C'est la raison pour laquelle les modalités de dissémination des savoirs, au nombre de cinq ou six en première approche, doivent être étudiées de près. Les relations informelles entre ingénieurs ou techniciens, tout d'abord, qui permettent l'échange d'expériences et de recettes, semblent nécessiter une certaine proximité géographique si elles sont nombreuses et répétées. Les collaborations et coopérations entre firmes en matière scientifique ou de R&D ensuite, si nombreuses et diversifiées qu'il est ici impossible de les dénombrer et dont le statut reste beaucoup plus incertain au regard de leur liaison à l'espace (voir par exemple Fritsch et Franke, 2004). Puis les liaisons science-industrie, aujourd'hui au centre de toutes les attentions des décideurs et dont on prétend souvent qu'elles sont fondées sur un échange de connaissances tacites non diffusables à distance (Macpherson, 2002). Et aussi les achats de brevets ou licences, dont l'installation ou la mise en œuvre nécessitent souvent les capacités de travailleurs compétents, si bien que la dimension interactive ne doit pas être négligée. La mobilité inter-firmes des employés, enfin, qui permet de comprendre comment certaines connaissances et compétences peuvent circuler au sein d'aires géographiques déterminées, encastrées dans les individus (Almeida et Kogut, 1997). Sans parler des marchés de la connaissance... De plus, il faudrait s'interroger de manière plus approfondie sur la capacité des firmes à absorber les connaissances provenant de l'extérieur, et sur les efforts de R&D ou le développement de la ressource humaine qui doivent être mis en oeuvre au niveau interne afin de rendre l'entreprise capable de reformuler et de s'approprier ainsi les savoirs disponibles (Cohen et Levinthal, 1989).

Mais ces approches manquent dans l'ensemble d'une vision dynamique et s'attachent curieusement assez peu à la dimension évolutive du processus d'innovation, souvent pensé comme un flux permanent de connaissances circulant de manière continue entre deux pôles. Pourtant, l'approche évolutionniste nous a averti du caractère dynamique et changeant du processus d'innovation, et de la nécessité d'en identifier les moments clés et les ruptures. C'est la raison pour laquelle il apparaît aujourd'hui nécessaire, afin d'être en mesure d'apporter une réponse quant à la place occupée par la proximité géographique dans les activités innovantes, de situer son rôle et d'identifier sa place dans le déroulement du processus d'innovation, ou encore du cycle de vie de l'innovation. On s'apercevra alors que la proximité géographique peut s'avérer importante, voire nécessaire, à certains stades du processus interactif, alors qu'elle est bien plus contingente, voire inutile, à d'autres moments :

- par exemple, différentes études montrent maintenant que la proximité géographique va se trouver mobilisée selon des manières et des hauteurs différentes (voire pas du tout) en fonction des étapes du processus de collaboration (Gallié et Guichard, 2005). Les besoins de communication particulièrement intenses durant la période de mise en œuvre de la coopération ainsi que pendant les phases de confrontation des partenaires à des problèmes majeurs militent en faveur de la proximité géographique, qui facilite les interactions fluides et les discussions réactives. En revanche, les activités de recherche d'informations sur les partenaires, le suivi du processus de production, les tests sur les produits ou la résolution de certains problèmes techniques vont largement se satisfaire de relations à distance. On pourrait faire des remarques voisines concernant le cycle de vie des firmes, les plus jeunes devant peut-être s'établir et s'ancrer dans un réseau local, alors que les plus anciennes pourraient s'abolir de ce lien (Weterings, 2005). Même si ces sujets méritent maintenant des études approfondies, il est clair que l'on ne doit pas se contenter d'une réponse bi-univoque concernant la proximité géographique (oui elle est importante, ou non la distance n'est pas un obstacle). Son analyse requiert une attention fine aux évolutions de la relation entretenue par l'activité d'innovation à l'espace et aux flux de connaissances ;

- dans le même temps, on s'intéresse sans cesse davantage à la question de la proximité géographique temporaire (Torre et Rallet, 2005), qui marque une inflexion considérable dans la manière de concevoir le rapport des firmes et des laboratoires innovants à l'espace. L'analyse des relations de collaborations menées par les firmes au sein de projets d'innovation montre ainsi que la co-localisation ne constitue en aucun cas une condition nécessaire à la réussite de ces derniers, et que la relation à distance constitue souvent une situation favorable. Mais la proximité géographique garde toute son importance, dans le cadre de rencontres temporaires entre les acteurs du projet. Si elle n'est pas indispensable à toutes les étapes de la construction et de l'élaboration du projet, elle se révèle pourtant incontournable. Contractualisée dès la signature du protocole d'accord, elle prend la forme de rencontres régulières entre les protagonistes du processus, afin de valider les conditions de l'accord et de mettre en place la stratégie de transfert des connaissances, qui se matérialise par l'échange régulier de chercheurs ou d'ingénieurs sur les sites respectifs de production et de R&D. De plus, elle est mobilisée en cas de conflits sur les moyens ou les fins de la collaboration. Les contraintes en termes de coûts et d'infrastructures de transport et de communications qui en résultent peuvent alors contraindre à une co-localisation certaines firmes, en particulier les plus petites et les moins fortunées (Gallaud et Torre, 2004). On ne doit pas oublier toutefois que des possibilités d'échanges d'informations et de connaissances sont offertes par les foires et les salons, qui marquent également des phases de proximité géographique temporaire des entreprises, en mesure ainsi de se rencontrer et d'échanger dans des lieux spécialement dévolus à ce type d'activités, des lieux ancrés dans l'espace mais qui remplissent avant tout une fonction d'interface entre des acteurs situés ailleurs.

La prise en compte de cette dimension marque bien toute la différence entre les approches en termes de proximité et celles en termes de localisation. Au-delà de la mise en évidence d'autres dimensions de la proximité que géographique (et qui sont contenues pour nous sous le vocable générique de proximité organisée), il s'agit également du fait que la dimension géographique de la proximité peut être convoquée par toutes les firmes, y compris celles qui ne sont pas co-localisées. En ce qui concerne le cas présent, cette relation révèle la complexité du lien entre innovation et espace. Ce n'est pas simplement parce que l'on constate une forte concentration spatiale des activités d'innovation que ce lien existe, ni non plus, comme on l'a prétendu, parce que les connaissances possèderaient une dimension tacite qui ne pourrait se transmettre que dans la seule relation de face à face. Certes, ces propositions contiennent une part de vérité, mais elles sont par trop incomplètes et schématiques. La relation à l'espace des activités d'innovation est plus complexe. Elle se matérialise au cours d'un processus évolutif caractérisé par des phases et des étapes qui impliquent des moments où le lien de proximité géographique est fort, voire intense, et d'autres où il tend à devenir totalement superflu. Firmes et secteurs se trouvent soumis à cette loi et à ces contraintes générales, et doivent en jouer dans leurs stratégies de localisation et de rencontres au sein des espaces d'interface.

REFERENCES

Almeida P. et Kogut B. (1999), "Localization of knowledge and the mobility of engineers in regional networks", Management *Science*, 45, 7, 905-917.

Anselin L., Varga A. et Acs Z. (1997), "Local geographic spillovers between university research and high technology innovations", *Journal of Urban Economics*, 42, 422-448.

Antonelli C. (2000), "Collective Knowledge communication and innovation: the evidence of technological districts", *Regional Studies*, 34, 6, 535-547.

Audretsch D. et Feldman Maryann P. (1996), "R&D spillovers and the geography of innovation and production" , *The American Economic Review*, 86, 3, 630-640.

Autant-Bernard, C. et Massard N. (1999), « Econométrie des externalités technologiques locales et géographie de l'innovation: une analyse critique », *Economie Appliquée*, 52, 35-68.

Breschi S. et Lissoni F. (2001), "Knowledge spillovers and local innovation systems: a critical survey", *Industrial and Corporate Change*, 10, 4, 975-1005.

Camagni, B. (1991), ed, *Innovation networks: spatial perspectives*, Belhaven, Londres.

Boschma R. (2004), "Proximité et Innovation", *Economie Rurale*, 280, 8-24.

Cohen W. et Levinthal W. (1989), "Innovation and learning : the two faces of R&D", *The Economic Journal*, 99, Septembre, 569-596.

Dahl M. et Pedersen C. (2004), "Knowledge flows through contact in industrial clusters: myth or reality?", *Research Policy,* 33, 10, 1673-1683.

Feldman M. (1994), *The geography of innovation*, Economics of Science, Technology and Innovation, Kluwer Academic Publishers, Dordrecht, Boston, London, 155 p.

Filippi M. et Torre A. (2003), "Local organisations and institutions. How can geographical proximity be activated by collective projects?", *International Journal of Technology Management*, 26, 2-4, 386-400.

Fritsch M. et Franke G. (2004), "Innovation, regional knowledge spillovers and R&D cooperation", *Research Policy*, 33, 2, 245-255.

Gallaud D. et Torre A. (2004), "Geographical proximity and the diffusion of knowledge (The case of SME's in biotechnology)", in Fuchs G., Shapira P. et Koch A., eds, *Rethinking Regional Innovation*, Springer, USA.

Gallié E.P. et Guichard R. (2005), "Do collaboratories mean the end of face-to-face interactions? An evidence from the ISEE project", *Economics of Innovation and New Technologies*, 14, 6, 517-532.

Jaffe A.B., Trajtenberg M. et Henderson R. (1993), "Geographic localization of knowledge spillovers as evidenced by patent citations", *The Quarterly Journal of Economics*, Août, 577-598.

Longhi Ch. (1999), "Networks, collective learning and technology development in innovative high technology regions : the case of Sophia-Antipolis", *Regional Studies*, 33, 4, 333-342.

Maillat D. (1995), « Milieux innovateurs et dynamique territoriale », in Rallet A. et Torre A., eds, *Economie industrielle et économie spatiale*, Economica, Paris.

Massard N. et Torre A. (2004), « Proximité géographique et innovation », in Pecqueur B. et Zimmermann J.B., eds, *Economie de Proximités*, Hermès, Paris.

Porter M. (1990), *The competitive advantage of nations*, The Free press, New York.

Porter M. (2000), "Locations, Clusters and Company Strategy", in Clark G. Feldman M. et Gertler M., eds, *The Oxford Handbook of Economic Geography*, Oxford University Press, Oxford.

Karlsson et al. (2005), *Industrial Clusters and Inter-Firm Networks*. Edward Elgar, Londres.

Macpherson A. (2002), "The contribution of academic-industry interaction to product innovation: the case of New York State's medical devices sector", *Papers in Regional Science*, 81, 1, 121-129.

Martin R. et Sunley P. (2003), "Deconstructing clusters: chaotic concept or political panacea?", *Journal of Economic Geography*, 3, 1, 5-35.

OCDE (2001), *Innovative clusters, drivers of national innovation systems,* OCDE, Paris.

Rallet A. et Torre A. (2001), « Proximité Géographique ou Proximité Organisationnelle ? Une analyse spatiale des coopérations technologiques dans les réseaux localisés d'innovation », *Economie Appliquée*, LIV, 1, 147-171.

Sonn J.W. et Storper M. (2003), "The increasing importance of geographical proximity in technological innovation: an analysis of US patent citations, 1975-1997", Paper prepared for the Conference What do we know about innovation? In honour of Keith Pavitt, Sussex, 13-15 Nov.

Steiner M. ed (1998), *Clusters and regional specialisation*, Pion Ltd, Londres.

Torre A. et Rallet A. (2005), "Proximity and localization", *Regional Studies*, 39, 1, 47-60.

Weterings A. (2005), "The effect of inter-organisational relationships and spatial proximity on the innovative performance of software firms in the Netherlands", Communication au Colloque Regional Growth Agendas, 28-31 Mai, Aalborg, Danemark.

Zucker L., Darby M. et Brewer M. (1998), "Intellectual human capital and the birth of US biotechnology enterprises", *The American Economic Review*, 88, 1, 290-305.

Partie I

LA LOCALISATION DES ACTIVITES INNOVANTES

CHAPITRE I

POLARISATION ET INTERNATIONALISATION DES ACTIVITES D'INNOVATION : INCIDENCES SUR LA SPECIALISATION TECHNOLOGIQUE DES NATIONS

REMI LALLEMENT,
EL MOUHOUB MOUHOUD,
SANDRINE PAILLARD

INTRODUCTION*

Les économistes de l'innovation qui se sont intéressés à la formation des compétences technologiques des nations sont souvent parvenus à un fait stylisé important : celui de l'inertie des spécialisations technologiques des nations sur une longue période malgré une convergence globale des niveaux technologiques entre pays depuis les trois dernières décennies (Archibugi et Pianta 1994, Patel et Pavitt 1994, 2000). Ce résultat confirme ainsi le rôle fondamental des systèmes nationaux d'innovation dans la formation et l'évolution des performances des pays industriels. Parallèlement, l'économie géographique s'est particulièrement intéressée ces dernières années au caractère polarisé dans l'espace des activités. Cette polarisation observée au niveau régional (infranational) serait corrélée avec la spécialisation technologique des nations et sa stabilité (Maurel et Mouhoud 2001).

Pourtant, on assiste également, depuis une quinzaine d'années, à la montée de la globalisation des activités de production de connaissances technologiques par les firmes multinationales qui concentraient jusque-là leurs activités de R&D pour l'essentiel dans leur pays d'origine. Désormais, elles organisent de plus en plus leurs activités d'innovation sur un mode transnational.

Cet article vise à examiner deux hypothèses alternatives :

- L'hypothèse de l'effet d'homogénéisation des spécialisations technologiques et sectorielles des nations par le développement de la délocalisation des activités de connaissance.
- L'hypothèse d'une complémentarité entre la globalisation de la technologie et l'approfondissement et la stabilité des spécialisations technologiques et commerciales internationales des nations : les stratégies de localisation des grands groupes multinationaux seraient influencées par la spécialisation et l'accumulation technologique des pays.

* Une version antérieure de cet article a été publiée dans la revue *Région et Développement*, 2002, n°16, pp.17- 54.

Dans la première section, nous examinons empiriquement et théoriquement les questions de la stabilité des spécialisations technologiques internationales des nations et de la polarisation des activités d'innovation. Dans la seconde section, nous analysons d'abord l'ampleur et les contours du mouvement de mondialisation de la technologie par les firmes multinationales et fournissons les explications théoriques concernant les logiques sous-jacentes à cette évolution pour nous intéresser ensuite aux conséquences pour la spécialisation technologique des pays concernés.

I – PERSISTANCE DES SPECIALISATIONS TECHNOLOGIQUE ET POLARISATION DES ACTIVITES D'INNOVATION

Nous nous demandons d'abord, en mobilisant les travaux empiriques récents, si l'on assiste vraiment, en dépit de l'approfondissement de la globalisation des économies, à une stabilité des spécialisations technologiques et commerciales internationales. Nous analysons également le lien entre les spécialisations technologiques et les spécialisations internationales d'une part, et les polarisations géographiques régionales des activités d'innovation, d'autre part. Nous recherchons ensuite les principales explications théoriques de la genèse et de l'évolution des spécialisations internationales, d'une part, et des processus de polarisation géographique des activités, d'autre part.

1. Les spécialisations technologiques des nations à l'ère de la globalisation : persistance ou mobilité ?

Nous passons d'abord en revue les travaux qui cherchent à mesurer la stabilité ou la mobilité de la spécialisation technologique à travers des données de brevets (1.1.) et de la spécialisation sectorielle internationale (1.2). Nous abordons ensuite les travaux qui traitent des liens entre la spécialisation technologique et la spécialisation sectorielle internationale (1.3). Nous exposons enfin les principaux résultats relatifs à la concentration spatiale des activités d'innovation (1.4).

1.1. De la spécialisation technologique des nations ...

De nombreuses études empiriques tentent d'évaluer le degré de stabilité ou de mobilité de la spécialisation des nations industrielles (Cantwell 1989, Archibugi et Pianta 1994, Malerba et *alii* 1997, Pavitt 1997, Amendola, Guerrieri et Paodan 1998). La plupart des résultats concluent à l'existence d'un phénomène de persistance ou d'inertie à long terme dans les spécialisations technologiques (Pavitt 1994).

L'indicateur généralement utilisé dans ces études est l'indice d'avantage comparatif révélé par analogie à celui que l'on utilise habituellement pour mesurer la spécialisation commerciale internationale (Balassa, 1965). L'ATR[1] (avantage technologique révélé) du pays i dans le secteur j est la part de marché du pays i dans tous les brevets déposés auprès de l'OEB dans un domaine technologique donné relativement à sa part de marché dans tous les brevets déposés tous domaines confondus[2].

Les résultats sur longue période

Plusieurs études[3] ont montré que l'inertie des spécialisations est forte pour les grands pays et les petits pays développés. Vervota (1999) étudie le caractère cumulatif de la spécialisation technologique et le caractère incrémental de ses changements au cours du temps à l'aide d'un modèle de régression sur la période 1890-1990, qu'il découpe ensuite en 4 sous périodes (1890-1914, 1915-1939, 1940-1964, 1965-1990)[4]. Il teste la relation entre l'indice d'avantage technologique révélé en t dans un domaine technologique particulier et ce même indice en (t-1)[5]. Les résultats de la régression confirment le caractère cumulatif de la spécialisation technologique des pays sur des périodes de 25 ans. En moyenne, les pays approfondissent leurs spécialisations technologiques dans les secteurs à avantages comparatifs initiaux et se déspécialisent des secteurs à désavantages comparatifs initiaux[6].

Ainsi, *sur une période de 25 ans*, les effets cumulatifs d'autorenforcement des spécialisations apparaissent dans la plupart des pays[7]. *Sur une période de 50 ans*, le caractère cumulatif et persistant de la spécialisation technologique est économétriquement solide pour les grands pays (Etats-Unis) et dans les petits pays (Suède, Suisse). *Sur une période de 75 ans*, alors que les profils de compétences technologiques tendent à varier nettement pour les grands pays (distribution plus

---

[1] ATR*aij* = $(P_{ij} / \Sigma_i P_{ij})/(\Sigma_j (P_{ij} / \Sigma_{ij} P_{ij})$ *où Pij est le nombre de brevets déposés par i dans le domaine j.* Une valeur de l'ATR supérieure à l'unité indique la présence d'un avantage technologique révélé (une spécialisation positive dans le domaine).

[2] Les données de brevets déposés aux Etats-Unis (*American Patent and Trademark Office*) posent des problèmes qui conduisent certains travaux plus récents à leur préférer les données de brevets en Europe. Mancusi (2001) utilise des données du CESPRI (base de données de brevets qui couvre toutes les applications répertoriées à l'Office européen des Brevets (EOB) entre 1978 et 1996.

[33]Voir Malerba et *alii* (2000).

[4] Il utilise des données de brevets et retient une nomenclature en 399 classes originales de produits référencées par l'*American Patent and Trademark Office* (APTO) regroupés en 56 domaines technologiques.

[5] Ce type de régression a été utilisé par la plupart des travaux qui testent les hypothèses du changement cumulatif et incrémental au niveau de la firme (Cantwell 1993, Cantwell et Fai 1997).

[6] L'auteur montre que, d'une période de 25 ans à l'autre, même l'avènement de nouveaux paradigmes technologiques ou les guerres ne modifient pas substantiellement les profils de spécialisation technologique des nations des périodes. L'Allemagne est le pays qui présente le coefficient de corrélation le plus élevé après les Etats-Unis.

[7] Les pays tentent néanmoins d'acquérir des avantages comparatifs dans des secteurs à désavantages comparatifs initiaux.

large des spécialisations) le caractère cumulatif de la spécialisation demeure important pour les petits pays. Ceci rejoint un résultat obtenu par Cantwell et Fai (1997) pour les profils de spécialisation technologique observés au niveau des firmes qui persistent sur des périodes plus longues que pour les pays.

Les résultats sur des périodes récentes

Mancusi (2001) reprend cette problématique sur des données récentes (1982-1996) de dépôts de brevet auprès de l'OEB par 16 pays dont 3 pays non européens[8]. L'étude de Mancusi[9] confirme et précise les résultats précédents. Les grands pays présentent une large distribution de domaines dans lesquels ils déposent des brevets. Au contraire, les petits pays plus récemment développés concentrent leurs spécialisations dans quelques domaines (spécifiques aux pays). En outre, les spécialisations sont plus stables dans le temps pour les grands pays que pour les petits pays[10]. Les Etats-Unis, le Royaume Uni, la France et l'Allemagne présentent plutôt un degré de stabilité élevé de leur spécialisation technologique tandis que le Japon et l'Italie connaissent une certaine mobilité dans leurs spécialisations, sur l'ensemble de la période. Le degré de spécialisation[11] ne coïncide pas nécessairement avec le degré de stabilité. Le premier est variable selon la taille des pays en particulier, le second est plutôt élevé pour la plupart des pays (surtout les grands et les très petits) alors que le degré de mobilité est élevé pour les pays en rattrapage rapide.

Si les spécialisations technologiques persistent dans le temps, les secteurs industriels intégrant ces compétences technologiques, devraient également présenter des profils de spécialisation internationale stables.

1.2 ... à la spécialisation commerciale internationale

Guerrieri (2001) propose une typologie des activités en 6 types de secteurs sur la base de la typologie de Pavitt (1984)[12] et étudie la spécialisation internationale par secteurs à partir de 25 catégories de produits. Il utilise un indicateur d'avantage comparatif révélé proche de celui du CEPII (contribution au solde commercial)[13]. L'étude montre une stabilité de la spécialisation commerciale des pays européens et

---

[8] C'est à dire les USA, le Canada, et le Japon. Elle améliore l'indicateur de Proudman et Redding (1997, 1998), afin d'évaluer la part de marché dans les brevets déposés dans un domaine technologique particulier par rapport à la moyenne des brevets déposés.

[9] En outre, l'intérêt de l'approche de Mancusi est d'adopter un modèle économétrique permettant d'expliquer la dynamique de la distribution sectorielle des avantages comparatifs technologiques au cours du temps. Elle recourt à la méthode de Quah (1996) utilisée pour analyser la convergence entre pays, et l'applique ici pour analyser les dynamiques de la distribution entre secteurs à l'intérieur des pays.

[10] L'auteur utilise le coefficient de Gini.

[11] La méthode économétrique utilisée permet de regrouper les pays selon leurs caractéristiques en matière de distribution des avantages comparatifs révélés par domaine technologique.

[12] Secteurs intensifs en ressources primaires, secteurs traditionnels dominés par les fournisseurs, secteurs basés sur la science, secteur à économies d'échelle, secteurs à fournisseurs spécialisés, secteurs agroalimentaires.

[13] Voir G. Lafay, C. Herzog 1989, p.196.

des Etats-Unis, qui tranche avec les changements importants observés pour le Japon (politique de redéploiement vers les secteurs de type fournisseurs spécialisés et des secteurs basés sur la science). Les Etats-Unis, à la différence de l'Europe, concentrent leurs avantages dans les secteurs intensifs en R&D.

Pour les pays européens, la variance de la spécialisation internationale a diminué dans la plupart d'entre eux, en particulier ceux du noyau dur ; les différences inter-branches et inter-pays de l'UE apparaissent importantes dans la structuration des avantages (désavantages) comparatifs nationaux. A fortiori, les différences Nord-Sud en termes de spécialisation internationale persistent au sein de l'Europe même si l'Espagne a opéré un véritable processus de rattrapage technologique[14].

Echanges intra-branche et asymétries technologiques

Si les différentes études présentées plus haut confirment un approfondissement des spécialisations technologiques et des spécialisations inter-branches des pays européens, les études menées à un niveau plus fin de la nomenclature laissent apparaître une forte composante d'échanges de biens similaires différenciés entre les pays européens (près de 70% du commerce intra-européen). L'étude de Fontagné, Freudenberg et Unal-Kesenzi (1998) établit un croisement qualité/niveau technologique de la spécialisation qui révèle une forte asymétrie technologique des pays européens malgré une domination des échanges intra-branche. En effet, cette spécialisation intra-branche dominante est de nature verticale c'est-à-dire fondée sur un échange de qualités différentes associées à des spécialisations technologiques marquées. On retrouve, en outre, une nette distinction entre le cœur et la périphérie de l'Europe, dont les situations divergent fortement. Si l'on constate une similarité apparente des productions en Europe, les pays présentent aussi des spécialisations selon une échelle de qualité. Par exemple, la Grèce apparaît notamment spécialisée à la fois dans la basse technologie et la basse qualité, alors que le cœur de l'Europe est davantage positionné sur la haute technologie et la haute qualité[15].

---

[14] Ce résultat rejoint celui obtenu par Hanaut, Loufir et Mouhoud (2001) pour les pays d'Europe du Sud et l'Irlande.

[15] Le paradoxe européen du constat de l'approfondissement des spécialisations inter-branches d'une part et du développement du commerce intra-branche d'autres part n'est qu'apparent : la différence dans les compétences observées au niveau des grandes branches, peut se traduire par des similarités dans les produits échangés au niveau des biens finals. Les produits issus des compétences spécifiques à chaque pays peuvent avoir des similarités d'usage, mais une différenciation de contenu, de caractéristiques, de symbolique (Mouhoud 1995). La préférence des consommateurs pour la variété explique alors la domination des échanges intrabranche.

1.3. Les relations entre les spécialisations technologiques et les spécialisations internationales

Amendola et *alii* (1998) à partir d'une estimation en données de panel trouvent une relation positive entre la spécialisation technologique et les spécialisations sectorielles internationales pour plusieurs pays. Malerba et *alii* (2001) proposent d'estimer un modèle des déterminants de la spécialisation technologique permettant aussi de faire le lien avec les spécialisations sectorielles internationales. Dans ce modèle, la spécialisation d'un pays i dans un domaine technologique j à un moment t est fonction d'une série de variables explicatives :

- des variables qui regroupent l'accumulation du savoir technologique et les liens en connaissances entre les secteurs et les institutions (R&D ; la qualité de la recherche publique ; les relations technologiques ; coopération technologique entre firmes) ;
- les profils sectoriels et les opportunités de profits et d'expansion des marchés (Grossman et Helpman 1991) ;
- une variable schumpetérienne classique (relation entre les structures de marché, la taille des firmes et les activités d'innovation) ;
- une variable de persistance des structures de spécialisation.

Dans l'ensemble des domaines technologiques[16] et particulièrement dans celui des machines, la spécialisation internationale et les flux locaux de connaissances semblent liés à la spécialisation technologique des pays : les auteurs trouvent en effet une relation positive et significative entre une valeur élevée de l'avantage comparatif révélé (spécialisation commerciale internationale) et la spécialisation technologique. Les résultats montrent également un lien positif entre la spécialisation technologique d'un pays et la qualité et l'intensité des relations intersectorielles en termes de flux de connaissances. En outre, la spécialisation dans la R&D influence significativement la spécialisation internationale technologique et sectorielle des pays. Par ailleurs, dans certains secteurs technologiques clés appartenant à la chimie ou à l'électronique, la qualité de la recherche publique menée dans les universités joue un rôle important dans la consolidation de la spécialisation technologique. Enfin, l'analyse menée en coupe transversale montre qu'un degré élevé de coopération technologique au niveau des pays peut être associée à un degré plus élevé de spécialisation.

Ces liens de connaissance et de coopération sont souvent localisés et également concentrés dans quelques régions à l'intérieur des nations. Cette

---

[16] Trois grands secteurs technologiques sont retenus : les secteurs liés à l'industrie électronique, ceux liés à la chimie et les secteurs liés aux biens d'équipement (machines), désagrégés eux mêmes en 135 domaines technologiques (38 pour étudiés sont les six grands : Etats-Unis, Grande Bretagne, France, Allemagne, Italie, Japon.l'électronique, 36 pour les machines, 58 pour la chimie). Les données utilisées sont des données de brevets déposés auprès de l'OEB, les citations de brevets, les données d'exportations de R&D civiles par secteurs. La période couverte par l'étude est 1989-1994, découpée en outre en sous périodes. Les pays

polarisation régionale serait alors l'un des fondements de la persistance des spécialisations technologiques des nations.

1.4. La polarisation des activités d'innovation : les faits stylisés

Les travaux empiriques sur la localisation des activités s'accordent tous sur le fait que les activités d'innovation sont plus concentrées que les activités de production ou que la population. Ces travaux se sont d'abord développés aux Etats-Unis puis, au fur et à mesure de la mise à disposition de données régionalisées d'innovation, l'Europe a fait l'objet d'un nombre croissant d'études. Ils se fondent généralement sur trois indicateurs d'intensité de l'activité d'innovation : les publications scientifiques, les dépenses ou le personnel de R&D et surtout les dépôts de brevets. Quel que soit l'indicateur d'innovation et le découpage régional retenus, les activités d'innovation apparaissent plus polarisées que les activités de production. En Europe, ce sont les pays du sud et la France qui connaissent la polarisation la plus marquée (Barré et *al.* 1998, Zitt et *al.* 1999).

Les logiques de localisation des activités scientifiques (publications) et technologiques (brevets déposés auprès de l'OEB) apparaissent très différentes. Les inégalités entre pays sont beaucoup plus fortes pour la technologie que pour la science. La polarisation des activités scientifiques reflète pour l'essentiel des inégalités régionales à l'intérieur des pays, qui sont liées à des facteurs historiques de localisation des universités dans les grandes métropoles. En revanche, la concentration des activités technologiques semble, quant à elle, davantage correspondre à des inégalités de développement entre les pays (Barré et *al.* 1998, Zitt et *al.* 1999)[17].

Les études réalisées au niveau désagrégé montrent des spécificités en matière de polarisation qui tiennent au secteur d'activité ou au domaine technologique. La variété des méthodologies rend les résultats difficilement comparables mais ceux-ci convergent sur un degré de concentration spatiale plus important pour les activités de haute technologie. Ainsi, dans l'étude de Caniels (1997) sur cinq pays européens, le degré de concentration, mesuré par des indices d'Herfindahl, apparaît plus élevé dans les secteurs de haute technologie (selon la définition de l'OCDE) tels que les secteurs des machines de bureau et ordinateurs, de la pharmacie, des machines électriques et de l'aérospatial. Lung (1997), à partir des données de personnels de R&D en 1993 réparties en vingt-et-un régions françaises, calcule un indice de Gini pour quarante secteurs d'activités industrielles et de service. Les secteurs pour lesquels les activités de R&D sont les plus concentrées sont la pharmacie, la fabrication d'appareil d'émission et de transmission, l'aéronautique, l'automobile, qui sont les industries françaises les plus intenses en R&D, ainsi que l'énergie, la chimie, les services informatiques, l'instrumentation scientifique et technique et la fabrication de machines et appareils électriques. Ainsi, les secteurs les plus

---

[17] Ceci rejoint le constat établi plus haut (§1.2.) concernant les asymétries technologiques dans les spécialisations entre la périphérie et le cœur de l'Union européenne.

concentrés géographiquement sont généralement parmi les plus compétitifs, sur le plan des échanges, de l'économie française.

Caniels (1997) compare la localisation des activités de production et celle des activités d'innovation sur la période 1986-1990. Il apparaît que les activités de production, mesurées par la valeur ajoutée manufacturière, bien que moins concentrées, présentent le même profil de localisation que les activités d'innovation, mesurées par les dépôts de brevets auprès de l'OEB. Utilisant le même critère de classification sectorielle des brevets que Caniels (1997) sur un échantillon plus large de pays européens (douze pays au lieu de cinq), Paci et Usai (2000) testent la coïncidence géographique, pour neuf secteurs d'activités en 1990, des activités de production et d'innovation en comparant des indices d'avantages technologiques révélés (brevets) et d'avantages productifs révélés (emploi sectoriel)[18]. La centaine de régions étudiées présente une corrélation positive et significative entre les spécialisations technologiques et les spécialisations productives. Cette co-localisation est toutefois plus ou moins marquée selon les pays et selon les secteurs. L'étude de la coïncidence spatiale des activités de production et d'innovation au niveau de chacun des pays révèle une association positive et significative dans tous les pays, excepté dans les petits pays où le découpage sectoriel est trop limité. Dans sept secteurs sur neuf, la coïncidence entre production et innovation est positive et significative ; ce sont les secteurs les plus intégrés et les plus intenses en rendements d'échelle, tels que l'énergie, la chimie, le transport et certains secteurs traditionnels comme le textile et habillement, qui présentent la coïncidence spatiale la plus forte.

Les études qui s'intéressent à l'évolution du degré de polarisation s'accordent sur une tendance à une moindre polarisation des activités d'innovation ces vingt dernières années[19]. Celle-ci est cependant délicate à interpréter. D'une part, comme le soulignent Paci et Usai (2000), la convergence des régions européennes en matière d'innovation, quand l'innovation est mesurée par des dépôts de brevet auprès de l'OEB, n'est que partiellement attribuable à une similarité croissante des régions européennes. En effet, on peut penser que les vingt dernières années ont été marquées par une augmentation de la propension à breveter auprès de l'OEB de la part des régions périphériques. D'autre part, la tendance à une moindre polarisation des activités d'innovation, si elle est significative, semble aller de pair avec la même tendance en ce qui concerne la production (convergence des niveaux de PIB par tête); il est alors difficile d'identifier une dynamique propre à l'innovation.

Barré et *al.* (1998) étudient l'évolution de la concentration spatiale des activités scientifiques (publications scientifiques par tête) et des activités technologiques (brevets déposés auprès de l'EOB par tête) entre 1990 et 1996. Trois niveaux de comparaison sont proposés : comparaison des pays de la Communauté européenne, comparaison des régions à l'intérieur de chaque pays, comparaison des régions européennes (plus de quatre cents). Si l'on compare l'évolution des pays européens, il ressort un très faible mouvement de convergence des activités technologiques alors que les activités scientifiques, initialement réparties de manière

[18] L'activité industrielle est décomposée en neuf secteurs.

[19] Voir notamment Lung (1997), Barré et al. (1998), Zitt et *al.* (1999).

plus égale que la technologie, convergent beaucoup plus rapidement. En revanche, à l'intérieur de chaque pays, on observe la tendance inverse puisque le développement des régions se caractérise généralement par une convergence plus rapide des activités technologiques que des activités scientifiques, ces dernières étant initialement plus polarisées à l'intérieur des pays. Toutefois, la tendance générale à la convergence des activités technologiques des régions à l'intérieur des pays masque de grandes disparités, certains pays faisant l'expérience d'une polarisation accrue (notamment la Belgique et la Grèce). Au total, quand on compare les régions européennes, il en ressort une réduction de la concentration spatiale légèrement plus significative selon l'indicateur des publications scientifiques que selon celui des brevets ; cette légère réduction correspond à un mouvement de convergence lent de l'intensité scientifique et technologique des régions européennes vers la moyenne européenne. Le taux annuel de convergence de l'ordre de 1% est, par ailleurs, du même ordre de grandeur que celui qui caractérise le PIB par tête.

2. *Inertie des spécialisations et polarisation : approches théoriques*

Les théories de la spécialisation internationale conduisent à mettre en avant soit la mobilité (2.1) (voir le « flottement » à court terme) ou au contraire l'inertie (ou encore la persistance et le caractère cumulatif) des spécialisations technologiques internationales (2.3). La question du caractère borné et localisé ou non des externalités constitue l'élément clé de l'explication tant des phénomènes d'inertie des spécialisations technologiques que des processus de polarisation des activités d'innovation (2.4).

2.1. Les approches de la mobilité des spécialisations

La thèse de l'avantage comparatif dynamique ou de la mobilité s'inscrit dans la tradition de la théorie du commerce international d'inspiration néo technologique. L'hypothèse de base de cette approche est que la vitesse, l'ampleur et le champ de la diffusion des externalités de connaissance (retombées de la R&D sur les autres firmes) ne sont pas limités par les frontières internationales ni par la distance culturelle entre les différentes localisations. Par conséquent, l'allocation internationale des activités de R&D ne devrait pas être reliée à la localisation des utilisateurs du produit de la R&D. Ainsi, en l'absence de coûts de transaction ou de transport au sens large (iceberg de Samuelson) les structures de la spécialisation technologique et de la production devraient être mobiles au cours du temps (Grossman et Helpman 1991).

Dans l'approche traditionnelle en termes d'écart technologique ou de cycle du produit (Vernon 1966) jusqu'aux modèles récents du commerce international (Flam et Helpman 1987), les spécialisations des pays, ne sont pas durables et sont soumises à des phénomènes d'érosion du fait de l'activité d'imitation des pays moins avancés. En d'autres termes, le monopole de l'avance technologique est temporaire et les pays perdent leurs avantages comparatifs progressivement dans les secteurs de spécialisation initiaux pour en gagner dans d'autres produits. Les variations des spécialisations sont univoques et correspondent à une déspécialisation des pays innovateurs dans leurs domaines initiaux au profit des pays suiveurs.

Pourtant, les approches plus récentes sont moins déterministes et admettent des phénomènes d'inertie dans les avantages détenus par les pays innovateurs. Grossman et Helpman (1991) proposent un modèle d'une économie mondiale avec deux pays à capacités technologiques différentes. Les producteurs du Sud peuvent imiter les produits découverts par les pays du Nord et les producteurs du Nord peuvent innover dans la fabrication de ces mêmes produits. On obtient une sorte de cycle du produit endogène où un même produit inventé dans un pays (Nord) est imité, mais le modèle montre que le pays du Nord accomplit ses efforts d'innovation pour le récupérer et donc le rapatrier, car il possède les compétences initiales et les activités de R&D. Les auteurs considèrent l'activité d'imitation du pays du Sud comme une activité à part entière qui requiert des ressources, ce qui exclut l'hypothèse couramment admise d'une diffusion automatique de l'innovation dans le monde. Parallèlement, les politiques de subvention à la recherche dans le pays du Nord augmentent le montant des ressources consacrées à cette activité et donc la probabilité d'innover. Ceci exerce un effet négatif sur l'activité d'imitation du pays du Sud. Le pays du Nord parvient alors à récupérer des avantages perdus sur les produits parvenus à maturité dans le cycle du produit et à consolider leurs avantages technologiques de long terme.

2.2. La thèse de l'accumulation technologique et de l'inertie des spécialisations

Les pays suivent des modalités idiosyncrasiques de développement technologique et les structures sectorielles de la spécialisation technologique ne reflètent pas nécessairement les dotations factorielles mais plutôt des trajectoires historiques et des écarts technologiques initiaux entre pays. Le capital humain et physique, et les autres facteurs de production sont endogènes au développement économique et peuvent se modifier au cours du temps. Des événements historiques (qui intègrent les politiques technologiques des nations) peuvent avoir un effet en dernière instance sur les structures de spécialisation internationale des nations. Dès lors, les externalités de connaissance joueraient plus à l'intérieur des nations. La persistance ou l'inertie est particulièrement associée aux activités d'innovation ou plus généralement à la technologie en raison des effets externes positifs liés aux retombées des connaissances issues des activités de R&D dont l'impact direct est plus fort que pour les autres activités. On retrouve là, le même argument que celui de l'explication d'une tendance encore plus forte à la polarisation géographique des activités d'innovation que des autres activités économiques (Maurel et Mouhoud 2001).

A l'intérieur de cette seconde approche on trouve deux conceptions différentes de la stabilité.

Selon la première conception, la stabilité des spécialisations tient à la localisation des activités d'innovation ou plus généralement des compétences spécifiques liées à des caractéristiques des institutions nationales ou locales, qui renvoient au concept de systèmes nationaux d'innovation (Lundvall 1992, Nelson

1993, Montobbio 2000), et plus récemment de systèmes régionaux d'innovation. Selon la seconde conception, ce sont surtout les spécificités sectorielles qui conditionnent la stabilité ou la mobilité (Régimes sectoriels d'innovation). Il peut exister en effet des différences affectant la spécialisation technologique liées à des systèmes sectoriels d'innovation et de production caractérisés par des compétences spécifiques, des dynamiques institutionnelles attachés aux secteurs (Malerba et *alii* 2000).

D'autres approches recoupent ces deux conceptions. Des facteurs liés au rôle déterminant de l'apprentissage dans l'accumulation des savoirs et des compétences jouent un rôle important. On peut associer à ces facteurs, les approches évolutionnistes à la Nelson et Winter (1982) ; la question des complémentarités (horizontales ou verticales) technologiques intersectorielles est alors essentielle pour comprendre l'évolution des spécialisations technologiques et commerciales internationales (Malerba et Orsenigo 1997). Enfin, les facteurs liés aux firmes ou aux structures de marchés sont également pris en compte. Le rôle des structures de marché propres aux activités d'innovation (Pavitt 1984, Dosi, 1988, Orsenigo 1996) : les profils des spécialisations technologiques peuvent être associés aux caractéristiques spécifiques des firmes ou des oligopoles selon une typologie des secteurs d'appartenance (Malerba 1996). Cette optique peut alors servir à fonder une relation positive entre la spécialisation technologique et la concentration des activités d'innovation autour de quelques firmes.

2.3. La polarisation spatiale des activités d'innovation comme facteur d'inertie des spécialisations technologiques

Il s'agit maintenant d'établir que la polarisation est un élément explicatif de la stabilité des spécialisations technologiques des nations, le regroupement spatial des activités technologiques d'un secteur permettant d'améliorer ses performances.

Ces dernières années, un grand nombre de travaux a cherché à identifier les raisons pour lesquelles les entreprises tendent à se regrouper sur le plan géographique. D'une manière générale, la polarisation des activités économiques est expliquée par deux sortes d'externalités : 1) les économies relatives à la disponibilité, à la variété et au coût de facteurs de production (main d'œuvre, inputs matériels et services), qui correspondent à des externalités pécuniaires dans la mesure où elles passent par des interactions marchandes, 2) les externalités technologiques, qui tiennent à la nature des biens sur lesquelles elles portent, ceux-ci ayant les propriétés d'un bien public (infrastructure de transport, information, etc.).

Les externalités de connaissance, comme sous-ensemble des externalités technologiques, apparaissent comme la principale explication de la forte polarisation des activités d'innovation[20]. Les entreprises situées à proximité de sources

[20] Il ne s'agit pas ici de réaliser une revue exhaustive de la littérature sur la polarisation des activités d'innovation. Ce type d'exercice s'est multiplié ces dernières années, reflétant la nécessité de faire le point sur les travaux très nombreux, notamment économétriques, consacrés à cette question (voir Autant-Bernard et Massard 1999, Breschi et Lissoni 2001).

importantes de création de connaissances seraient capables d'introduire plus d'innovations que leurs concurrentes car elles seraient en mesure de bénéficier plus intensément des externalités de connaissance. L'hypothèse est que « les secrets de l'industrie sont dans l'air » (Marshall 1896) ou encore que « le savoir traverse les corridors et les rues plus facilement que les continents et les océans » (Feldman 1994) ; elle repose sur la distinction entre connaissance codifiée et connaissance tacite. Ainsi, la connaissance codifiée, qui est manipulable comme de l'information, serait transférable à distance au travers d'externalités et il n'y aurait donc pas d'avantage à une localisation à proximité pour en bénéficier. En revanche, le transfert de connaissances tacites nécessiterait des interactions de face à face entre les acteurs, d'où la dimension bornée géographiquement de leur diffusion au travers d'externalités[21].

Si les externalités de connaissance sont la principale explication à l'agglomération des activités d'innovation, alors la relation entre agglomération et stabilité des spécialisations technologiques apparaît faible. Tout d'abord, les études aboutissent à des résultats contradictoires quand il s'agit d'établir si les externalités de connaissance sont intra ou inter sectorielles[22]. Or, pour que la polarisation soit un facteur de stabilité des spécialisations technologiques, il faut qu'elle corresponde à un regroupement des activités d'un même secteur ou de secteurs interdépendants. Ensuite, les externalités de connaissance représentent une circulation de connaissance non intentionnelle de la part des entreprises qui en sont à l'origine. Or, on voit mal comment une diffusion quasi accidentelle de connaissance pourrait être systématiquement à l'origine d'un ancrage territorial des spécialisations technologiques nationales.

Trois ensembles de critiques sont adressés aux travaux qui mettent en avant le caractère borné des externalités de connaissance pour expliquer la forte polarisation des activités d'innovation. Celles-ci permettent de mettre au premier plan d'autres facteurs de polarisation mieux à même d'expliquer l'ancrage territorial des compétences.

Un premier ensemble de critiques concerne l'argument selon lequel la connaissance codifiée pourrait être transmise au travers d'externalités de connaissance non bornées alors que la connaissance tacite relèverait d'externalités bornées. En effet, la connaissance technologique peut s'avérer difficilement transférable non seulement en raison de sa composante tacite mais aussi car elle est fréquemment spécifique à un contexte. Ainsi, une connaissance, qu'elle soit codifiée ou tacite, si elle est spécifique, ne sera aisément transférable qu'au sein d'un groupe de personnes détenant les codes communs leur permettant de partager la connaissance en question. Ce groupe de personnes est caractérisé par une proximité organisationnelle (Rallet et Torre 2001) ou épistémique (Breschi et Lissoni 2001). Ainsi, même si les proximités géographique et organisationnelle (ou épistémique) se recouvrent fréquemment, ce n'est pas la première mais la seconde qui facilite le

---

[21] Trois canaux de diffusion des connaissances tacites sont généralement invoqués : 1) la mobilité de la main d'œuvre qualifié au sein de la zone étudiée, 2) les coopérations informelles et 3) l'effet cafétéria.

transfert de connaissance spécifique (et non pas nécessairement tacite). En effet, alors que la proximité géographique ne permet pas à elle seule le transfert de connaissance, la proximité organisationnelle peut très bien permettre l'échange de connaissances spécifiques à grande distance grâce aux technologies de l'information et de la communication.

Selon un second ensemble de critiques, les études économétriques censées tester le caractère borné des externalités de connaissance ne démontrent pas que la transmission de savoir s'effectue sous forme d'externalités de connaissance (Breschi et Lissoni 2001). Un premier ensemble de travaux fondé sur la notion de fonction de production établit une relation positive entre l'activité technologique d'une entreprise et celle des entreprises ou des institutions publiques de recherche situées à proximité[23]. Un second ensemble de travaux s'intéresse directement aux flux de connaissance et montre qu'une entreprise, lors d'un dépôt de brevet, cite plus souvent des travaux de recherche réalisés à proximité qu'à distance[24]. L'ensemble de ces travaux conclut à l'existence d'externalités de connaissance géographiquement bornées, qui expliqueraient le caractère particulièrement polarisé des activités d'innovation. Pourtant, comme le soulignent Breschi et Lissoni (2001), tous ces travaux mettent en évidence des économies liées à l'agglomération des activités mais ne prouvent pas qu'elles tiennent à l'existence d'externalités bornées de connaissance plutôt qu'à des mécanismes de marché.

Enfin, un troisième ensemble de critiques prolonge le second en soulignant que la réception de connaissances inventées ailleurs est organisée et ne se fait pas sans coût, ce qui conduit à revoir la nature des externalités qui en sont à l'origine. Les études économétriques consacrées aux canaux de transmission de la connaissance tendent à confirmer cette idée. Cockburn et Henderson (1998) montrent que les entreprises qui bénéficient de connaissances produites par la recherche publique entretiennent des relations directes avec les scientifiques, en particulier au travers de la co-signature d'articles. Zucker et *al.* (1998), étudiant le secteur des biotechnologies, montrent que, parmi les relations entre les scientifiques les plus productifs de la recherche publique (« star scientists ») et les entreprises, seules les coopérations formelles de recherche ont un impact positif sur l'innovation des entreprises. Gallaud et Torre (2001) s'interrogent sur les sources externes de connaissance mobilisées dans les processus d'innovation. Ils concluent que la transmission de connaissance, que ce soit à proximité ou à distance, ne se fait pas sans coût et requiert au minimum le développement par l'entreprise réceptrice d'une capacité d'absorption. Par ailleurs, les relations marchandes, contractuelles et formelles, à l'origine de la transmission de connaissances externes, sont fréquemment le fait d'entreprises situées à proximité géographique. En particulier, les coopérations avec les clients et les fournisseurs apparaissent comme une source importante de connaissance reposant le plus souvent sur une proximité géographique. L'étude de Mowery et Ziedonis (2001) va plus loin, en montrant que

---

[23] Voir notamment Jaffe 1989, Acs, Audretsch et Feldman 1994, Feldman et Audretsch 1999, Feldman et Florida 1994.

[24] Jaffe, Trajtenberg et Henderson 1993, Almeida et Kogut 1997, Maurseth et Verspagen 1999.

la diffusion de connaissance des universités américaines vers les entreprises, au travers d'externalités pécuniaires (licence), est d'avantage bornée géographiquement que celle qui repose sur des externalités technologiques (citations de brevet).

Les critiques adressées à l'hypothèse des externalités bornées de connaissance comme principale explication de la forte polarisation des activités de connaissance conduisent à mettre en avant d'autres facteurs de polarisation des activités d'innovation mieux à même d'expliquer l'ancrage territorial des compétences technologiques. Ces facteurs tiennent à la disponibilité et à la qualité de facteurs spécifiques et aux interactions entre les différents porteurs des connaissances mobilisées dans le processus d'innovation. Le plus souvent, ces interactions ne sont pas intentionnelles mais plutôt organisées. Elles correspondent notamment aux relations entre les départements de R&D et de fabrication, qui contribuent à expliquer leur forte coïncidence spatiale (Lung 1997). Il peut s'agir, par ailleurs, des relations contractuelles entre les entreprises et les laboratoires publics de recherche ou encore des interactions avec les clients et les fournisseurs. Ces interactions, qui sont mises en avant dans la littérature sur les milieux innovateurs (Ratti et *al.* 1997), les districts technologiques (Antonelli 1986) ou plus généralement sur les systèmes localisés de production et d'innovation (Lundvall 1992, Maskell et Malmberg 1999), contribuent au développement de capacités d'apprentissage locales et constituent un facteur important de stabilité des spécialisations technologiques des nations.

Si les forces qui poussent à la stabilité des spécialisations, notamment l'ancrage territorial des compétences technologiques, sont puissantes, on peut se demander si la progression récente de la globalisation des activités d'innovation par les firmes multinationales n'est pas en mesure de les contrecarrer.

II. – LA MONDIALISATION DE LA TECHNOLOGIE PAR LES FIRMES MULTINATIONALES

Plus encore que sur l'ampleur et les contours du mouvement de mondialisation de la technologie par les firmes (1.), le vrai débat porte sur l'interprétation de ce phénomène, c'est-à-dire sur les explications théoriques concernant non seulement les logiques sous-jacentes à cette évolution (2.), mais aussi ses conséquences pour la spécialisation technologique des pays concernés (3.). Avant d'y venir, il importe au préalable de préciser les principaux faits stylisés caractérisant ce phénomène.

1. Mondialisation de la technologie : un exposé des faits stylisés

En ce qui concerne la mondialisation de la technologie, il est commode de recourir à une présentation inspirée d'Archibugi et Michie (1995)[25] et abordant ce

[25] Voir aussi ETAN (1998).

phénomène sous trois angles différents. Le premier concerne l'exploitation de la technologie *via* les (quasi)marchés de la connaissance, sous la forme d'achats de brevets, de cession de licences, de contrats d'ingénierie, etc. (Guilhon, 2001). Le deuxième correspond à la coopération scientifique et technique, qui se traduit par des co-projets ou des alliances sans liens de participation en capital. Enfin, le troisième porte sur la « production mondiale » de technologie, qui va de pair avec les investissements directs à l'étranger (IDE), car elle passe nécessairement par des entreprises multinationales. De manière générale, cette dernière forme de « techno-globalisme » constitue la plus importante des trois, dans la période actuelle, comme en attestent des travaux tels que ceux de Dunning et Wymbs (1999). En outre, elle est la plus à même de modifier les profils et les trajectoires des spécialisations technologiques des nations. Ceci justifie de la mettre au centre de la présente analyse.

1.1. Une nette progression d'ensemble depuis la fin des années 80

Depuis une quinzaine d'années, les multinationales réalisent une part croissante de leurs activités technologiques hors de leur pays d'origine. Certes, cette évolution reste circonscrite aux plus grandes firmes, à un nombre relativement restreint de domaines, et le degré d'internationalisation des activités de R&D demeure assez réduit dans l'ensemble (Patel et Pavitt, 2000). Toutefois, l'important est la dynamique observée, qui peut *a priori* induire des changements plus fondamentaux à terme. Pour en juger, les principaux indicateurs disponibles portent sur les efforts de R&D et les dépôts de brevets.

La tendance des entreprises à implanter hors de leur pays d'origine une part notable de leurs activités de R&D s'est nettement amplifiée depuis la fin des années 1980[26]. Ceci est en particulier attesté dans le cas des firmes françaises et suisses[27]. Ceci étant, il ne s'agit pas là d'un processus uniforme et cette évolution dépend notamment des secteurs et pays considérés. A l'échelle du secteur manufacturier dans son ensemble, les firmes originaires de pays de grande taille se caractérisent généralement par un degré d'internationalisation de leurs activités de R&D plus faible que celles issues de petits pays. En ce qui concerne les « grands » pays de l'UE, les données disponibles à ce sujet sont généralement peu précises, hétérogènes et espacées dans le temps[28]. La part relative des activités de R&D effectuées à

---

[26] Dans le cas de la firme Siemens, par exemple, la part relative des sites étrangers dans le total du personnel de R&D est passée d'environ 20% en 1989 à 28% en 1995, 32% en 1997 et 44% en 2001.

[27] Pour les firmes françaises, il s'agit des données d'enquête de Madeuf *et al.* (2000), qui concernent 27 grands groupes ayant implanté des unités de R&D à l'étranger et représentant à eux seuls 57,6% des dépenses de R&D effectuées en France par les entreprises sous contrôle français. Pour ces 27 groupes et leurs filiales, moins d'un dixième du nombre total d'unités de R&D implantées à l'étranger l'ont été depuis plus de vingt ans et près de 60% l'ont été depuis moins de dix ans. Arvanitis et Hollenstein (2001) parviennent à des résultats similaires dans le cas de firmes industrielles suisses.

[28] Les données sont plus précises dans le cas des firmes de l'industrie suédoise, pour lesquelles la part relative des activités de R&D effectuées à l'étranger est passée de 9% en 1970 à 13/14% dans la période 1974-1986, à environ 19% en 1990 et à près de 28% au milieu des années 1990 (Fors et Zejan, 1996 ; OCDE, 1999).

l'étranger peut cependant être située en moyenne dans une fourchette allant d'un cinquième à un quart pour l'Allemagne, la France et l'Italie, et elle n'atteint une proportion de 50% que pour le Royaume-Uni (ETAN, 1998). Enfin, et alors qu'elle est en général restée très faible dans le cas des firmes japonaises dans les années 1990, elle ne s'est située pour les firmes manufacturières américaines qu'à environ 11% en 1995 (OCDE, 1999). En sens inverse, les données mettent en évidence une croissance relative de la part les filiales sous contrôle étranger dans le total des dépenses intérieures de R&D effectuées par les entreprises manufacturières[29]. Cette part relative est ainsi passée en France de 11,4% en 1988 à 12,9% en 1993 et à 18,0% en 1998 (Gandon et Jacquin, 2001), aux Etats-Unis de 3% en 1980 à 4,9% en 1987 et à environ 10,4% en 1996 (NSB, 2000), alors qu'en Allemagne, elle est demeurée inchangée, à 16,4%, en 1993 comme en 1995, en ce qui concerne la R&D des seules 500 firmes manufacturières les plus intensives en R&D (OCDE, 1999).

Globalement, ce diagnostic est corroboré par les données de brevets, en particulier en ce qui concerne la diversité des situations d'un pays à l'autre. Il en ressort que, sur la période 1992-96, la part des brevets déposés par les (grandes) entreprises aux Etats-Unis sur la base d'inventions réalisées hors de leur pays d'origine s'est située à 21,8% pour les firmes allemandes, à 22,1% pour les firmes italiennes, à 34,6% pour les firmes françaises, à 52,4% pour les firmes britanniques, mais seulement à 8% pour les firmes américaines et à 2,6% pour les firmes nippones. Pour l'ensemble des pays industriels considérés, cette proportion s'est élevée de 2,4 points de pourcentage par rapport à la période 1980-88 (Patel et Pavitt, 2000). Le même type de résultat apparaît en sens inverse, en termes de pays d'accueil, c'est-à-dire en ce qui concerne le nombre de brevets déposés dans tel ou tel pays sur la base d'inventions réalisées par des (grandes) firmes sous contrôle étranger. Dans l'ensemble, les ratios de mondialisation sont en général du même ordre pour les efforts de R&D et pour les brevets. En ce sens, les statistiques de brevets peuvent être considérées comme un indicateur pertinent des activités formelles de R&D, même si elles ne reflètent qu'une partie de l'ensemble de leurs activités d'innovation. Elles ont surtout l'avantage de constituer la source d'information la plus détaillée qui existe en ce qui concerne la distribution sectorielle et géographique de la capacité d'innovation des firmes.

1.2. Un lien positif avec la polarisation géographique

Sur ce plan, les données disponibles dénotent une forte concentration géographique. Le processus de mondialisation des activités technologiques ne concerne guère qu'un nombre restreint de pays, si l'on raisonne en termes de « production globale » de technologie. Certes, un certain nombre de centres de R&D font leur apparition dans des nouveaux pays industriels d'Asie du Sud-Est, mais la plupart d'entre eux demeurent principalement implantés dans les pays de la Triade

[29] Dans des pays tels que la France et l'Allemagne, cependant, l'intensité en R&D demeure en moyenne moitié moindre dans les firmes manufacturières sous contrôle étranger que dans les autres firmes manufacturières domestiques (Lallement, 2002).

(Gassmann et Zedtwitz, 1999). Selon Madeuf *et al.* (2000), les unités de R&D implantées par les grands groupes français à l'étranger le sont à plus de 64% en Europe et à près de 30% en Amérique du Nord, si l'on en juge par leurs budgets ou leurs effectifs de R&D. De même, les données américaines (NSB, 1998, 2000) permettent de montrer que, depuis le début des années 1980, ce sont toujours les mêmes pays de la Triade qui représentent l'essentiel de la R&D étrangère aux Etats-Unis ou, en sens inverse, l'essentiel de la R&D américaine à l'étranger. Par suite, l'évolution en cours semble globalement correspondre moins à un processus de nivellement qu'à un processus de polarisation. Le fait est que la recherche industrielle mondiale continue de se focaliser sur un petit nombre de sites d'excellence fortement attractifs. Seul un nombre réduit de pays possèdent de véritables pôles d'innovation leur permettant de se prévaloir d'avantages compétitifs absolus aussi bien en tant qu'exportateurs qu'en tant que pays d'accueil des IDE.

1.3. De nets contrastes concernant les secteurs et les formes de cette mondialisation technologique

En réalité, tous les secteurs ne favorisent pas le même degré et la même forme de mondialisation technologique. Les firmes préfèrent la voie des alliances non capitalistiques dans un secteur tel que l'aérospatial, alors qu'elles recourent plus que la moyenne au commerce extérieur dans un secteur tel que l'électronique (Dunning et Wymbs, 1999). Quant au canal de l'IDE, il est lui-même très inégalement apprécié selon les secteurs. Globalement, la propension des multinationales à implanter des activités de R&D à l'étranger n'apparaît pas liée de façon simple à l'intensité technologique des secteurs considérés. Elle se révèle être particulièrement élevée dans un secteur de basse technologie comme l'industrie agroalimentaire, en partie à des fins d'adaptation aux goûts des consommateurs (Patel et Pavitt, 2000). Dans le cas de l'industrie pharmaceutique, secteur de haute technologie, l'internationalisation de la R&D est également très élevée, mais cette fois surtout en réponse à des facteurs de nature technologique et institutionnelle[30]. En fait, comme montré par Cantwell et Kosmopoulou (2000) sur la base de données de brevets, il faut se garder de généraliser car, pour un secteur donné, il y a des variations considérables selon le pays d'origine. En outre, il peut y avoir un décalage non négligeable entre le degré de mondialisation technologique relatif au principal secteur d'activité de la firme dans son pays d'origine et celui relatif au domaine effectif de son activité technologique à l'étranger. Ainsi, les données de brevets montrent que les groupes de l'agroalimentaire effectuent des activités d'innovation à l'étranger dans des domaines de haute technologie tels que les biotechnologies.

En matière de R&D, il semble que le degré d'internationalisation des secteurs concernés tienne moins à leur intensité technologique qu'à leur degré de transférabilité du savoir, c'est-à-dire à l'importance relative qu'y jouent les connaissances codifiées, sachant que la composante tacite du savoir constitue

---

[30] Ils s'agit en particulier du système réglementaire d'homologation des médicaments (tests cliniques, etc.), qui constitue un facteur déterminant pour l'introduction d'un nouveau produit sur le marché.

généralement un obstacle important à la mondialisation de la R&D. De même, il dépend sans doute largement de l'intensité des interactions entre la R&D et la production : toutes choses égales par ailleurs, il est généralement plus élevé dans les secteurs où ces liens peuvent être relâchés. Plus généralement, il est d'autant plus faible que le secteur considéré est sensible aux considérations de proximité sur le plan des liaisons producteur/fournisseur (tableau 3). Enfin, comme le montrent Arvanitis et Hollenstein (2001) dans le cas de 871 firmes industrielles suisses, la propension des firmes à implanter des activités de R&D à l'étranger est corrélée positivement avec le recours à des procédés de fabrication en série moyenne ou grande.

Tableau 3 :
DEGRE DE MONDIALISATION DE LA R&D VIA L'ID :
LES PRINCIPALES RAISONS DES DIFFERENCES SECTORIELLES

Critères pertinents	Degré de mondialisation des activités de R&D	
	Relativement élevé	Relativement réduit
Degré de transférabilité du savoir dans le domaine	Secteurs à savoir relativement codifiés	Secteurs à savoir relativement tacite
Intensité des liaisons entre la R&D et la Production	Liens plutôt lâches	Liens plutôt étroits
Type d'industrie	Industries de *process* continu, secteurs à économies d'échelle	Industries d'ingénierie, à économies de variété et à étroites liaisons locales producteur/fournisseur
Exemples de secteur	Industrie chimique et pharmaceutique, agroalimentaire, logiciels	Construction mécanique, construction automobile, instrumentation

Enfin, la mondialisation technologique passant par l'IDE est largement attribuable aux fusions-acquisitions. Si l'on en juge par le nombre de brevets que les grandes firmes ont déposés aux Etats-Unis sur la base d'inventions effectuées hors de leur pays d'origine, la croissance de l'internationalisation des activités d'innovation intervenue entre la période 1979-84 et la période 1985-90 tient ainsi pour une large majorité aux fusions-acquisitions, même si de nettes différences apparaissent d'un pays à l'autre (Patel, 1995). Dans le cas des grandes firmes françaises étudiées par Madeuf et *al.* (2000), les implantations d'activités de R&D à l'étranger résultent de fusions-acquisitions dans environ 75% des cas ; la proportion de cas de vraies créations ne se monte qu'à un quart, même dans la période la plus récente.

2. Mondialisation de la technologie : approches théoriques

La mondialisation des activités de R&D renvoie, en première analyse, à un clivage entre une interprétation traditionnelle et une lecture plus récente. Cette distinction vaut par rapport à deux critères majeurs dont le croisement permet de synthétiser en quatre situations-types les principales approches théoriques sur ce sujet.

2.1. Deux critères clés : la provenance de la technologie et sa destination géographique

Le principal critère départageant ces deux approches concerne le lieu de provenance de la technologie considérée. Alors que, selon l'explication traditionnelle, la mondialisation technologique consiste à *adapter* dans un pays une technologie déjà produite dans un autre pays, elle consiste, selon l'approche émergente, plutôt à *créer* une technologie nouvelle à l'étranger. La littérature sur les multinationales a en effet longtemps débattu – en termes statiques – de transfert technologique international, c'est-à-dire de ré-allocation d'actifs donnés. Elle n'a adopté que récemment une conception plus dynamique en termes de création internationale de technologie (Cantwell, 1995 ; Blanc et Sierra, 1999).

Le second critère concerne la destination géographique des actifs technologiques mondialisés, c'est-à-dire leur principal lieu d'application. Il s'agit de savoir si la R&D à l'étranger est plutôt intégrée vers l'aval, motivée par l'accès au marché et aux capacités de production de la firme dans le pays ou la région d'accueil, ou, au contraire, plutôt intégrée vers l'amont, motivée par des considérations d'accès à la technologie, c'est-à-dire au potentiel scientifique et technique du pays d'accueil. Dans le premier cas, la mondialisation de la R&D ne constitue guère qu'un produit joint de la mondialisation des autres fonctions de l'entreprise. Le second cas renvoie par contre à une logique « globale », où les technologies ont vocation à être exploitées dans l'ensemble des localisations de l'entreprise concernée, de par le monde. Dans cette dernière éventualité, les activités de R&D obéissent à une logique de localisation qui leur est propre (Jacquier-Roux, 1994). Il en découle quatre situations-types (tableau 4).

Les laboratoires de soutien local : adaptation technologique et accès au marché

La première situation-type est caractérisée par une logique à la fois d'adaptation technologique et d'intégration vers l'aval (accès au marché), dans le prolongement théorique de Vernon (1966) et de l'approche dite « éclectique » de la production internationale (Dunning, 1994). Pour les multinationales, dans ce schéma traditionnel, l'implantation d'activités de R&D à l'étranger provient de la nécessité d'adapter les produits et procédés de la maison-mère aux spécificités du pays d'accueil en termes de goûts et de réglementation. Elle vise à ne créer que de nouvelles variantes des produits et procédés dont le groupe en question dispose déjà, et pour des débouchés essentiellement locaux (Pearce, 1992). Les flux de savoir liés à l'implantation d'activités de R&D à l'étranger sont conçus comme des transferts univoques, du « centre » vers la « périphérie ».

Les postes de R&D imitatrice : captage de technologie et rapatriement

Le deuxième cas de figure, celui de la R&D imitatrice, correspond également à un « transfert » technologique, mais cette fois en sens inverse : du pays d'accueil en vue d'une adaptation dans le pays d'origine ou dans un pays tiers. Il s'agit de « postes d'écoute » chargés de suivre les avancées scientifiques ou technologiques effectuées sur place par des concurrents en situation de leadership technologique ou, plus généralement, par des chercheurs locaux (Florida, 1997 ; Gerybadze et *al.*, 1997 ; Becker, 1996 ; Dörrenbächer et Wortmann, 1991). Ces postes visent à capter des technologies créées dans un pays donné pour les transposer ailleurs, selon une logique de « siphonnage technologique », d'appropriation de rentes. Ils correspondent à un stade relativement précoce de l'internationalisation des activités de R&D (Serapio et Dalton, 1999).

2.2 *Les laboratoires d'innovation de proximité : création technologique et débouchés locaux*

Dans la troisième catégorie, les laboratoires d'innovation de proximité visent à tirer profit des particularités du potentiel scientifique et technologique dans le pays d'accueil, mais cette tâche ambitieuse de création de nouveaux produits n'est principalement destinée qu'à des débouchés relativement locaux, ceux du (groupe de) pays d'accueil (Pearce, 1992 ; Bartlett et Ghoshal, 1990).

2.3 *Les centres d'excellence technologique : création technologique et débouchés mondiaux*

Enfin, les centres d'excellence technologique de la quatrième catégorie s'insèrent dans un programme de production technologique intégré à l'échelle de l'ensemble de la firme concernée. Par rapport aux postes de R&D imitatrice (cadran 2), ils visent moins à y suivre les développements technologiques en cours à l'étranger qu'à y participer activement (Dunning, 1994). Ils ont cependant en commun avec ces « postes d'écoute » de procéder essentiellement d'une logique d'offre, d'approvisionnement technologique, en vue de débouchés mondiaux. Ils se distinguent des laboratoires du cadran 3 par le fait qu'ils sont moins souvent associés à une unité de production, qu'ils sont plus récents et font plus de recherche fondamentale (Papanastassiou et Pearce, 1994). Ils correspondent à l'idée d'« innovation locale pour le monde » (local-for-global) chez Bartlett et Ghoshal (1990).

3. Une division cognitive du travail dominée par une logique d'avantage absolu

Avec le temps, un double mouvement peut être décelé, même s'il s'agit de grandes tendances susceptibles d'être plus ou moins contrebalancées par des évolutions contraires dans certains secteurs, certains pays ou à certaines époques, et même si les quatre cadrans coexistent généralement, à des degrés variables, dans un cas précis.

La première évolution se produit sur un axe horizontal et correspond au passage progressif d'une logique de transfert technologique très dominante en début de période, c'est-à-dire dans les années 1970-80 (cadrans 1 et 2) à un schéma donnant une part plus belle à la création technologique, dans les années 1990 (cadrans 3 et 4). En particulier, les laboratoires de soutien local (cadran 1) tendent en général à se muer en laboratoires d'innovation de proximité (cadran 3), à mesure qu'ils endossent un rôle plus créatif.

Tableau 4

UNE TYPOLOGIE DES LABORATOIRES A L'ETRANGER EN FONCTION DE L'ORIGINE ET DE LA DESTINATION DE LA TECHNOLOGIE CONCERNEE

		Provenance de la technologie considérée	
		Schémas traditionnels : *"Transfert" de technologie à l'étranger ou depuis l'étranger*	*Schémas émergents :* *Création de technologie dans une filiale à l'étranger*
Fonction principale de la mondialisation technologique (destination des actifs cognitifs mondialisés)	*Actifs destinés surtout au pays d'accueil : prédominance des facteurs de demande* *Accès au marché* *Couplage étroit entre la R&D et les fonctions en aval (production et vente)*	**1.** **Laboratoires de soutien local** Adaptation de la technologie du pays d'origine aux besoins du pays ou de la région d'accueil *Essentiellement des activités de développement* **Essor jusqu'aux années 1970**	**3.** **Laboratoires d'innovation de proximité** Technologie engendrée sur place pour le (groupe de) pays d'accueil *Part importante de recherche appliquée* **Essor depuis les années 1980**
	Actifs destinés a priori au monde entier : prédominance des facteurs d'offre *Accès à la technologie* *Découplage entre la R&D et les fonctions en aval (production et vente)*	**2.** **Postes de R&D imitatrice** "Siphonnage" ou "rapatriement" technologique : technologie captée dans le pays d'accueil pour être adaptée ailleurs (pays d'origine ou pays tiers) *Essentiellement du suivi des résultats scientifiques et techniques produits à l'étranger* **Essor dans les années 1970 et 1980**	**4.** **Centres d'excellence technologique** Spécialisation et approvisionnement technologique au sein d'un réseau intégré : technologie engendrée sur place pour des besoins mondiaux *Essentiellement de la recherche appliquée et, de plus en plus, à long terme* **Essor depuis les années 1990**

La seconde évolution, moins linéaire et plus indécise, se produit sur un axe vertical. Elle illustre la dialectique instaurée entre, d'un côté, les contraintes d'intégration vers les fonctions de l'entreprise en aval (production et *marketing*) et, de l'autre, les contraintes d'intégration vers les fonctions de l'entreprises en amont (activités stratégiques des quartiers généraux). Compte tenu de ce que la multiplication des laboratoires d'innovation de proximité (cadran 3) résulte fréquemment d'opérations de fusion-acquisition, les firmes concernées tendent en général après coup à rationaliser ce type de sites et à les spécialiser dans des domaines de compétence précis (Gassmann et Zedtwitz, 1999). Des unités de R&D initialement chargées d'appuyer les capacités de production locales des groupes concernés se réorientent ainsi progressivement vers des tâches consistant à développer de nouveaux produits ou technologies pour le compte de la maison-mère et de filiales implantées dans d'autres pays (Serapio et Dalton, 1999). Il existe aussi des forces contrecarrant ce mouvement. Le fait est qu'il se révèle souvent fructueux pour les filiales à l'étranger d'établir, de rétablir ou de renforcer les liens qu'elles entretiennent sur place entre les activités de R&D et les activités situées en aval, comme le suggèrent notamment les travaux de Gerybadze *et al.* (1997).

La multiplication récente des centres d'excellence (cadran 4) n'en reflète pas moins un processus plus général, à long terme : l'émergence de la division cognitive du travail évoquée précédemment. Dans ce cadre, les filiales sont dotées d'une responsabilité globale pour le développement d'un produit donné, c'est-à-dire d'un mandat plus ou moins exclusif, au sein de leur groupe respectif et à l'échelle du monde. En ce sens, il s'agit bien de *centres* de compétence ou d'excellence. Bien que l'évolution aille dans le sens d'une mondialisation des activités de R&D, il ne s'agit donc nullement d'un éparpillement dans l'espace. A ce propos, il semble en première analyse que le principe de l'avantage comparatif s'applique aussi bien à la répartition spatiale des activités de R&D qu'au commerce des biens et services. Il apparaît toutefois que l'internationalisation croissante des activités de R&D implique une interférence réciproque entre la spécialisation scientifique et technologique des entreprises et celle des nations. Par suite, elle tend à bénéficier aux sites - et indirectement, aux nations - pour lesquels il se révèle possible de faire état des performances de recherche et d'innovation les plus élevées (Gerybadze *et al.*, 1997 ; Cantwell et Janne, 1999). Il en découle qu'en seconde analyse, la logique traditionnelle de l'avantage *comparatif* des pays tend à être dominée par la logique de l'avantage *absolu* des firmes et des localisations.

4. *Incidences sur les spécialisations technologiques : délocalisation ou renforcement de la base d'origine ?*

A priori, il est envisageable que la mondialisation technologique conduise à émousser les spécialisations technologiques des nations - tout du moins en ce qui concerne les pays constituant la base d'origine des firmes considérées - lorsque les mécanismes à l'oeuvre relèvent d'une logique de délocalisation. La délocalisation des activités de R&D peut en effet affaiblir les relations entre acteurs fondant le système d'innovation du pays d'origine (Chesnais et Simonetti, 2000). Il est toutefois tout aussi possible qu'elle conduise au contraire à renforcer le profil technologique des pays d'origine et d'accueil. Pour analyser l'incidence du processus de mondialisation technologique sur la spécialisation technologique des nations et, au delà, sur la cohérence de leurs systèmes nationaux d'innovation (SNI), il est pratique de se référer à l'approche de Kümmerle (1997). Ce dernier distingue deux stratégies polaires : d'une part, une stratégie où les activités de R&D de la filiale correspondent à la valorisation du savoir préalablement constitué par la maison-mère (HBE : *home-base-exploiting site*) et, d'autre part, une stratégie où les activités de R&D de la filiale sont orientées vers les besoins de la maison-mère, dont il s'agit d'augmenter le stock de savoir (HBA : *home-base-augmenting site*). Ce clivage recoupe la grille d'analyse esquissée précédemment : le schéma HBE correspond à notre cadran 1 et le schéma HBA regroupe nos cadrans 2 et 4.

4.1 L'importance persistante du motif d'accès au marché : l'expression de l'avantage technologique accumulé dans le pays d'origine

Tout d'abord, la logique d'accès aux compétences technologiques dans l'optique de la constitution de « centres d'excellence » est relativisée par le fait que les activités de R&D contrôlées à l'étranger consistent pour une part écrasante en activités de développement, bien plus qu'en activités de recherche appliquée ou, *a fortiori* fondamentale[31]. Ceci confirme que les multinationales françaises conservent bel et bien l'essentiel de leurs compétences les plus stratégiques au sein de leur pays d'origine.

De plus, le rôle des fusions-acquisitions conduit lui aussi à affaiblir l'argument de l'accès aux compétences technologiques. Lorsque des activités de R&D situées à l'étranger ont été constituées à travers des fusions-acquisitions, lesdites implantations ne relèvent pas forcément d'une logique de délocalisation, c'est-à-dire ne révèlent pas nécessairement des choix exprimant une réelle préférence pour le potentiel technologique du pays d'accueil relativement à celui du pays d'origine. Par suite, la mondialisation de la R&D ne constitue pour une large part que le produit joint d'opérations de fusion-acquisition motivées pour l'essentiel par des considérations n'ayant guère de rapport avec la R&D elle-même[32].

Par ailleurs, le schéma traditionnel selon lequel les activités de R&D localisées à l'étranger le sont généralement à proximité des sites de production de la firme considérée demeure validé par des travaux empiriques récents telles que ceux de Dunning et Wymbs (1999) ou de Madeuf *et al.* (2000). Fondées sur des données d'enquête relatives à des grandes entreprises, ces deux études mettent en évidence une corrélation positive et significative entre, d'une part, le degré de mondialisation des firmes en termes de R&D, et, d'autre part, leur degré de mondialisation en termes plus généraux (CA, effectifs employés ou actifs contrôlés). Ceci conforte l'idée que les activités de R&D contrôlées à l'étranger sont généralement intégrées au reste des activités de ces grands groupes sur place. Ces derniers n'y ont ainsi

[31] Dans le cas des grands groupes français étudiés par Madeuf *et al.* (2000), les proportions sont en moyenne respectivement de 80,2%, 18,4% et seulement 1,4 %. Dans l'ensemble des dépenses intérieures de R&D de l'ensemble des entreprises en France, à titre de comparaison, les proportions respectives étaient en 1998 les suivantes : 67,6%, 28,0% et 4,4% (Lefebvre *et al.*, 2001).

[32] Dans le cas des grandes firmes françaises, à titre d'exemple, plus de 95% des unités de R&D rachetées à l'étranger font partie d'un ensemble comprenant des activités productives (Lefebvre *et al.*, 2001).

encore guère découplé la localisation de leurs activités de R&D de celle de leurs activités de production.

Ainsi, il n'existe finalement que peu d'éléments attestant d'une prédominance du motif de l'approvisionnement technologique. Bien davantage que par ce type de considérations, l'internationalisation des activités de R&D demeure en effet pour une large part motivée par des facteurs relatifs à la demande au sein de marchés régionaux. De façon liée, un pays n'est généralement attractif pour les activités de R&D des multinationales que s'il l'est également en tant qu'appareil de production et qu'en tant que débouché marchand. L'implantation d'activités de R&D à l'étranger répond très largement à une volonté d'être présent sur des « marchés directeurs » (*lead markets*), c'est-à-dire sur des marchés régionaux ayant *de facto* pour rôle, pour certaines technologies, de déterminer les standards mondiaux et de fixer les grandes tendances en matière d'application. A titre d'exemple, le rôle de « marché directeur » est joué par les Etats-Unis dans des domaines tels qu'Internet ou les produits pharmaceutiques et par l'Europe en ce qui concerne le téléphone mobile (système GSM) ou l'électronique pour les cartes à puce (Gerybadze *et al.,* 1997 ; ETAN, 1998 ; Gassmann et Zedtwitz, 1999).

En référence au modèle interactif d'organisation de l'innovation (Kline et Rosenberg, 1986) et vue l'importance des relations entre utilisateurs et producteurs de technologies (Lundvall, 1992), il convient en outre de souligner que de tels effets d'interaction tendent plutôt à s'accentuer qu'à s'atténuer, tant la R&D se trouve fréquemment liée à des productions sur commande, et tant il importe de plus en plus d'intégrer les activités de R&D à d'autres activités de l'entreprise telles que la production et le marketing (Chesnais, 1994). Par suite, s'il existe bel et bien une logique de division cognitive du travail, elle ne saurait gommer les besoins d'intégration amont-aval, au sein de la chaîne de valeur de la firme. Ceci revient à souligner le primat persistant des facteurs de demande. La vraie nouveauté réside dans le fait qu'il s'agit désormais moins, contrairement au schéma le plus traditionnel, d'adapter des produits ou procédés préexistants aux besoins de marchés relativement « secondaires » : il s'agit de plus en plus d'une logique d'apprentissage par anticipation des besoins futurs au sein de marchés d'importance stratégique (« marchés directeurs »).

4. 2 Le rôle croissant de la logique d'accès à la technologie : un facteur de renforcement de l'avantage technologiquedu pays d'origine ?

En matière de mondialisation technologique, et même si la logique de l'accès au marché demeure prédominante, dans l'ensemble, plusieurs études dénotent malgré tout la nette montée en puissance des IDE répondant à une logique d'accès à la technologie. Etudiant 238 sites de R&D contrôlés hors de leur pays d'origine par 32 grandes firmes de l'industrie pharmaceutique et électronique (12 japonaises, 10 américaines et 10 européennes), Kümmerle (1997) montre qu'environ 55% d'entre eux correspondent encore à la catégorie des sites exploitant la base d'origine (HBE) et que les 45% restants relèvent déjà du groupe des sites renforçant la base d'origine (HBA). Quant à l'étude menée par Florida (1997), qui porte sur 207 laboratoires de R&D ayant la double particularité d'être implantés aux États-Unis et d'être sous contrôle étranger, elle parvient à la conclusion que ces implantations sont de moins en moins motivées par des facteurs de demande, c'est-à-dire des considérations d'accès aux marchés, et de plus en plus mues par des facteurs d'offre, c'est-à-dire visant de façon croissante à renforcer les capacités scientifiques et technologiques des firmes concernées[33].

En fait, l'importance relative des considérations d'accès aux compétences technologiques varie fortement selon les secteurs. Leur prédominance est très largement établie dans le cas de l'industrie pharmaceutique et des biotechnologies. Dans celui des ordinateurs et équipements de bureau, elle l'est également selon certains auteurs (Papanastassiou et Pearce, 1994), mais pas selon d'autres (Dunning et Wymbs, 1999). A l'inverse, il apparaît que l'accès à des compétences spécialisées joue généralement très peu dans le secteur des biens d'équipement industriels et agricoles, ainsi que dans la métallurgie et l'automobile (Pearce, 1992).

Centré sur le clivage entre accès au marché et accès à la technologie, ce type de travaux entretient toutefois un certain flou sur la notion d'*approvisionnement* technologique. Il omet en effet de préciser la *destination* effective des technologies transférées ou créées à l'étranger. Faute de faire la distinction entre ce que nous appelons les cadrans 3 et 4, il ne précise pas dans quelle mesure les actifs cognitifs créés à l'étranger sont simplement destinés à être utilisés sur place ou bien permettent de féconder et d'accroître le potentiel du pays d'origine.

Pour mieux cerner la question de l'impact sur les pays d'origine, il est intéressant de se demander si le fait qu'une entreprise implante telle activité technologique dans un pays étranger reflète un avantage compétitif dont cette entreprise fait preuve dans son pays d'origine, pour ce même domaine technologique, ou plutôt un avantage du pays d'accueil dans le même domaine. Patel et Vega (1999) éclaircissent ce point, en croisant deux séries d'indicateur d'avantage technologique révélé (RTA) concernant les 220 firmes (22 japonaises, 71 nord-américaines et 127 européennes) ayant le plus breveté aux Etats-Unis sur la base d'inventions réalisées à l'étranger entre 1990 et 1996. Il en ressort que, tous pays et secteurs confondus, plus des trois quarts (76,1%) des cas correspondent à une situation dans laquelle l'entreprise effectuant des activités technologiques à l'étranger détient un avantage comparatif technologique dans son pays d'origine. Une très faible part (10,5%) des cas relève d'une logique de « délocalisation technologique », c'est-à-dire pour laquelle, dans le domaine technologique considéré, l'entreprise concernée fait preuve d'une relative faiblesse dans son pays d'origine et pour laquelle le pays d'accueil fait, par contre, preuve d'une relative force. Il apparaît en outre qu'entre 1980 86 et 1990-96, la catégorie ayant le plus

---

[33] Remarquons que l'échantillon étudié par Florida (1997) n'est composé que de laboratoires « indépendants » (*independent or stand alone*) et se consacrant exclusivement à des activités de R&D et de *design*. Or ce type de cas est très loin d'être représentatif. Pour les grands groupes français étudiés par Madeuf et *al.* (2000), il apparaît que, dans 98% des cas, les activités de R&D qu'ils effectuent à l'étranger ne le sont pas au sein d'entités autonomes mais se trouvent rattachées à d'autres structures, d'ordre fonctionnel, divisionnel ou, le plus souvent, géographique. Par construction, l'échantillon de Florida (1997) élimine donc la plus grande part des interactions intervenant entre la R&D et les activités en aval : fabrication et *marketing*.

gagné en importance relative est celle où les entreprises combinent les avantages technologiques qu'elles détiennent dans leur pays d'origine avec ceux du pays où elles s'implantent.

Il existe en outre un lien entre le pays d'origine et le type de stratégie technologique suivi par la firme effectuant de la R&D à l'étranger. Avec une approche similaire à celle de Patel et Vega (1999), Cantwell et Janne (1999) montrent ainsi que les firmes issues des centres les plus en pointe sur le plan technologique sont les plus à même d'appliquer à l'étranger des stratégies visant à renforcer le cœur de l'avantage technologique acquis dans la base d'origine, selon une logique conforme à ce que Kümmerle (1997) appelle le renforcement de la base d'origine (HBA). Inversement, les firmes issues de centres moins avancés sur le plan technologique et s'implantant à l'étranger dans des centres plus en pointe sont plutôt en mesure de ne faire qu'y prolonger les technologies développées dans la base d'origine, selon une logique rappelant le schéma d'exploitation de la base d'origine (HBE).

Des différences apparaissent également selon les pays d'accueil. Barré (1996) montre ainsi que, sur la période 1991-93, il n'apparaît pas toujours de corrélation significative entre la spécialisation technologique des entreprises sous contrôle étranger et celle des pays d'accueil[34]. Pour ces derniers, la présence d'activités d'innovation sous contrôle étranger contribue ou non à renforcer la spécialisation technologique nationale, selon les cas.

Enfin, il convient de souligner un cas de figure croissant : celui de fusions-acquisitions mues par des considérations d'accès à des capacités d'innovation à l'étranger (Dunning, 1994). Les fusions-acquisitions peuvent en effet constituer un moyen rapide et efficace pour accéder à des capacités d'innovation situées à l'étranger. Un net changement apparaît alors, par rapport à une situation traditionnelle, dans laquelle la mondialisation de la R&D ne constituait qu'un produit joint des opérations de fusion-acquisition. Ceci étant, il demeure que cette logique d'accès aux compétences joue moins souvent pour les implantations de R&D résultant de fusions-acquisitions que pour les créations *ex nihilo* (Madeuf *et al.*, 2000).

CONCLUSION

Dans l'ensemble, et par delà les contrastes sectoriels, il se confirme que les firmes tendent à implanter à l'étranger une proportion croissante de leurs activités de R&D. De leur part, il s'agit de plus en plus de stratégies axées autour de la création de ressources cognitives, c'est-à-dire autour d'une logique d'apprentissage, *via*

---

[34] Fondée sur des données de brevets, cette étude montre qu'une telle corrélation peut être observée lorsque le pays d'accueil est le Royaume-Uni, l'Italie, la Belgique ou le Canada, mais pas dans le cas de la France, de l'Allemagne, de la Suisse ou du Japon. Pour ces derniers pays, il semble que la présence d'activités d'innovation sous contrôle étranger vise moins à tirer parti des particularités respectives des SNI d'accueil qu'à valoriser un avantage technologique précédemment accumulé dans leur pays d'origine (schéma HBE).

l'accès à des compétences technologiques spécifiques. Il serait toutefois erroné d'y voir la source d'un affaiblissement des SNI et de la spécialisation technologique des pays d'origine. Une des raisons en est le caractère relativement croisé des relations nouées au sein de la Triade : les pays à l'origine de la mondialisation technologique en sont également, pour une très large part, les pays d'accueil. En outre, ces phénomènes ne s'apparentent guère à un processus de perte de substance, *via* la délocalisation d'unités précédemment constituées dans le pays d'origine. Les IDE – qui résultent le plus souvent de fusions-acquisitions – et les alliances technologiques constituent rarement un désaveu du pays d'origine et ne conduisent guère à changer la localisation des activités concernées. Par suite, les évolutions en cours vont moins de pair avec un mouvement de dispersion géographique qu'avec l'émergence d'une structure polycentrique intégrée, reliant entre eux les SNI les plus attractifs. Dès lors, et tout du moins pour les pays industriels les plus performants au plan technologique, la perspective la plus probable est moins celle de la disparition des SNI que celle de leur interconnexion croissante, de leur mise en réseau, notamment à travers les multinationales.

Les conséquences de ces mouvements sont plus complexes en ce qui concerne la spécialisation technologique des nations concernées. Il s'agit de savoir si les activités technologiques menées par les firmes à l'étranger se trouvent dans une relation de complémentarité (effet de renforcement) ou de substitution (effet d'éviction) vis-à-vis du pays d'origine. Ceci ne peut être apprécié qu'en considérant le lieu de destination des activités considérées et leur impact sur le potentiel d'innovation des pays d'origine et d'accueil. Malgré leurs lacunes, les recherches disponibles à ce sujet permettent de conclure que la mondialisation technologique tend plutôt à accentuer qu'à éroder les profils respectifs des différents SNI. De plus en plus, en effet, le but visé par les firmes mondialisant leur technologie consiste à constituer à l'étranger des réservoirs de savoirs *complémentaires* à ceux dont l'entreprise dispose dans son pays d'origine (Serapio et Dalton, 1999 ; Blanc et Sierra, 1999).

Il convient toutefois de ne pas sous-estimer les asymétries existant entre les SNI des principaux pays industriels, au sein de la Triade. La logique de l'avantage absolu peut ainsi conduire à une accentuation rédhibitoire de l'avance technologique de certains pays dans certains domaines (ou paradigmes) technologiques nouveaux[35]. Ceci suggère que, pour le devenir des SNI, la question cruciale porte moins sur la pérennité des spécialisations déjà établies que sur la capacité à se profiler avec succès dans des domaines technologiques en émergence. Il convient donc de se méfier d'une approche globalisante qui aurait le défaut de minimiser les tendances en cours pour un certain nombre de technologies-clé, car il peut s'agir d'évolutions pouvant fort bien préfigurer des tendances lourdes de conséquences à l'avenir. Quoi qu'il en soit, il apparaît qu'au stade actuel de la mondialisation, les stratégies des multinationales tendent en général plutôt à renforcer les spécialisations technologiques acquises, même si elles peuvent entraîner des bouleversements dans

---

[35] Un exemple en est fourni par le cas des biotechnologies aux Etats-Unis, même si l'Europe semble conserver une chance de rattraper son retard en la matière.

les domaines technologiques en plein essor. La résultante de ces deux mouvements ne conduit en tout cas nullement à un nivellement généralisé des profils nationaux de spécialisation technologique.

REFERENCES

Acs Z.J., Audretsch D.B. et Feldman M.P. (1994), « R&D Spillovers and Recipient Firm Size », *Review of Economics and Statistics*, 76 (2), 336-340.

Almeida P. et Kogut B. (1997), « The Exploration of Technological Diversity and the Geographic Localisation of Innovation », *Small Business Economics* 9, 21-31.

Antonelli C. (1986), « Technological Districts and Regional Innovation Capacity », *Revue d'Economie Régionale et Urbaine*, 5, 695-705.

Archibugi D., Howells J., et Michie, J., eds, (1999), *Innovation Policy in a Global Economy*, Cambridge University Press, Cambridge/New-York.

Archibugi D. et Michie J. (1995), « The Globalization of Technology: a New Taxonomy », *Cambridge Journal of Economics*, 19, 121-140.

Archibugi D., Howells J. et Michie J. (1999), *Innovation Policy in a global Economy*, Cambridge University Press.

Arvanitis S. et Hollenstein H., 2001, « Technologiestandort Schweiz im Zuge der Globalisierung : Eine explorative Analyse der FuE-Aktivitäten schweizerischer Industrieunternehmen im Ausland », *Swiss Journal of Economics and Statistics*, 137, 2, juin, 129-147.

Audretsch D.B. et Feldman M.P. (1996), « R&D Spillovers and the Geography of Innovation and Production », *American Economic Review* 86, 631-640.

Autant-Bernard C. et Massard N. (1999), « Econométrie des externalités technologiques locales et géographie de l'innovation : une analyse critique », *Economie appliquée*, LII, 4, 35-68.

Barré R., Laville F. et Zitt M. (1998), *The Dynamics of S&T Activities in the EU Regions. Characterization, Cohesion and Convergence : a Quantitative Analysis*, rapport de l'OST à la Commission européenne.

Barré R. (1996), « Relations entre les stratégies technologiques des entreprises multinationales et les systèmes nationaux d'innovations : modèle et analyse empirique », in : OCDE , *Innovation, Brevets et Stratégies Technologiques*, Paris, 217-240.

Bartlett C. et Ghoshal S. (1990), « Managing Innovation in the Transnational Corporation », in: Bartlett C., Doz Y. et Hedlund G., eds, , *Managing the Global Firm*, Londres, 215-255.

Becker U. (1996), *Das Überleben multinationaler Unternehmen - Generierung und Transfer von Wissen im internationalen Wettbewerb*, Peter Lang, Francfort/Main.

Blanc H. et Sierra C. (1999), « The Internalisation of R&D by Multinationals : a Trade-off between External and Internal Proximity », *Cambridge Journal of Economics*, 23, 187-206.

Breschi S. et Lissoni F. (2001), « Knowledge Spillovers and Local Innovation Systems : A Critical Survey » *Industrial and Corporate Change*, 10, special issue « Geography of innovation and economic clustering », 975- 1005.

Caniels M. (1997), « The Geographic Distribution of Patents and Value Added across European Regions » présenté à la conférence de l'European Regional Science Association, Rome, août.

Cantwell J. (1993), « Technological Competence and Evolving Patterns of International Production », in Cox H. , Clegg J. and Ietto-Gillies G. , eds, , *The growth of global business*, Routledge, Londres/New York, 19-37.

Cantwell J. (1995), « The Globalization of Technology: What Remains of the Product Cycle Model ? », *Cambridge Journal of Economics*, 19, 155-174.

Cantwell J. et Janne O. (1999), « Technological Globalisation and Innovative Centres : the Role of Corporate Technological Leadership and Locational Hierarchy », *Research Policy*, 28, 119-144.

Cantwell J. et Kosmopoulou E. (2000), "What determines the internationalisation of corporate strategy technology ?", Working Paper n° 284, vol. XII, Department of Economics, University of Reading.

Chesnais F. et Simonetti R. (2000), « Globalisation, Foreign Direct Investment and Innovation: a European Perspective », in : Chesnais *et al.* , eds, , *European integration and global corporate strategies*, Routledge, London/New York.

Cockburn I. et Henderson R. (1998), « Absorptive Capacity, Co-authorship Behaviour and the Organization of Research in Drug Discovery » *The Journal of Industrial Economics*, XLVI, 2, 157-182.

Delapierre M., Moati Ph. et Mouhoud E. M., eds, (2000), *Connaissance et mondialisation*, Economica, Paris.

Dörrenbächer C. et Wortmann M. (1991), « The Internationalization of Corporate Research and Development », *Intereconomics*, 26, 3, mai/juin, 139-144.

Dunning J. (1977), « Trade, Location of Economic Activity and the MNE : A Search of an Eclectic Approach », in Ohlin, B. *et al.*, eds, , *The International Allocation of Economic Activity*, Holmes and Meier, Londres, 395-418.

Dunning J. et Wymbs C. (1999), « The Geographical Sourcing of Technology-based Assets by Multinational Enterprises », in Archibugi *et al.* eds, 184-224.

ETAN (1998), Internationalisation of Research and Technology : Trends, Issues and Implications of S & T Policies in Europe, document de travail effectué pour la DG XII (Recherche) de la Commission Européenne par le groupe d'experts ETAN (European Technology Assessment Network), Bruxelles/Luxembourg, juillet.

Feldman M.P. (1994), *The Geography of Innovation*, Boston : Kluwer Academic Press.

Feldman M.P. et Audretsch D.B. (1999), « Innovation in Cities : Science-based Diversity, Specialisation and Localised Competition », *European Economic Review,* 43 (Special issue), 409-129.

Feldman M.P. et Florida R. (1994), « The Geographic Sources of Innovation : Technological Infrastructure and Product Innovation in the United States », *Annals of the Association of American Geographers*, 84 (2), 210-229.

Fors G. et Zejan M. (1996), Overseas R&D by Multinationals in Foreign Centers of Excellence, Working Paper Series in Economics and Finance, n° 111, Stockholm School of Economics/The Economic Research Institute, mars.

Gallaud D. et Torre A. (2001), « Les réseaux d'innovation sont-ils localisés ? Interrogations sur le rôle de la proximité dans les dynamiques de circulation des connaissances », présenté aux Troisièmes Journées de la Proximité, nouvelles croissances et territoires, 13 et 14 décembre.

Gandon M. et Jacquin, Y. (2001), « L'effort de recherche et développement des principaux groupes industriels français », MENRT, Note d'information n° 01.41, août.

Gerybadze A., Meyer-Krahmer F. et Reger G. (1997), *Globales Management von Forschung und Entwicklung*, Schäffer-Poeschel, Stuttgart.

Guerrieri P. (1999), « Patterns of National Specialisation in the Global Competetitve Environment » in Archibugie D., Howells J. et Michie J., *Innovation Policy in a global Economy*, Cambridge University Press.

Guilhon B. (2001), « Bases de connaissances, types d'apprentissage et marchés de la connaissance : le cas de l'industrie pharmaceutique », in Catin M., Guilhon B. et Le Bas Ch., eds, , *Activités technologiques, connaissances et organisation*, L'Harmattan, Paris, 119-140.

Jacquier-Roux V. (1994), *La territorialisation de la R&D industrielle transnationalisée : une analyse de dynamique industrielle*, série Thèses, IREPD, Grenoble, novembre.

Jaffe A., Trajtenberg M. et Henderson R. (1993), « Geographic Localization of Knowledge Spillovers as Evidenced by Patent Citations », *Quarterly Journal of Economics,* 577-598.

Jaffe A.B. (1989), « Real Effects of Academic Research », *American Economic Review* 79 (5), 957-970.

Kline S. J. et Rosenberg N. (1986), « An Overview of Innovation », in Landau R. et Rosenberg N., eds, , *The Positive Sum Strategy*,. Washington D.C.: National Academy Press.

Kümmerle W. (1997), « Building Effective R&D Capabilities Abroad », *Harvard Business Review*, 75, 2, mars-avril, 61-70.

Lallement R. (2002), « Foreign-owned Firms and the Competitiveness of the Host Country : the Case of France with Regard to Foreign Trade and to Innovation Activity », in Jungnickel, R., des, , *Foreign-owned firms - are they different?*, Palgrave, Basingstoke.

Lefebvre G., Madeuf B. et Weisenburger E. (2001), Création ou rachat de centres de R&D : deux voies pour assurer la présence des groupes français à l'étranger, MENRT, Note d'information n° 01.26, juin.

Lundvall B.A. (1992), « Relations entre utilisateurs et producteurs, systèmes nationaux d'innovation et internationalisation », in Foray D. et Freeman Ch., eds, *Technologie et Richesse des Nations,* Economica, Paris.

Lung Y. (1997), *Organisation spatiale et coordination des activités d'innovation des entreprises*, Rapport de recherche au Commissariat général du Plan, octobre.

Malerba F. Orsenigo L. et Peretto P. (1977), « Persistance of Innovative Activities, Sectoral Patterns of Innoation and International Technlogical Specialization », *International of Journal Of Industrial Organisation,* 15, 801-826.

Malerba F., Mancusi L. et Montobbio F. (2001), « The Determinants of Technological Specialisation and its Dynamics », CESPRI, mai.

Mancusi M. (2000), « International Technological Spécialisation in Industrial Countries patterns and dynamics », WP. mimeo, février.

Mancusi M. (2001), « Geographical Concentration and the Dynamics of Countries' Specialization in Technologies », WP. n° 125, CESPRI, Milan, septembre.

Marshall A. (1896), *Industry and trade*, London, Macmillan Publishing Company.

Maskell P. et Malmberg A. (1999), « Localised Learning and Industrial Competitiveness », *Cambridge Journal of Economics*, 23, 167-185.

Maurel F. et Mouhoud E.M. (2001), « La géographie économique de la France dans l'Europe », dans Rapport du Conseil d'Analayse Economique, *L'Etat et l'aménagement du territoire*, La Documentation française, Paris.

Maurseth P.B. et Verspagen B. (1999), « Knowledge Spillovers in Europe. A Patent Citation Analysis », présenté à la conférence CRENOS, Technological Externalities and Spatial Location, University of Cagliari, 24 et 25 Septembre.

Moati P. et Mouhoud E.M. (1997), « Compétences, spécialisations, et localisation internationale », in Guilhon B., Huard P., Orilliard M. et Zimmerman J.-B. éds, *Economie de la Connaissance et Organisations*, L'Harmattan.

Moati, P. et Mouhoud, E. M. (1994), « Information et organisation de la production : vers une division cognitive du travail », *Economie Appliquée*, XLVI, 1, 47-73.

Mouhoud E.M. (1996), « Délocalisations vers les pays à bas salaires et contraintes d'efficacité productive », *Monde en Développement*, 24, 95, 25-35.

Mowery D.C. et Ziedonis A.A. (2001), «The Geographic reach of Market and Non-Market Channels of Technology Transfer: Comparing Citations and Licenses of University Patents », NBER Working Paper N° 8568, Octobre.

National Science Board (1998 ; 2000), *Science and Engineering Indicators*, NSB-98-1 et, respectivement, NSB-00-1, National Science Foundation, Arlington, VA.

OCDE (1999), *Measuring Globalisation: The Role of Multinationals in OECD Economies*, Paris.

Papanastassiou M. et Pearce R. (1994), « La mondialisation de l'innovation et l'organisation de la R&D dans les multinationales », in : Sachwald, F.,ed, , *Les défis de la mondialisation - Innovation et concurrence*, Masson, Paris, 69-106.

Patel P. (1995), « Localised Production of Technology for Global Markets », *Cambridge Journal of Economics*, 19, 1, 141-153.

Patel P. et Pavitt K. (1999), « Global Corporations and National Innovation Systems : Who Dominates Whom ? », in Archibugi *et al.*, eds, 94-119.

Patel P. et Pavitt K. (2000), « Les systèmes nationaux d'innovation sous tension : l'internationalisation de la R&D d'entreprise », in Delapierre *et al,* eds, 41-58.

Patel P. et Vega M. (1999), « Patterns of Internationalisation of Corporate Technology: Location *vs.* Homes Country Advantages », *Research Policy*, 28, 145-155.

Pearce R. (1992), « Factors Influencing the Internationalization of Research and Development in Multinational Enterprises », in Buckley P. et Casson M. eds,

Multinational Enterprises in the World Economy, Edward Elgar, Aldershot, 75-95.

Serapio M. et Dalton D. (1999), « Globalization of Industrial R&D: an Examination of Foreign Direct Investments in R&D in the United States », *Research Policy*, 28, 303-316.

Rallet A. et Torre A. (2001), « Proximité Géographique ou Proximité Organisationnelle ? Une analyse spatiale des coopérations technologiques dans les réseaux localisés d'innovation », *Economie Appliquée*, LIV, 1, 147-171.

Vernon R. (1966), « International Investment and International Trade in Product Cycle », *Quarterly Journal of Economics*, 80, 190-207.

Vervota G. (1999), « Stability in National Patterns of Technological Specialisation: some Historical Evidence from Patent Data », *Economic Innovation and New Technology*, 8, 331-354.

CHAPITRE II

LA LOCALISATION DES FIRMES DE HAUTE TECHNOLOGIE : LE CAS DES BIOTECHNOLOGIES

MESSAOUD ZOUIKRI

INTRODUCTION

Il apparaît évident aujourd'hui que la localisation, l'agglomération et les réseaux d'entreprises influencent positivement la performance des firmes en matière d'innovation (Love & Roper, 2001, B). D'une manière générale, les firmes se concentrent dans des régions qui leur confèrent un certain nombre d'avantages dits de localisation.[1] Ainsi, *l'espace* représente un *mécanisme de coordination* des activités de production des firmes. Ce facteur peut se révéler encore plus essentiel quand il s'agit de la coordination des activités de R&D. Cette idée a émergé suite au succès de certaines zones en matière d'innovation telles que la Silicon Valley et la Route 128 aux Etats Unis. Pour expliquer la concentration des firmes dans ces « *milieux innovateurs* », des auteurs, parmi les économistes industriels, avancent l'hypothèse selon laquelle des économies externes, et plus particulièrement des *externalités technologiques* seraient à l'origine de la constitution de telles agglomérations. En ce sens, des firmes se localisent à proximité les unes des autres pour bénéficier des *externalités technologiques*. Celles-ci affectent positivement la *fonction de production des connaissances*, du fait de l'interaction informelle au niveau local. Cette dernière est supposée engendrer des échanges par définition non marchands de connaissances et d'informations.

Toutefois, au sein de la communauté des chercheurs, cette proposition est loin de faire l'unanimité, du moins concernant la méthodologie poursuivie pour expliquer les avantages et les origines de l'agglomération des firmes. Le scepticisme envers l'existence des externalités technologiques localisées (« *localized knowledge spillovers* ») est exprimé notamment par des économistes géographes tels que Krugman (1991).

Dans le présent article, nous souhaitons contribuer à ce débat par la présentation de certains développements récents en « économie spatiale et de l'innovation » et ceci pour réaliser un objectif double. Premièrement, apprécier, le besoin de proximité géographique dans la coordination des activités d'innovation des firmes. Deuxièmement, déterminer les conditions qui permettent de bénéficier d'externalités technologiques pouvant alimenter la fonction de R&D. Outre le

[1] Parmi les avantages de localisation connus traditionnellement, la disponibilité d'une main d'œuvre qualifiée, l'existence des infrastructures, la disponibilité des matières premières, la réduction des coûts de transport…

facteur « *espace* » en tant que coordinateur d'activités, nous introduisons les *modes d'organisation de la R&D*, en tant que *variable organisationnelle*, qui va nous informer sur la capacité des firmes à capter des externalités de connaissances. Si la littérature suppose la proximité géographique comme condition préalable pour bénéficier des spillovers, « ce point n'est ni démontré, ni même étudié » (Rallet, 2000). En effet, pour que la proximité géographique ait un sens de transfert effectif de connaissances, il faudrait l'associer à une « proximité organisationnelle » (Gily et Torre, 2000, Rallet et Torre, 1998).

Ainsi, ce qui apparaît pertinent pour une firme c'est moins le fait de s'inscrire dans un espace donné que d'appartenir à un réseau de firmes qui s'est constitué suivant le critère de *proximité organisationnelle*. Celui-ci peut être localisé à proximité ou à distance. Si le fait de faire partie d'un « milieu innovateur » a été souvent mentionné par les auteurs comme étant un facteur influençant positivement la performance des firmes en matière d'innovation, la relation entre l'organisation de leur choix innovant et son inscription spatiale reste cependant inexplorée. Il nous semble donc important d'examiner *le lien entre, les effets d'agglomération, l'organisation de la R&D et son inscription spatiale*. Dans cet article, nous nous limitons toutefois à examiner, un seul des avantages de la localisation, à savoir les *externalités technologiques*. Pour illustrer notre propos, nous avons choisi l'industrie française de biotechnologie, un terrain riche d'observation car « *science-based* » et en pleine transformation..

Ce travail est organisé en trois parties. Dans la première partie, nous présentons les fondements théoriques qui nous permettent dans la deuxième partie, d'examiner l'organisation de la R&D et son inscription spatiale. Enfin, la troisième partie est consacrée à l'examen de la localisation des firmes de biotechnologie en France.

I – CADRE CONCEPTUEL

Avant d'analyser l'organisation de la R&D, il semble opportun de rappeler la place principale de l'activité de R&D dans les firmes de haute technologie et les déterminants essentiels de leurs choix innovants. Les éléments présentés ici peuvent servir de base à des études empiriques ultérieures. Nous exposons enfin, la problématique des externalités technologiques qui va nous permettre d'examiner le lien entre l'organisation des activités de R&D et leur inscription spatiale.

1 La R&D : une composante principale de l'activité d'innovation des firmes « **science-based** »

Les firmes basées sur la science se caractérisent par l'utilisation des nouvelles connaissances scientifiques constitutives de nouveaux paradigmes technologiques. Les firmes de biotechnologie font partie de cette catégorie puisqu'elles tirent la majorité de leurs bénéfices de la mise sur le marché de produits innovants où la R&D est le moteur principal de leur croissance et développement dans le temps[2].

2. *Déterminants du choix innovant des firmes*

En sus des variables traditionnelles expliquant la décision des firmes de s'engager dans une activité d'innovation telles que la *taille de la firme* ou la *structure de marché*, d'autres types de variables relatives aux *conditions d'appropriation*, *disponibilité d'actifs complémentaires* et *complexité du processus d'innovation* peuvent éclairer le choix des modes d'organisation de la R&D en fournissant des informations supplémentaires sur le processus d'innovation de la firme.

2.1 *Taille de la firme et innovation*

Schumpeter (1942) a été le premier économiste à établir un lien entre l'activité d'innovation et la taille des firmes. Il distingue la grande firme, disposant de moyens financiers et de laboratoires de recherche formels, de la petite firme avec des structures moins importantes et des moyens limités mais se caractérisant par un esprit d'entreprise. Schumpeter conclut que les grandes firmes contribuent plus à l'innovation que les petites. Les nombreuses études empiriques qui ont tenté de vérifier ce lien présentent toutefois des résultats mitigés[3]. Cette diversité des résultats peut être justifiée par l'utilisation de méthodes différentes par les chercheurs mais également par les spécificités que représentent les secteurs étudiés (Pavitt, 1984). L'innovation dans l'industrie pharmaceutique est depuis longtemps dominée par les grandes firmes tandis que dans celle des biotechnologies les petites firmes tiennent encore le devant de la scène depuis l'émergence de ce secteur dans les années 70. On peut considérer enfin d'après la plupart des études empiriques qu'il y a bien une corrélation positive entre *taille de la firme* et *innovation* mais que cette relation ne s'exprime pas toujours de façon linéaire.

2.2 *Innovation et structure de marché*

A l'encontre du modèle néoclassique de concurrence parfaite, l'hypothèse Schumpétérienne postule que l'innovation n'est attractive que dans le cas d'une appropriation parfaite, c'est-à-dire lorsque la firme possède un monopole sur l'innovation, du moins temporaire. En effet, l'activité innovatrice requiert un effort important en terme de ressources financières, d'où surgit la nécessité pour les firmes d'espérer un rendement immédiat de leurs innovations. Dans un contexte

---

[2] L'activité de la grande majorité des firmes de biotechnologies se situe en amont du processus d'innovation. Les produits de leur recherche sont souvent cédés sous licences ou développer en partenariat avec d'autres acteurs tels que les firmes pharmaceutiques.

[3] Voir la revue de littérature de Kamien et Schwartz (1982)

concurrentiel, la firme innovante se trouve imitée par d'autres firmes du fait de la libre circulation de l'information relative à l'innovation. En conséquence, elle serait moins incitée à innover. Le débat sur la relation entre structure de marché et innovation, - i.e. si l'innovation est favorisée par la concurrence ou le monopole -, continue à paraître dans des travaux théoriques et empiriques depuis la thèse Schumpetérienne sans pour autant parvenir à des résultats universels, comme le montrent Cohen et Levin (1989) dans leur synthèse sur les études empiriques traitant cette question.

2.3 Conditions d'appropriation

Pour protéger leurs innovations de l'imitation de la concurrence, les firmes ont généralement trois choix : le secret, le brevet ou l'avantage temporel[4]. Le choix de recourir à l'un de ces moyens dépend essentiellement des caractéristiques de l'innovation à protéger et du degré d'appropriabilité que celle-ci peuvt conférer à l'entreprise. Pour les innovations de produit, les firmes utilisent généralement le brevet, puisqu'une fois le nouveau produit mis sur le marché il peut être facilement imité par les concurrents en suivant entre autres une démarche de *« reverse engineering »*. Les firmes utilisent habituellement le secret si l'innovation porte sur les procédés, notamment quand les effets d'apprentissage et d'accumulation sont importants.

Arrow (1962) postulait que les firmes sont désincitées à investir dans la R&D au delà du niveau efficient puisqu'elles ne sont pas en mesure de s'approprier les connaissances qu'elles produisent. Lorsque le niveau d'appropriation est faible, cela signifie par ailleurs l'existence d'*externalités technologiques* dont les firmes peuvent bénéficier pour innover. Mais pour pouvoir les capter, la firme devrait disposer d'une « capacité d'absorption » (Cohen et Levinthal, 1989). Cette capacité se constitue par l'investissement dans la R&D interne pour assimiler les connaissances externes.

2.4 Disponibilité des actifs complémentaires

Les actifs complémentaires ont davantage une relation directe avec la décision d'organisation de l'innovation qu'avec celle d'innover. Ainsi, des innovations, pour être réalisables, ont besoin d'actifs complémentaires dont la firme peut ne pas disposer. De même, des firmes manquent d'actifs complémentaires pour commercialiser certaines innovations qu'elles ont réalisées. Dans ces cas, elles recourent à l'extérieur pour se procurer les actifs manquants. Teece (1986) montre que lorsque l'appropriation est faible, à cause des effets d''imitation, les imperfections du marché qui en découlent confèrent aux firmes détentrices de certains actifs complémentaires un profit d'innovation supérieur à celui des firmes

---

[4] L'avantage temporel provient du fait d'avoir développé le premier la technologie et le bénéfice des effets d'apprentissage qui s'accumulent dans le temps. Il s'exprime de différentes manières : avantage en matière de coûts (courbe d'apprentissage), part de marché ou avance technologique sur les concurrents.

qui disposent de droits de propriété industrielle. Il suggère en conséquence aux firmes innovantes d'établir préalablement des positions dans ces actifs.

2.5 *Complexité du processus d'innovation*

L'idée de la complexité du processus d'innovation vient compléter celle des actifs complémentaires. Elle peut avoir deux sens différents. Le premier signifie l'augmentation en nombre du contenu du processus. Les biotechnologies, en tant que nouvelles technologies, ont contribué à l'augmentation de la complexité du processus d'innovation des firmes qui les utilisent, du fait qu'elles mobilisent plusieurs champs scientifiques dans leur base de connaissance et qu'elles se décomposent en une multitude de sous-technologies ainsi que de domaines d'applications. De ce fait, il est quasi impossible pour une seule firme d'acquérir l'ensemble de cette base de connaissance complexe. Les firmes ont une rationalité limitée selon le paradigme Simonien de la rationalité ; elles n'ont pas la capacité cognitive de concevoir tous les choix possibles. Le résultat serait donc une diversification accrue des domaines de recherche et d'application, qui restent essentiellement *interdépendants*. Cette interdépendance, qui peut être exprimée par le besoin d'actifs complémentaires au sens de Teece (1986), oblige les firmes à coopérer en permanence. Le deuxième sens concerne la *complication* du processus que l'on peut considérer, en statique, comme une caractéristique temporaire de toute innovation mais qui disparaîtra une fois le processus maîtrisé. Dans le présent texte, nous retenons le premier sens.

3 *Localisation des activités d'innovation et externalités technologiques*

On peut établir un lien entre la localisation des activités d'innovation et les externalités technologiques à travers l'examen des propriétés de la connaissance. La connaissance, en tant que bien public, est un bien *non exclusif, non rival et cumulatif. Non exclusif* puisqu'elle est difficilement contrôlable et échappe partiellement à ceux qui la produisent. Cette « fuite » est considérée comme des retombées involontaires dont le reste de la société peut bénéficier librement. Il s'agit d'externalités scientifiques ou technologiques par opposition aux *externalités pécuniaires*. Ainsi, en dépit du recours des firmes aux différents moyens (imparfaits) d'appropriation, le fait de déposer un brevet ou la simple mise sur la marché de produits de haute technologie que les concurrents peuvent démonter, constitue une source importante d'informations technologiques (Foray, 2000). La *non rivalité* signifie qu'une fois la connaissance produite, de nombreux agents peuvent l'utiliser une infinité de fois avec un coût marginal nul, et sans que personne n'en soit privé. Quant au caractère *cumulatif* il montre que la production de nouvelles connaissances se base sur celles déjà existantes. Cela signifie que les externalités de connaissances serviront à en produire des nouvelles.

Ces trois propriétés de la connaissance définissent comme un bien fluide, portable, immatériel et difficilement contrôlable. Mais ceci est valable pour les connaissances codifiées mais pas en ce qui concerne les connaissances tacites.

Polanyi (1966), comme le note Foray (2000), nous initie au concept de *connaissance tacite* en remarquant que « nous savons toujours plus que nous ne pouvons dire ». Les connaissances tacites sont liées à la personne qui les détient et ne peuvent être exprimées sur des supports physiques tels que les livres, journaux ou cd-rom. On suppose donc, pour la transmission de ce type de connaissances, une préalable codification ou leur présentation directe par son détenteur. Foray (2000) souligne que les connaissances tacites se prêtent difficilement à de nombreuses opérations : l'échange, la diffusion et l'apprentissage de connaissances tacites supposent la mobilité et la démonstration volontaire des personnes qui les détiennent ; le stockage et la mémorisation des connaissances tacites sont conditionnés par le renouvellement – de génération en génération – des personnes qui détiennent ces connaissances ; la recherche d'éléments de connaissances, complémentaires et appropriés à un projet particulier, est grandement limitée par leur nature tacite.

Le concept de *connaissance tacite* a connu plusieurs applications dans la littérature,. Les connaissances tacites sont souvent utilisées pour décrire le caractère local du progrès technique. En d'autres termes, les connaissances tacites sont liées à leurs détenteurs et de ce fait leur transmission ou échange ne peut s'effectuer que dans un contexte local, au sein de la firme ou du laboratoire où a été réalisée la découverte.

3.1 Localisation des externalités technologiques

L'idée qui sous-tend cette hypothèse est la même que celle de la localisation du progrès technique. Les externalités technologiques sont une partie de l'output de l'innovation. Elles sont donc constituées en grande partie de connaissances tacites. Par conséquent, leur captation n'est possible qu'en situation de proximité géographique.

Toutefois, cette hypothèse est loin de faire l'unanimité. Des développements récents ont montré que l'hypothèse de proximité géographique n'est pas une condition suffisante pour l'échange des connaissances. Par ailleurs, dans certains cas ces dernières peuvent être transmises à distance. Breschi & Lissoni (2001) définissent les externalités de connaissances localisées comme « des externalités de connaissances limitées par un espace qui permet aux firmes qui y sont situées de bénéficier d'une source importante de connaissances. Ces dernières peuvent permettre aux firmes localisées sur cet espace l'introduction d'innovations à un taux relativement élevé par rapport à des firmes localisées ailleurs ».

3.2 L'origine de l'hypothèse des « localized knowledge spillovers »

Comme il a été souligné ci-dessus, l'hypothèse de l'existence des externalités technologiques localisées a pour origine la supposition qu'une partie de la connaissance est tacite et que la proximité géographique (le face à face) est une condition nécessaire à son échange ou transmission. Dans la littérature, on peut distinguer principalement deux méthodologies qui traitent de manières différentes la question des avantages de la localisation. La première méthodologie est celle des économistes géographes. Breschi et Lissoni (2001) notent que les « New economists geographers » (NEGs) admettent le fait que la tendance des activités de production à se localiser en grappes est un fait stylisé. En conséquence, au lieu de chercher à déterminer empiriquement les faits stylisés des « *spillovers* », ils préfèrent plutôt utiliser des modèles théoriques (simples mais rigoureux, Krugman, 1995, B) voués essentiellement à réaliser trois buts :

- explorer le degré auquel des structures de marché (concurrence parfaite vs. concurrence monopolistique) et des conditions technologiques (rendements constants vs. rendements croissants) différentes conduisent plus ou moins à l'agglomération ;
- déterminer quel type d'externalités (pécuniaires vs. technologiques) est susceptible de favoriser l'agglomération ;
- aider les outils de modélisation de l'économie standard à devenir la meilleure voie de détermination des *faits stylisés*, par rapport aux autres approches en sciences sociales, moins rigoureuses et non formalisées, comme celles des économistes spatialistes traditionnels.

Un des arguments typiques des NEGs est que la transmission des connaissances est coûteuse et que cela ne dépend pas de la distance, ce qui rend la proximité une condition non nécessaire. En outre, les externalités technologiques en tant que flux de connaissances sont difficilement modélisables vu les interactions complexes qu'elles impliquent et le fait que la *boite à outils* des économistes standards manque d'instruments pour traiter cette question (Ottaviano & Thisse, 2000)[5].

La deuxième méthodologie est celle des « *New industrial geographers* ». La majeure partie de leur effort de recherche est destinée à chercher les origines et les raisons *(the how and why)* qui font que les externalités technologiques sont liées essentiellement au contexte local, même si peu d'entre eux expriment ceci d'une manière explicite (Breschi & Lissoni, 2001). Pour démontrer la contextualité des externalités technologiques, ils recourent à l'examen des propriétés de la connaissance qui leur permet par la suite de faire un lien entre son échange et la proximité géographique. Ainsi, le *territoire* (espace) apparaît comme le support principal de coordination des activités d'innovation des firmes.

Perrat (2000) souligne le fait qu'en dépit de l'importance des travaux qui mettent l'accent sur la composante locale des processus de polarisation-diffusion, notamment dans leur dimension intersectorielle, on a du mal à positionner le territoire comme point de départ (amorce) de la dynamique des externalités ou comme lié de façon intrinsèque et pérenne à leur apparition et à leur fonctionnement.

Il reste à souligner que la focalisation « excessive » sur la notion du *territoire* ou *espace* en tant que support principal de coordination des activités d'innovation, masque les arrangements organisationnels par lesquels ces dernières sont gouvernées ainsi que le type de relations qu'entretiennent les acteurs situés au sein même de ces espaces. Dans la même direction, Breschi & Lissoni (2001) constatent dans les travaux empiriques consacrés aux effets d'agglomération, un usage excessif

---

[5] *In* Breschi et Lissoni (2001)

des notions de « *localized knowledge spillovers* » et de *connaissance tacite*, ce qui conduit selon eux à une confusion conceptuelle et à l'apparition de certaines incohérences dans le programme de recherche traitant ces questions. De son côté, Krugman (1991) qualifie cette hypothèse de simple conjecture.

A la lumière de ces observations, il semble intéressant d'examiner les mécanismes de coordination dont dépend effectivement le transfert des connaissances plutôt que de s'interroger *a priori* sur le besoin de proximité géographique, car nul ne peut confirmer que celle-ci autorise automatiquement un échange fructueux de connaissances. Une des voies alternatives est d'analyser la question des externalités dans le cadre de réseaux de firmes au lieu de se référer à un espace donné. Perrat (2000) souligne que Antonelli (1995), par son introduction de la notion de réseau, déplaçait déjà l'analyse de la proximité géographique vers la *proximité organisationnelle*.

3.3 Proximité organisationnelle et interaction locale

Selon Gilly et Torre (2000) la *proximité organisationnelle* repose sur deux types de logiques, qu'ils qualifient de *similitude* et *d'appartenance*. Pour la logique d'appartenance, sont considérés proches en termes organisationnels, les acteurs qui appartiennent au même espace de rapport (firme, réseau...), c'est-à-dire entre lesquels se nouent des interactions, de différentes natures. Quant à la logique de similitude, sont proches en termes organisationnels les acteurs qui se ressemblent, *i.e.* qui possèdent le même espace de référence et partagent les mêmes savoirs, si bien que la dimension institutionnelle est alors importante. Rallet et Torre (1998) estiment que la proximité géographique est une condition non suffisante pour le transfert des connaissances en l'absence d'une proximité organisationnelle. Ils concluent, d'après des études de cas sur trois régions françaises, que la proximité organisationnelle peut représenter un support congruent au transfert de technologie et à la diffusion de l'innovation.

Les bénéfices de l'interaction locale ne sont pas automatiquement tirés du fait qu'une firme interagit avec une ou plusieurs autres organisations, mais peut être du fait qu'il lui faut « d'une part, disposer d'une certaine capacité d'absorption (sélection/valorisation) des informations et connaissances utiles, et d'autre part et surtout, d'être capable d'entrer dans des – voire de participer à la promotion de – formes de coordination aptes à favoriser la combinaison des compétences et à impulser les apprentissages technologiques et organisationnels requis » (Perrat, 2000). Ceci laisse supposer que le bénéfice effectif d'externalités technologiques n'est assuré que dans le cas d'interactions formelles, sinon il n'est considéré que potentiel (voir figure 1).

FIGURE 1
TYPES D'INTERACTIONS ET DE PROXIMITES CORRESPONDANTES

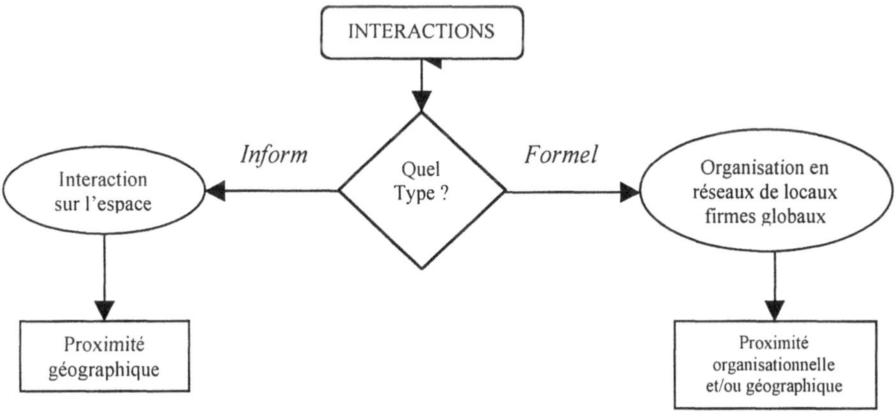

Commentant l'hypothèse émise dans la littérature à propos de la localisation des externalités technologiques, Breschi et Lissoni (2001) font les deux remarques suivantes : 1) il semble que les supposées externalités technologiques, qui échappent à la volonté des acteurs, peuvent être formalisées via des stratégies délibérées, dans le cadre des relations inter-firmes ou entre les Universités et les firmes ; 2) il apparaît que les externalités supposées dans la littérature comme étant de nature technologique peuvent également être pécuniaires, *i.e.* passer par des mécanismes de marché. Ainsi, le possible accroissement des externalités pécuniaires par rapport aux externalités technologiques est compatible avec le développement récent des marchés de la technologie (Arora et *al.*, 1999, Arora et *al.*, 2000). Enfin, la prise en compte de la proximité organisationnelle permet de donner une définition plus large des externalités technologiques. Cette perspective considère que les firmes peuvent bénéficier des externalités technologiques en faisant partie d'un réseau de firmes qui est localisé à *proximité* et/ou à *distanc*e. Pour résoudre le problème de la distance dans le cas où une partie du réseau est localisée ailleurs, les firmes peuvent effectuer des *arrangements organisationnels* au niveau de la R&D, en utilisant les TIC ou la mobilité des chercheurs. L'appartenance au réseau est définie par les critères de proximité organisationnelle et cognitive, qui seront présentés dans la partie suivante.

II – L'ORGANISATION DE LA R&D ET SON INSCRIPTION SPATIALE

Nous voulons ici contribuer au débat sur la localisation des activités d'innovation et les avantages de l'agglomération qui en résultent en étudiant l'organisation de ces activités. Notre démarche consiste à *inverser* la problématique de recherche, *i.e.* au lieu de chercher à expliquer la concentration des activités d'innovation par l'existence des externalités technologiques, nous examinons, tout d'abord, l'organisation de ces activités pour pouvoir apprécier par la suite le besoin de plus au moins de proximité géographique. Nous nous inscrivons ainsi dans la démarche de Carrincazeaux et *al.* (2001), qui estiment que la concentration spatiale des activités d'innovation ne peut constituer a posteriori une validation de l'existence des externalités technologiques. En voulant s'éloigner d'une approche centrée sur le local, Carrincazeaux et *al.* (2001) se placent dans une position intermédiaire. Sans vouloir supposer a priori une prééminence de l'espace comme support de coordination, ils cherchent plutôt à déterminer le degré de proximité qui serait nécessaire à la coordination des activités d'innovation.

1. Modes d'organisation de la R&D

Pour organiser ses activités de R&D, une firme a le choix entre trois types de stratégies : 1) R&D interne ou internalisation ; 2) R&D externe ou externalisation ; 3) stratégie combinatoire (choix intermédiaires) : (R&D interne + R&D externe), (R&D interne + coopération), (R&D interne + R&D externe + coopération), (R&D externe + coopération). Dans la littérature, on remarque une domination de l'approche transactionnelle dans les travaux sur l'organisation de la R&D. Ainsi, une firme a deux alternatives : soit elle organise sa R&D en interne (*« make »*), soit elle l'externalise (*« buy »*). Les choix intermédiaires sont souvent négligés ou considérés comme tendant vers l'une des deux solutions extrêmes. Les chercheurs n'ont pas tenté de construire une théorie des choix intermédiaires, peut être parce qu'il est difficile d'établir les fondements théoriques de ces choix du fait qu'ils sont instables dans la durée. Les études empiriques, en revanche, montrent bien, dans nombre de cas, l'importance des choix combinatoires et parfois leur stabilité dans le temps, surtout pour les grandes firmes (Veugelers & Cassiman, 1999).

D'une manière générale, on peut relever, dans la littérature, deux grands points de vue relatifs à la question d'internalisation ou d'externalisation de la R&D. L'économie des coûts de transaction et l'ensemble des travaux qui ont utilisé cette approche, considèrent que la R&D interne peut être substituable à la R&D externe (Love & Roper, 2001, A), puisque dans cette approche les projets de R .D sont considérés comme des transactions, la firme devant opérer un choix optimal entre effectuer ce projet par la hiérarchie (organisation) ou le conférer au marché (externalisation) en se basant sur un calcul des coûts de transaction relatifs. Le deuxième courant (Cohen & Levinthal, 1989, Foray et Mowery, 1990, Veugelers & Cassiman, 1999) considère que la R&D externe ne peut se substituer à l'interne mais la complète. Autrement dit, le marché est complémentaire à l'organisation. Les affirmations du deuxième courant, d'une manière générale, empruntent leurs arguments à la théorie basée sur les ressources et les compétences (Penrose, 1959) ainsi qu'à la théorie évolutionniste (Nelson & Winter, 1982). Ces approches donnent en effet une grande importance aux questions de production et d'accumulation des connaissances et apprentissages. La complémentarité vient de ce que la R&D interne serait nécessaire pour absorber les connaissances externes (Cohen & Levinthal, 1989). Il demeure que l'importance de la R&D interne dépend du secteur en question, des types de technologies et de leur importance pour la firme. Un des exemples où la complémentarité dans les activités d'innovation entre les firmes est très importante est le secteur des biotechnologies, comme nous le montrons dans la section suivante, par l'examen de l'organisation de la R&D dans ces firmes.

2. *Organisation de la R&D dans les firmes de biotechnologie*

La biotechnologie a la propriété d'être une technologie *transversale* et *complexe*, comme le montre l'usage de cette notion au pluriel : biotechnologies. Elle est transversale puisqu'elle s'applique à de nombreux secteurs de l'économie comme l'agroalimentaire, la pharmacie, la santé ou l'environnement. Son caractère complexe vient de la pluridisciplinarité de sa base de connaissance, qui relie chimie moléculaire, biologie, génétique et même informatique. Cette complexité justifie par ailleurs la forte diversification des entreprises de biotechnologie. Quant à l'organisation de ce secteur, on distingue deux phases majeures, qui correspondent à deux modèles distincts caractérisant le développement de cette jeune industrie. Les stratégies des firmes diffèrent au fur et à mesure qu'elles progressent dans l'exploitation du potentiel technologique du paradigme biotechnologique. Ainsi, la stratégie co-évolue avec la technologie. Les analyses théoriques en faveur d'une formulation contingente des stratégies technologiques (Abernathy & Utterback, Moore & Tushman, Porter) insistent sur la dimension temporelle du processus d'innovation. « Selon ces auteurs, le processus d'innovation dans un secteur quelconque obéit à une dynamique temporelle selon laquelle l'industrie est conduite d'une structure initiale à une structure potentielle » (de Tournemine, 1991).

2.1 Modèle I : Phase d'apprentissage « primaire » et de prospection

L'émergence des premières entreprises de biotechnologie, vers la fin des années soixante et le début des années soixante dix, principalement aux Etats Unis, est le fruit de la recherche fondamentale des grandes Universités. Ce sont généralement des scientifiques de haut niveau qui se détachent de leurs Universités en conservant souvent des liens avec elles, pour fonder des *starts-up* cherchant à valoriser les découvertes fondamentales en produits commercialisables. Aux Etats Unis, le rôle des scientifiques issus des grandes universités (*« star scientists »*) est déterminant pour la naissance et le développement des entreprises de biotechnologie (Zucker et *al.*, 1994, Zucker et *al.*, 1995, Zucker et Darby, 1997). C'est ainsi que se sont créées de nombreuses petites entreprises, soutenues par ailleurs par un marché du capital risque. Les entreprises de biotechnologie gardent très souvent des liens solides avec les universités et les centres de recherche publics du fait de leur fort besoin des connaissances fondamentales. Liebeskind et *al.* (1995) trouvent que les chercheurs exerçant dans les firmes de biotechnologie s'engagent souvent dans des réseaux de collaboration avec ceux appartenant à autres organisations, notamment les universités. Ils notent en outre que les contrats formels de marchés sont rarement utilisés pour gouverner l'échange de ces connaissances fondamentales. Ceci rejoint les résultats de Cassier (1998) qui conclut, d'après son étude des réseaux de collaboration scientifique, que les chercheurs élaborent des règles de « bonne conduite » pour coordonner leurs efforts.

En Europe, le modèle de développement des biotechnologies est différent de celui des Etats Unis. Le retard enregistré par le vieux continent dans ce domaine a contraint les politiques publiques à élaborer des plans d'aides et de soutiens aux Universités et aux entreprises pour développer ce secteur. La création des Génopoles en France entre dans le cadre de ces politiques. Les décennies soixante-dix et quatre-vingts sont considérées comme une phase d'apprentissage préliminaire et de prospection de marché, pendant lesquelles peu de produits ont vu le jour. Ceci justifie, par ailleurs, l'hésitation du secteur pharmaceutique à adopter les biotechnologies dans la phase initiale de leur développement. Il s'est contenté plutôt d'opérer quelques acquisitions ou collaborations en vue d'apprécier le potentiel de ces nouvelles technologies. Maupertuis (1999) a souligné la réticence des firmes pharmaceutiques françaises envers un engagement délibéré dans les biotechnologies vers la fin des années 70 et le début des années 80. Les stratégies qui prévalaient alors étaient les accords de coopération révélant l'information nécessaire à l'intégration ou à la construction de compétences nouvelles.

Les firmes de biotechnologie nouvellement créées sont en générale de petite et moyenne taille (*Small and Medium Enterprises* : SMEs). En dépit de cela, elles sont considérées comme hautement innovantes. Ainsi, l'effet de taille n'a pas affecté leur capacité d'innovation. Ceci peut s'expliquer par le fait que lorsqu'une nouvelle technologie émerge en dehors du champ technologique des firmes installées, des petites structures flexibles et indépendantes seraient plus efficientes pour la développer. En outre, les compétences spécifiques qu'elles détiennent leur confèrent une supériorité en matière d'innovation par rapport aux grandes firmes. Zucker et *al.* (1997) ont montré qu'en plus des relations nouées par les firmes de biotechnologie avec la recherche publique *(mesurées par les co-citations*), la productivité de leur recherche individuelle dépend d'autres facteurs, parmi lesquels le recrutement de personnel scientifique de haut niveau (les *star scientists*).

L'origine universitaire de la majorité des fondateurs de ces firmes et le caractère fondamental des connaissances qu'elles utilisent font qu'elles restent liées d'une manière permanente à la recherche publique. Dans cette phase initiale du développement de l'industrie des biotechnologies, les firmes collaborent étroitement avec les industriels de la pharmacie pour les applications dans le domaine des sciences du vivant ou avec ceux de l'agrochimie pour les applications agricoles. En général, les entreprises qui n'ont pas été rachetées par des grandes firmes continuent à collaborer avec celles-ci à travers des contrats de recherche ou des accords de licences. Ainsi, ce premier modèle de développement industriel est caractérisé par la domination des stratégies d'externalisation du développement des produits issus de la recherche. Le manque de ressources et d'actifs complémentaires contraint les firmes à opter pour les choix externes de développement.

2.2 *Modèle II : Phase de consolidation et de standardisation*

Le *modèle II* du développement de l'industrie des biotechnologies se caractérise principalement par des changements stratégiques dans l'organisation de la R&D, sans pour autant que l'on voit se réaliser l'hypothèse schumpétérienne de destruction créatrice. En effet, selon cette dernière, l'émergence d'une *technologie radicale (nouveau paradigme technologique (Dosi, 1982), dominant design* (Abernathy & Utterback, 1975), ou nouveau système technologique (Freeman et al, 1982) conduit en fin de compte au remplacement des anciennes firmes par des nouvelles, qui naissent pour développer la technologie émergente. Si les biotechnologies sont considérées comme un nouveau paradigme (Freeman, 1989) au sens de Dosi (1982), elles n'ont pas fait disparaître pour autant les firmes pharmaceutiques ou chimiques. Cela montre que le mode de diffusion d'un nouveau paradigme dépend essentiellement de ses caractéristiques initiales et de son potentiel. Quant à son influence sur les firmes installées, elle dépend de la capacité de celles-ci à s'y adapter. Zucker et al. (1997) expliquent la pérennité du succès des firmes pharmaceutiques installées par le fait que lors de l'arrivée d'un changement technologique radical, promettant de nouvelles opportunités et de nouvelles compétences pour les ressources humaines, les plus importantes parmi ces firmes tentent de changer une large partie de leur identité technologique en apportant un nouveau capital humain. Les firmes pharmaceutiques agissent ainsi afin de maintenir leur compétitivité face à une révolution technologique dans leur environnement.

L'industrie des biotechnologies s'est renforcée considérablement notamment à partir des années quatre-vingt-dix, avec la naissance de nouvelles firmes, aussi bien aux Etats-Unis qu'en Europe. Quant aux firmes existantes, elles voient leur taille augmenter. A titre d'exemple, la société Amgen est considérée aujourd'hui comme une « grande firme » de biotechnologie. En effet, l'arrivée progressive sur le marché de nouveaux produits et l'émergence des marchés de la génomique et de la protéomique, ont renforcé la position des firmes en leur procurant des ressources financières qui leur permettent d'acquérir plus de crédibilité auprès des investisseurs.

En parallèle à ces évolutions, les firmes de biotechnologie changent leurs stratégies de R&D. De stratégies initiales fondées essentiellement sur l'externalisation du développement des résultats de leur recherche, elles évoluent vers des choix d'internalisation. L'exemple du revirement stratégique de la société Genset en 2000 est intéressant à ce titre. En optant pour le développement interne des produits issus de sa recherche[6], elle passe d'une société de services à une société de produits, c'est-à-dire à une orientation vers la découverte et le développement de produits pharmaceutiques au détriment de son activité initiale de séquençage pur. De cette manière, elle marque sa volonté de s'approprier les rentes de ses activités de R&D.

L'activité des firmes de biotechnologie dans le modèle I était principalement la fourniture des services de R&D. L'expérience qu'elles ont acquise avec le temps leur a permis de posséder des compétences en aval ainsi que

---

[6] Plus exactement, la nouvelle stratégie de Genset consiste en « la constitution d'un pipeline de cibles validées et de médicaments candidats dans les domaines des maladies du métabolisme et du système nerveux central ».
(www.gazettelabo.fr : http://www.gazettelabo.fr/2002archives/breves/2001/0201/genset2.htm)

d'aller vers le développement final. Il est probable alors que la structure industrielle évolue vers davantage de concurrence entre les firmes pharmaceutiques et celles de biotechnologie, sans pour autant exclure les possibilités de coopérations. La spécificité des biotechnologies donne à la coopération entre les firmes un caractère structurel. La R&D est organisée généralement en réseau dans lequel sont impliqués plusieurs acteurs : les universités et centres de recherche, les firmes pharmaceutiques (chimiques ou agrochimiques pour les applications agricoles), les sociétés de capital risque (sous toutes ses formes), les cabinets de conseil...

3 L'inscription spatiale des activités de R&D revisitée

Cette section montre que l'échange des connaissances entre les firmes dans le cadre de leurs activités d'innovation nécessite la proximité organisationnelle des acteurs impliqués d'une part et d'autre part le choix stratégique d'opter pour un tel échange. Pour ce faire, elle introduit la notion de « proximité cognitive », entendue comme le partage ou l'utilisation par les agents d'une même base de connaissances. Elle ne fait pas référence, toutefois, aux schémas de raisonnement des agents qui relève d'un thème au-delà du champ de l'économie.

D'après la logique d'appartenance déterminée par Gilly et Torre (2000) dans leur définition de la proximité organisationnelle, il semble que celle-ci concerne les entreprises en tant qu'organisations. Ces organisations sont constituées, toutefois, d'individus qui sont la source de production et d'échange des connaissances. Nous supposons donc que pour que deux individus ou plus puissent échanger des connaissances, il faut qu'ils partagent les mêmes codes de compréhension. Autrement dit, l'échange fructueux des connaissances est conditionné par la « proximité cognitive » des individus impliqués ou par ce que Rallet et Torre (1998) appellent « cognitive logic ». Elle correspond de ce fait à la logique de similitude. L'hétérogénéité (de la base) des connaissances que partagent les individus représente ainsi un obstacle à leur échange, qu'elles soient tacites ou codifiées, bien qu'étant en situation de proximité géographique.

L'hypothèse de la localisation des externalités technologiques se voit reconsidérée pour trois raisons essentielles : 1) Il n'est pas dit que des individus se trouvant sur le même lieu vont automatiquement échanger des connaissances ; 2) pour que des individus situés sur le même espace échangent réellement des connaissances, il faudrait qu'ils partagent les mêmes codes de compréhension ; 3) le choix d'échanger des connaissances touchant directement au processus d'innovation dépend de la stratégie d'innovation de la firme. Ce qui est mis ainsi au cœur de l'analyse, ce ne sont plus les organisations en tant que telles mais les communautés (des chercheurs) qui les constituent. Plus particulièrement, c'est leur capacité d'apprentissage qui apparaît l'élément décisif. Etant donné que cette capacité évolue dans le temps, le contenu de l'échange peut aussi changer.

Dans une autre perspective, Breschi et Lissoni (2001) soulignent deux facteurs pouvant empêcher les échanges de connaissances au niveau local : 1) la localisation des firmes rivales appartenant à des réseaux divers sur le même espace ;

2) la mobilité du facteur travail, synonyme de diffusion des connaissances, qui devient incompatible avec la coexistence de réseaux rivaux.

Il est indispensable de souligner que la situation diffère suivant les cas de production ou d'échange des connaissances, même s'il est difficile de distinguer entre les deux dans la réalité. En effet, l'échange de connaissances peut être une partie intégrante du processus de leur production. Si la proximité cognitive est nécessaire dans le cas de l'échange, elle peut ne pas être une condition préalable et cela dans une perspective de *complémentarité*, dans le cas de la production. Quelquefois, la *pluridisciplinarité* des chercheurs permet de produire des connaissances scientifiques homogènes, puisque dans ce cas c'est la complémentarité qui est visée. Ainsi, un économiste ou un sociologue peut collaborer avec un mathématicien pour produire un article scientifique. Plus le domaine de recherche est complexe et plus on aura besoin de complémentarité. Dans le cas des biotechnologies, on remarque que sont impliqués dans le processus de production des connaissances, des physiciens, biologistes, chimistes, généticiens, informaticiens etc. Si la proximité cognitive est une condition nécessaire pour l'échange des connaissances, même en situation de proximité géographique, elle est en fait d'autant plus importante lorsque celui-ci s'opère à distance. *Mais dans quelle mesure des connaissances peuvent-elles être échangées à distance ?*

3.1 Echange des connaissances à distance

La prise en compte de la *« proximité cognitive »* rend la proximité géographique une condition nécessaire mais non suffisante pour échanger des connaissances, qu'elles soient d'ailleurs tacites ou codifiées. Il se peut que des individus interagissent localement sans pouvoir pour autant échanger des connaissances tacites ou mêmes codifiées s'ils ne sont pas cognitivement proches. Les travaux de Rallet (1995) sur les Technopoles montrent que les liens entre les agents locaux des activités d'innovation sont souvent moins intenses qu'on ne le croit.

On peut estimer que lorsque le critère de la proximité cognitive existe, les connaissances peuvent être échangées à distance. Dans ce sens, Breschi & Lissoni (2001) soulignent que des messages tacites peuvent être échangés à distance lorsque le niveau de compréhension mutuelle de l'objet échangé est le même entre les individus.

Nous considérons cependant que, là aussi, il faudrait distinguer entre échange et production des connaissances. Si l'échange des connaissances, même tacites, peut s'effectuer à distance en utilisant les TIC, leur production (ou leur partage entrant dans le cadre d'une production collective des connaissances) nécessite toutefois le contact direct. De plus, le caractère cumulatif de la connaissance renforce l'intérêt de la proximité géographique. Le besoin de face à face, dans ce cas, dépend de deux facteurs : *l'intensité des connaissances tacites échangées* et la *fréquence des interactions entre les agents*.

Les connaissances tacites sont généralement intensives dans les phases initiales du développement de l'activité d'innovation. Rallet et Torre (1998) rappellent que de nombreuses études ont révélé que le besoin de proximité géographique s'avère plus crucial dans les phases préliminaires du processus de développement des activités de recherche. Ceci, parce que le processus par lequel la connaissance évolue et se diffuse dans l'économie implique le changement de la nature de ses formes tacite et codifiée (Cowan et Foray, 1997). En outre, la coopération à distance entre des unités ou individus sera possible lorsque la *fréquence des interactions* est faible (Rallet, 1996)[7]. Dans ce cas, le face à face peut se réaliser à travers la mobilité des individus. On peut conclure que les externalités de connaissances ne sont pas liées uniquement au contexte local puisque les firmes peuvent en bénéficier dans le cadre des coopérations à distance. Les mécanismes qui sous-tendent les flux des connaissances sont divers et ne se limitent pas à la seule proximité géographique comme étant l'unique condition d'échange.

L'appartenance forte des firmes de biotechnologie à des réseaux leur permet entre autres de partager des connaissances utiles pour leur activité d'innovation. Liebeskind et *al.* (1995) trouvent que l'engagement dans des réseaux sociaux (*« social networks »*) par les deux firmes de biotechnologie qu'ils ont étudiées augmente leur apprentissage et leur flexibilité d'une manière qu'il ne serait possible de réaliser par le seul recours à l'organisation interne. L'explication de la localisation des activités d'innovation des firmes par le seul fait de l'existence des externalités technologiques, masque donc les autres facteurs explicatifs qui peuvent être dans certains cas pertinents pour la compréhension des mécanismes ayant conduit au déclenchement ou au renforcement du processus initial de localisation. La prise en compte de l'histoire nous montre que la structure initiale d'une agglomération donnée ne peut être expliquée uniquement par l'existence *a priori* des externalités technologiques. Nous expliciterons cette idée par l'examen de la localisation des firmes de biotechnologie en France.

4. La localisation des firmes de biotechnologie en France

L'examen de la localisation des entreprises de biotechnologie[8] répertoriées dans la base de données « génome humain » du Ministère français de la recherche fait ressortir une relative disparité spatiale entre les différentes régions du pays, excepté une concentration en l'Île de France qui, à la fin de l'année 2001, reçoit déjà 29 % de la totalité de l'échantillon des firmes (voir la figure 2 et l'annexe 1). Cette proportion devient 32 % en 2004. Toutefois, le reste de l'échantillon des entreprises est relativement concentré dans quelques régions phares : Rhône Alpes, Midi Pyrénées, Bretagne, Auvergne, Aquitaine et Alsace.

---

[7] Rallet A, « Portée et limites de la coopération à distance par les réseaux de télécommunication », Communication au Colloque du CIRVAL : www.cirval.asso.fr/ancien/publicationnetcdrom/ci164261.htm

[8] Il est important de noter que le nombre des entreprises varie dans le temps, dû à l'entrée de nouvelles entreprises comme à la sortie. En outre, la base de données « Génome Humain » rassemble tous les domaines d'application de la biotechnologie (santé, agroalimentaire, agriculture et environnement). Elle contient par ailleurs quelques entreprises exerçant dans des secteurs annexes tels que le conseil dans le domaine des sciences du vivant. L'étude du cabinet de conseil Ernst & Young 2001 compte seulement 240 entreprises de biotechnologie en France.

Figure 2
DISTRIBUTION PAR REGION ADMINISTRATIVE DES FIRMES DE BIOTECHNOLOGIE EN FRANCE[9]

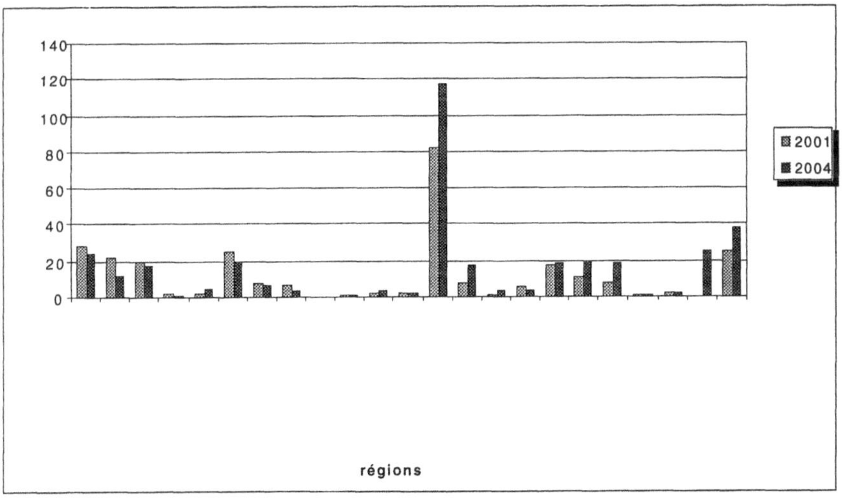

L'interprétation de ces résultats à partir des apports de la littérature renvoie généralement la décision de la localisation des activités de R&D à l'existence des externalités technologiques locales, dues notamment aux connaissances essentiellement tacites mobilisées dans les entreprises de haute technologie, comme c'est le cas pour les biotechnologies. Sans revenir sur cette idée, nous voulons signaler que *l'histoire* compte aussi, y compris pour les firmes de haute technologie, particulièrement en ce qui concerne la constitution de la structure initiale de la localisation. En effet, les effets d'agglomération combinés aux «accidents historiques» renforcent la concentration géographique. Une fois initié, le processus de concentration se nourrira de lui-même (Krugman, 1995, B). Nous distinguons, d'un point de vue temporel, deux phases essentielles du processus de localisation : la *structure initiale* et le *renforcement ultérieur du processus de localisation.*

[9] L'échantillon des firmes de biotechnologie répertoriées par le MENRT dans la base de données « Génome Humain » (www.recherche.gouv.fr/genhomme) contient 280 entreprises, en octobre 2001. Le Réseau Innovation Biotechnologies (R.I.B.) a succédé au réseau « GenHomme » (http://www.genhomme.org/). Le nombre des firmes inscrites dans la base nationale de données sur les biotechnologies (http://biotech.education.fr/) jusqu'en janvier 2005, s'élève à 380 firmes dans toute la France. Il est à noter, toutefois, que ce nombre peut différer de la réalité du moment que les firmes sont appelées à s'inscrire librement dans la base de données.

4.1. Structure initiale de localisation des firmes de biotechnologie en France

Dans le cas Français, ou Européen d'une manière générale, les Institutions publiques ont joué un rôle majeur dans le soutien à la création des entreprises de biotechnologie. En effet, le retard enregistré dans ce domaine par rapport aux Etats Unis a contraint la politique publique à participer activement à l'émergence de ce secteur. En France, ce soutien s'est exprimé par la création du réseau national des Génopoles. Les structures de ces réseaux sont créées essentiellement autour des Universités et de Centres de recherche dans le but de favoriser la création et/ou l'attraction de nouvelles entreprises. Toutefois, la création du premier Génopole n'était qu'un « accident historique ». Le Génopole® d'Ivry, le premier de ce genre, a été créé en 1998 avec l'initiative de l'AFM (Association Française contre les Myopathies). Ce n'est que postérieurement que le processus de localisation s'est renforcé. Arthur (1995) résume ainsi ce mécanisme : « Dans le cas où les entreprises qui pénètrent dans une industrie bénéficient de la présence d'autres firmes, une partie importante de l'industrie peut se regrouper au sein d'une seule région, district ou localisation – une « Silicon Valley » - pas nécessairement en raison des avantages intrinsèques présentés par cette localisation particulière, mais parce que des « *accidents historiques* » ont conduit à la localisation initiale de certaines firmes, qui ont ensuite attiré une forte proportion de nouveaux entrants ». L'auteur note par ailleurs, que cet argument n'est jamais devenu dominant, probablement en raison de son manque de fondements théoriques.

4.2 Renforcement du processus de localisation

Un an après la création du Génopole® d'Ivry, le gouvernement décide, en 1999, d'étendre cette expérience à l'ensemble du territoire. C'est ainsi qu'est né le réseau national des Génopoles. Son objectif est de « mettre en synergie les acteurs de la recherche publique et privée dans les domaines de l'analyse du génome et sa transcription en protéines, de la bioinformatique ou encore de l'exploration fonctionnelle. Avec, en ligne de mire la naissance de nouvelles entreprises de biotechnologie »[11] . Nous estimons que la réalisation des objectifs attendus de ces réseaux dépend principalement des mécanismes (formels) de coordination mis en œuvre pour gouverner les activités de recherche (production des connaissances). Rallet (1995) a constaté un écart important entre les objectifs initiaux pour lesquels les Technopoles étaient créées et leur réalisation ultérieure. Autrement dit, au lieu de

---

[10] L'échantillon des firmes de biotechnologie répertoriées par le MENRT dans la base de données « Génome Humain » (www.recherche.gouv.fr/genhomme) contient 280 entreprises, en octobre 2001. Le Réseau Innovation Biotechnologies (R.I.B.) a succédé au réseau « GenHomme » (http://www.genhomme.org/). Le nombre des firmes inscrites dans la base nationale de données sur les biotechnologies (http://biotech.education.fr/) jusqu'en janvier 2005, s'élève à 380 firmes dans toute la France. Il est à noter, toutefois, que ce nombre peut différer de la réalité du moment que les firmes sont appelées à s'inscrire librement dans la base de données.

[11] www.genopole.org

favoriser les interactions entre les acteurs locaux, ces structures se sont retrouvées dans le besoin d'une coordination qui leur fait défaut.

Concernant l'argument selon lequel une région peut dominer une ou plusieurs autres régions, il semble que la réalisation de ce scénario est peu probable dans le cas des biotechnologies, pour deux raisons essentielles, et cela en dépit de la « domination » actuelle de la région Île de France. *Primo*, la complexité des biotechs en tant que technologies signifie l'existence d'une grande diversité des firmes qui vont développer différentes niches et donc, il est probable qu'on convergera plutôt vers une spécialisation des régions, ce qui commence déjà à se dessiner en France. A titre d'exemple, la région Île de France tend à se spécialiser dans la génomique. Lemarie et *al.* (2001) signalent ainsi cette spécialisation: « les technologies liées à la génomique et au développement de médicaments sont principalement développées en Île de France, alors que les entreprises des régions Aquitaine, Bretagne et Auvergne sont plutôt focalisées sur les marchés liés à l'agroalimentaire ». *Secundo*, pour la raison précédente, les firmes inscrivent leur activité de R&D, au moins en partie, dans des réseaux qui ne sont pas forcément localisés à proximité géographique (dans la même région) mais aussi situés à distance (dans les autres régions), en vue de bénéficier des complémentarités qui leur manquent.

CONCLUSION

Dans cet article, nous avons examiné la relation entre les externalités technologiques, l'organisation des activités de R&D et leur localisation spatiale. La confrontation de ces trois éléments nous a permis en particulier de montrer que le bénéfice des externalités technologiques n'est pas automatique pour les firmes localisées à proximité des sources d'externalités potentielles. La captation de celles-ci dépend essentiellement de deux conditions :

1. La *proximité organisationnelle* des firmes ou la *proximité cognitive* des acteurs impliqués dans le rapport d'échange de connaissances ;
2. Le choix (délibéré) des acteurs d'activer le « rapport d'externalité »[12] ;

Une fois ces conditions remplies, les firmes peuvent profiter pleinement des externalités et échanger des connaissances à distance, en recourant à des arrangements organisationnels des activités de R&D tels que l'appartenance à des réseaux de firmes (localisées à proximité et/ou à distance) ou les choix combinatoires de R&D. Les externalités dont les firmes peuvent bénéficier sont donc, d'une part, liées à leur localisation et d'autre part à leurs relations inscrites dans des réseaux qui s'étendent à distance. Le cas des biotechnologies montre que les firmes ne peuvent pas toujours trouver l'ensemble des compétences dont elles

---

[12] Perrat, (2000) a introduit la notion de « rapport d'externalité » pour montrer qu'une firme a le choix entre
activer ce rapport et donc bénéficier et faire bénéficier des externalités potentielles, ou le désactiver, le neutraliser ou adopter une logique d'endogénéisation par laquelle le rapport fonctionne pleinement, avec ses contraintes et opportunités.

auraient besoin sur le seul espace de leur localisation. Néanmoins, il reste à signaler l'importance de la proximité géographique dans le cas des relations fréquentes avec les Universités ou les centres de recherche. En effet, dans la connaissance fondamentale produite dans les Universités prévaut la dimension tacite, ce qui fait de cette spécificité une caractéristique structurelle des connaissances créées dans ces milieux. Dans ce cas, la fréquence du recours à ces derniers détermine le besoin de proximité géographique.

Annexe 1

LOCALISATION DES FIRMES DE BIOTECHNOLOGIE PAR REGION EN FRANCE

REFERENCES

Antonelli C. (1995), « Economie des réseaux : variété et complémentarité », in Rallet A. et Torre A. eds, *Economie industrielle et économie spatiale*, Economica.

Arora A., Fosfuri A. et Gambardella A. (1999), « Markets for technology - why do we seem them, why don't we see more of them, and why we should care -, working Paper series, 99-18 (05), February.

Arora A., Fosfuri A., Gambardella A. (2001), « Markets for technology and their implications for corporate strategy », *Industrial and corporate change*, 10 (2), 419- 451.

Arrow K.J. (1962), « Economic welfare and the allocation of resources for inventions », *in* Nelson ed., *The rate and direction of inventive activity: Economic and social factors*, Princeton University Press

Arthur B.W. (1989), « Competing technologies, increasing returns and lock-in by historical events », *The Economic Journal*, 99, 394-413.

Arthur B.W. (1995), « La localisation en grappes dans la « Silicon Valley » : A quel moment les rendements croissants conduisent-ils à une position de monopole ? », in Rallet A. et Torre A. eds, , *Economie industrielle et économie spatiale*, Economica.

Breschi S., & Lissoni F. (2001), « Localized knowledge spillovers vs. innovative milieux : knowledge «tacitness» reconsidered, *Papers in Regional Science*, 80, 3, 255-273.

Carrincazeaux C., Lung Y., Rallet A. (2001), « Proximity and localisation of corporate R&D activities », *Research Policy*, 30, 777-789.

Cassier M. (1998), « Le partage des connaissances dans les réseaux scientifiques : L'invention des règles de «bonne conduite» par les chercheurs », *Revue française de sociologie*, XXXIX, 4, 701-727.

Cockburn I., Henderson R., Orsenigo L. et Pisano G. (1999), « Pharmaceuticals and Biotechnology », in, *US Industry in 2000 : Studies in competitive performance* (), The National Academy Press.

Cohen W. & Levin R. (1989), « Empirical studies of innovation and market structure », in Schmalensee R. et Willig R. eds, *Handbook of Industrial Organization*, Elsevier.

Cohen W., & Levinthal D. (1989), « Innovation and learning : The two faces of R&D », *Economic Journal.*

Cowan R. and Foray D. (1997), « The economics of codification and the diffusion of knowledge », *Industrial and corporate change*, 6, 1.Dosi G. (1982), « Technological paradigms and technological trajectory : A suggested interpretation of the determinants of technical change », *Research Policy*, 11, 3, 147-62.

Foray D. & Mowery D.C. (1990), « L'intégration de la R&D industrielle : nouvelles perspectives d'analyse », *Revue économique*, 41, 3, 501-530.

Foray D. (2000), *Economie de la connaissance*, La Découverte, Repères.

Freeman C. (1982), « Délai de diffusion de la biotechnologie dans l'économie », (Chap. III), in OCDE, *Bio technologie, effet économiques et autres répercussions*,.Gilly J.P., et Torre A. (2000), « Introduction générale », in Gilly J.P. et Torre A. eds, *Dynamiques de proximité*, l'Harmattan,

Kamien M.I. & Schwarz N.L. (1982), *Market structure and innovation*, Cambridge University Press, Cambridge.

Krugman P. (1992), *Geography and Trade*, Leuven University Press and MIT press, 2nd printing.

Krugman P. (1995a) , *Development, Geography and Economic Theory*, The MIT press.

Krugman P. (1995b), « Rendements croissants et géographie économique », *in* Rallet A. et Torre A. eds, , *Economie industrielle et économie spatiale*, Economica.

Lemarie S., Mangematin V. et Torre A. (2001), « Is the creation and development of biotechnology SMEs localized ? Conclusions drawn from the French case », *Small Business Economics,* 17, 61-76.

Liebeskind J.P., Oliver A. L., Zucker L.G. et Brewer M.B. (1995), « Social networks, learning, and flexibility : sourcing scientific knowledge in new biotechnology firms », Working Paper N° 5320, NBER.

Love J.H. et Roper S. (1999), « Scale, appropriability conditions, and the organisation of R&D », Working Paper Series n° 42, Northern Ireland Economic Research Centre, March.

Love J.H. et Roper S. (2001a), « Location and network effects on innovation success : Evidence for UK, German and Irish manufacturing plants », *Research Policy*, 30, 643-661.

Love J.H. et Roper S. (2001b), « Outsourcing in the innovation process : locational and strategic determinants », *Papers in Regional Science*, 80, 3, 317-336.

Maupertuis M.A. (1999), « Innovation et évolution des compétences dans la dynamique industrielle : le cas de l'industrie pharmaceutique mondiale », *Revue d'Economie industrielle*,, 90, 41-58.

Nelson R.R. et Winter S.G. (1982), *An evolutionary theory of economic change*, Harvard Business Press, Cambridge.

Pavitt K. (1984), « Sectoral patterns of technological change : Towards of taxonomy and a theory », *Research Policy*, 343-373.

Penrose E.T. (1959), *The Theory of the growth of the firm*, New York, John Wiley.

Perrat J. (2000), « Dynamiques des firmes et politiques de développement régional et local : éléments pour une lecture de la 'géographie des interdépendances' », in Gilly J.P. et Torre A. eds, *Dynamiques de proximité*, l'Harmattan.

Rallet A. et Torre A. (1998), « On geography and technology : Proximity relations in localized innovation networks », in. Steiner M ed., *Clusters and Regional specialisations*, Pion Publication, Londres.

Rallet A. (2000), « De la globalisation à la proximité géographique : pour un programme de Recherches », in Gilly J.P. et Torre A. eds, *Dynamiques de proximité*, l'Harmattan.

Rallet A. (1995), « Les Technopoles comme forme d'apprentissage des liens industrie-recherche- formation : le cas français », in Lazaric N. et Monnier J.M. eds, *Coordination économique et apprentissage des firmes*, Economica.

Rallet A. (1996), « Portée et limites de la coopération à distance par les réseaux de télécommunication », Communication au colloque du CIRVAL, janvier.

Schumpeter J. (1942), *Capitalisme, socialisme et démocratie*, Traduction française, Bibliothèque historique Payot, 1963.

Schumpeter J. (1934), *The Theory of economic development*, Harvard University Press, Cambridge, Mass.

Teece D. J. (1986), « Profiting from technological innovation: Implications for integration, collaboration, licensing and public policy », *Research Policy*, 15, 285-305,

de Tournemine R.L. (1991), "Stratégies technologiques et processus d'innovation", *Les Editions d'organisation.*

Veugelers R. et Cassiman B. (1999), « Make and buy in innovation strategies : evidence from Belgian manufacturing firms », *Research Policy*, 28, 63-80.

Zucker L.G. et Darby M.R. (1997), « Present at the biotechnological revolution : transformation of technological identity for a large incumbent pharmaceutical firm », *Research Policy*, 26, 429-446.

Zucker L.G., Darby M. et Armstrong J. (1994), « Intellectual capital and the firm, the technology of geographically localized knowledge spillovers », Working Paper N° 4946, NBER.

Zucker L.G., Darby M., Brewer M.B. et Peng Y. (1995), « Collaboration structure and information dilemmas in biotechnology: organisational boundaries as trust production », Working Paper N° 5199, NBER.

Partie II

LES SYSTEMES LOCALISES D'INNOVATION

CHAPITRE III

RESEAUX D'INNOVATION ET DIVERSIFICATION ECONOMIQUE DE L'ENVIRONNEMENT COTE D'AZUR

ADEL BEN YOUSSEF,
MICHEL QUERE

INTRODUCTION

Cet article a pour objet de discuter l'inscription territoriale des comportements d'innovation des agents. Plus précisément, il s'agit d'établir des enseignements de portée générale à partir d'un travail empirique d'observation d'un contexte productif particulier. Le terrain d'observation qui supporte cette réflexion est celui d'un ensemble de grand donneurs d'ordre rattachés à des activités dites « high-tech » relevant des secteurs de l'électronique, des satellites et des télécommunications (IBM, Texas-Instruments, Alcatel) dans un environnement territorial particulier, celui de la Côte d'Azur.

Le choix de ce terrain d'observation est motivé par le fait que l'environnement Côte d'Azur est traditionnellement marqué par une très faible densité industrielle. On peut ainsi considérer que ce terrain permet une lecture originale des mécanismes d'inscription territoriale des agents au sens où la durabilité de l'implantation de ces grands donneurs d'ordre dans cet environnement a progressivement structuré le territoire Côte d'Azur et c'est ce processus de structuration industrielle *ex nihilo* qui permet de faire ressortir les mécanismes déterminants de cette croissance originale.

Ainsi, l'objet de cet article est double : il s'agit tout d'abord de construire une histoire raisonnée de l'inscription territoriale de ces grands donneurs d'ordre et d'expliciter les différentes étapes de la structuration territoriale d'un environnement économique initialement dominé par des activités touristiques et qui connaît aujourd'hui un processus sensible de diversification par le développement d'activités high-tech dans les secteurs des nouvelles technologies de l'information.

Il s'agit ensuite de tirer des enseignements à caractère général sur les limites et les problèmes rencontrés dans ce processus de construction de territoire économique par diversification industrielle. Nous établirons en particulier les déphasages entre les comportements d'innovation des agents, les goulots d'étranglement auxquels ils ont à faire face, et la faible adaptabilité des acteurs publics et institutionnels locaux dans leur capacité à se saisir des enjeux associés à ce processus de diversification.

La première partie fait valoir deux étapes distinctes en termes d'incidences territoriales locales. Pendant deux voire trois décennies, la localisation de ces grands donneurs d'ordre dans l'environnement Côte d'Azur peut être perçue comme la superposition d'îlots organisationnels autonomes et distincts, relativement déconnectés de leur environnement géographique immédiat. Prévaut alors une situation où chaque unité déconcentrée est fortement dépendante de centres de décision exogènes (Paris ou USA) et où leur degré de dépendance de ces centres de décision est élevé. En conséquence, la seule inscription territoriale de ces grands donneurs d'ordre est la constitution d'un réseau immédiat de sous-traitants spécialisés dans des activités à faible valeur ajoutée qui n'ont que peu à voir avec l'activité réalisée par ces unités. Se construit ainsi un réseau de sous-traitance générique dont l'incidence locale est relativement mineure. Au fond, ces grands donneurs d'ordre profitent d'une infrastructure locale « ordinaire » au sens où les ressources liées aux activités Hôtellerie et BTP sont les plus directement concernées.

Pourtant, une deuxième étape de l'inscription territoriale de ces grands donneurs d'ordre locaux est progressivement apparue. Celle-ci se traduit par (1) une plus grande autonomie de décision de ces unités par rapport à leurs centres de décision, (2) une évolution qualitative de la sous-traitance confiée à l'environnement local (une politique de plus en plus délibérée « d'*outsourcing* » sur des bases locales s'est progressivement dessinée), (3) une interaction de plus en plus forte entre ces donneurs d'ordre, médiatisée par un tissu de PME/PMI locales. Ce dernier point est particulièrement important : à la superposition d'îlots indépendants que représentait chaque unité locale se substitue un ensemble résiliaire complexe où les PME/PMI constituent des liens implicites et explicites entre les grands donneurs d'ordre. La conséquence immédiate est que ces derniers infléchissent localement leurs comportements d'innovation parce qu'ils bénéficient d'une expertise croisée et développée par des PME/PMI qui jouent un rôle important d'interface technologique entre eux.

La deuxième partie de cette contribution vise à tirer des enseignements de cette observation. Il s'agit tout particulièrement de déceler les déterminants de cette structuration territoriale, qui conduit des entreprises complètement exogènes à constituer progressivement une sorte d'effet milieu. Le premier enseignement réside dans le fait que cette situation est moins le fruit d'une stratégie délibérée des grands donneurs d'ordre locaux que le résultat du comportement entrepreneurial du tissu de PME/PMI qui les environne. C'est l'élévation qualitative des savoirs et des compétences technologiques développées par leurs sous-traitants de capacité qui a progressivement contraint les grands donneurs d'ordre locaux à réfléchir et à tirer parti de leur inscription territoriale dans l'environnement économique Côte d'Azur. Deuxièmement, cet effet milieu est relativement fragile parce que de faible densité dans un environnement qui reste peu industrialisé. Troisièmement, ces évolutions de comportement d'innovation ont provoqué des inflexions locales en matière d'infrastructure institutionnelle (de l'appareil de formation supérieure et de recherche tout particulièrement). Pourtant, le sentiment dominant reste que l'adaptabilité de l'infrastructure institutionnelle locale au sens large reste faible. Que ce soient les choix d'aménagement physique de l'espace, les politiques de soutien à l'environnement de formation et de recherche, ou la capacité d'interagir d'une façon opérationnelle avec les acteurs industriels concernés, il est possible d'argumenter sur le fait que les acteurs publics locaux n'ont pas pris la réelle mesure de ce processus de diversification territoriale, qui reste largement un phénomène spontané et subi plus qu'anticipé par ces acteurs publics locaux. En conclusion, nous montrons combien une politique publique véritablement appropriée à la constitution d'une infrastructure de soutien aux processus d'ancrage territorial locale de ces activités reste très largement à construire.

I- SPECIFICITE DES ACTIVITES DE CONSTRUCTION DE SATELLITES A CANNES

L'unité de production de satellites d'Alcatel Aerospace localisée à Cannes (anciennement l'Aérospatiale et qui sera notée pour la suite Alcatel-A) est un point de départ pour notre réflexion dans la mesure où elle constitue l'un des rares points d'ancrage historique du développement industriel de la Côte d'Azur. En effet, c'est initialement la production d'hydravions (Sud Aéro) qui était localisée aux alentours de Cannes pour des avantages physiques de localisation et l'unité de Cannes a été absorbée par l'Aérospatiale qui en a ensuite fait une unité de production de satellites. La production et la mise en place des satellites exigent un haut degré de connaissances tacites et explicites en matière d'ingénierie, de conception de logiciels, de mécanique, de transmission de données, etc...

Pour les entreprises productrices comme Alcatel-A, ceci conduit à la coordination de multiples activités qui touchent de nombreux secteurs. Au moins deux pôles de compétences sont nécessaires : celui de l'industrie aéronautique et celui de l'industrie de l'électronique de défense. Le dilemme des activités spatiales est un dilemme classique du choix de degré d'intégration verticale. Faut-il posséder les « compétences-clés » ou les acquérir par le bais des sous traitants ?

La demande et sa variabilité offrent un début de réponse à cette question cruciale. En effet, les marchés européens de satellites étaient essentiellement tirés par une demande publique. Les clients finaux étaient essentiellement les ministères de la défense et des programmes européens. Cette caractéristique de la demande a conduit à l'observation de contraintes très spécifiques sur ce marché. En fait, les exigences publiques étaient orientées davantage vers des objectifs de viabilité technique et faiblement par des contraintes de prix (ressources). Il s'agissait de mettre en place une industrie viable technologiquement. En tant que tels, les produits étaient uniques et le prix de ces satellites n'a pas joué un rôle structurant en raison du caractère public de la demande[1].

L'organisation d'Alcatel-A est le résultat des caractéristiques de tels marchés. Elle est spécialisée dans l'infrastructure de satellites et dans son assemblage. Un changement radical de configuration du marché s'est opéré au début des années 90. Il concerne l'augmentation du marché privé des satellites et une diminution de la demande publique. La déréglementation du marché de télécommunication et l'essor des Technologies de l'Information et de la Communication (TIC) et notamment la

---

[1] La réalisation de satellites pour des applications civiles a suivi le même schéma (CESA par exemple). Par exemple, le CESA a imposé pendant longtemps quelques cloisonnements entre ses différents partenaires impliqués dans la production, selon la contribution initiale de chaque pays au projet relatif (« le principe du juste retour »).

téléphonie mobile ont eu une influence importante dans cette évolution du marché. Ce double choc a modifié la nature des clients, des caractéristiques des produits et, plus généralement, de la manière de satisfaire la demande. Le marché des satellites a évolué vers un marché extrêmement compétitif. Ceci a pour conséquence essentielle de conduire à une réorganisation importante au sein des compagnies principales et à une évolution significative de la « filière » télécommunication. Dans ce contexte, les changements du marché induisent des modifications profondes, des spécificités techniques, des qualifications et des ressources humaines mais également de l'organisation du travail, qui nécessite l'incorporation de nouvelles pratiques organisationnelles flexibles.

Ceci a constitué le point de départ d'une restructuration importante pour l'Aérospatiale[2]. En effet, faisant face à une fluctuation de son activité, l'entreprise a opté pour une stratégie industrielle fondée sur l'externalisation de certaines de ses activités industrielles. Elle a été contrainte de se séparer d'un grand nombre de travailleurs hautement qualifiés. Sous l'impulsion de l'entreprise mère, un nombre significatif d'entre eux a décidé de créer sa propre compagnie et de s'insérer dans la région. Une partie des débouchés était assurée par des contrats de sous-traitance avec l'entreprise mère. Alors que l'entreprise était verticalement intégrée dans les années 1980, certaines de ses activités de base ont été développées par la sous-traitance dans les années 1990. Les objectifs poursuivis par l'Aérospatiale n'étaient pas réellement clairs et la stratégie risquée (Gaffard, 1994). La plupart des sous-traitants sont des petites et moyennes compagnies situées dans l'environnement local (Cannes, Mandelieu, Sophia-Antipolis,...)

Avant d'évaluer le résultat de ces interactions, nous nous proposons de décrire les caractéristiques structurelles de l'entreprise à la fin des années 1990.

En 1997, le groupe Matra a fusionné avec l'Aérospatiale, ce qui a entraîné des redondances sérieuses au sein de la nouvelle compagnie et conduit naturellement à repenser les activités transversales. La nouvelle Aérospatiale-Matra a décidé de vendre ses activités de satellites à Alcatel. Quand Thomson-CSF a rejoint le groupe en juillet 1998, les activités des satellites d'Aérospatiale, Thomson-CSF et Alcatel ont été regroupés au sein d'une compagnie tenue par Alcatel (51%) et Thomson-CSF (49%). Par des opérations de fusion, le marché des satellites a évolué vers un duopole : Matra-Marconi-Aérospatiale-DASA d'une part, Alcatel-Thomson-CSF-Cegelec de l'autre. Les activités des industries d'Alcatel-Espace sont organisées dans trois unités d'affaires différentes: Spacecom pour les systèmes de satellites commerciaux; Industries de l'espace pour des activités européennes industrielles et de R&D ; et une troisième unité consacrée aux stations terrestres. L'unité de Cannes appartient à l'entité d'industries d'Alcatel-Espace.

Ce changement principal a eu deux conséquences importantes pour l'unité de Cannes. La première concerne les complémentarités évidentes entre les deux

---

[2] L'unité de Cannes était constituée, à la fin des années 80, de cinq associés principaux (concurrents) : Aérospatiale, Matra Marconi, Espace britannique, DASA, et ALENIA. Un processus progressif de concentration a été inévitable en raison des nécessités de réduction des coûts induits par le passage du public aux clients privés. Dans les années 90, Aérospatiale était la plus grande société au niveau européen sur le marché des satellites.

compagnies. L'Aérospatiale (Cannes) s'est spécialisée dans l'infrastructure des satellites et dans leur assemblage. Alcatel s'est spécialisé dans le « contenu » du satellite, comportant la « charge utile ». Cependant, l'organisation d'Aérospatiale était très verticale et hiérarchique. Celle d'Alcatel est beaucoup plus horizontale et beaucoup de décisions étaient davantage décentralisées dans les unités d'affaires. Ceci a conduit à un choc culturel important, les personnels étant amenés à changer en grande partie de mode de travail. Particulièrement, la prise de décision décentralisée par Alcatel est considérée comme une source d'insécurité pour l'unité locale car elle se voit associée dans les problèmes de coordination, de la gestion du temps, de la gestion de l'information, etc...

La deuxième conséquence est que si l'Aérospatiale a cédé l'unité de Cannes à Alcatel, l'élaboration de tous les autres composants des satellites a été gardée sous sa direction. De nombreuses activités complémentaires ont ainsi été réorganisées. Cette restructuration pose un problème à une grande partie des sous traitants locaux de l'entreprise, en termes de coordination des activités et de marché. On doit noter ici que l'unité de Cannes employait 1 200 personnes auxquelles on peut ajouter un ensemble sous-traitants locaux représentant approximativement 600 personnes (400 dans les activités de R&D et 200 dans les activités de fabrication).

II- IDENTIFICATION DES ACTEURS ET DES COMPOSANTS DES RESEAUX D'INNOVATION LOCALISES

Deux types principaux d'activités technologiques sont associés à la sous-traitance locale : d'une part la mécanique et l'ingénierie mécanique, d'autre part l'informatique et l'ingénierie des logiciels. En termes quantitatifs, on peut estimer le volume de sous-traitance de l'unité de Cannes à un peu moins de 20 millions d'euros par an pour un ensemble de 30 compagnies liées aux activités technologiques (on exclut ici les activités traditionnelles de sous-traitance comme le nettoyage, l'infrastructure générale, etc.).

La première étape du travail a consisté à identifier avec plus de précision l'ensemble des sous-traitants locaux et les caractéristiques de leur association avec le donneur d'ordre que représente l'unité de Cannes. Sont considérées deux activités principales : d'une part, l'ingénierie mécanique, d'autre part, l'informatique et l'ingénierie des logiciels, qui inclut ici également les activités liées à l'optique et à l'imagerie. La figure suivante synthétise cette population de sous-traitants de l'Aérospatiale :

Tableau 1

LES SOUS-TRAITANTS ETUDIES D'ALCATEL AEROSPACE

Ingénierie Mécanique	Ingénierie Informatique et de logiciels
B.E. System	Analis
Decobecq	ATEM
Gesi S.A.	Cap Sesa
SodipeS.A.	CR2A
Soditech	Espri concept

Rivoyre Engeniering	Gesi SA
Teuchos Paca	IXI
Xilog	NSA
Syseca	SII
SN-IRGE	Simulog
	Studia Electronique
	Steria
	IXI

La plupart de ces compagnies sont de petites et moyennes entreprises situées dans le voisinage de l'unité d'affaires de Cannes. Leurs modes de relation avec le donneur d'ordre que représente Alcatel-A a profondément évolué ces dernières années. Le passage de relations de fourniture à des relations de sous-traitance plus partenariale a élevé le niveau de compétences technologiques de ces sous-traitants, voire, dans certains cas, leur a permis de contribuer à l'établissement de réseaux d'innovation où l'activité du donneur d'ordre relève d'une co-production partenariale avec ces sous-traitants initiaux. Cette évolution participe d'une logique de transferts des coûts de R&D, initialement supportés de façon quasi-exclusive par le donneur d'ordre vers les « sous-traitants ». Après l'identification de l'ensemble des compagnies impliquées dans ce réseau de connaissance, nous nous proposons de comprendre comment le processus de restructuration a ou pourrait influencer la nature des rapports productifs locaux avec l'unité d'affaires de Cannes. Plus particulièrement, le but de cette étude de cas est de nature organisationnelle. Comment cette restructuration industrielle a-t-elle influencé les relations locales, pour l'unité et l'ensemble de sous-traitants situés dans son entourage ? Comment s'est effectuée cette évolution vers une connaissance localisée plus intensifiée ?

III- COOPERATION ET CONCURRENCE COMME MODES DE MANAGEMENT DES PROCESSUS D'INNOVATION DANS LE RESEAU D'ALCATEL

Le processus d'innovation et le perfectionnement de la connaissance localisée dans le réseau composé par Alcatel et ses sous-traitants reflètent la stratégie industrielle poursuivie par l'entreprise depuis le début des années 90. Cette stratégie exprime l'importance pour Alcatel-A du maintien des sous traitants pour l'accompagner dans un développement technologique lui permettant de jouer un rôle de première importance sur le marché mondial des satellites. C'est la raison principale du changement de sa stratégie locale, qui se traduit pas le déplacement d'un comportement de sous-traitance simple vers un système plus interactif de création de connaissance avec ses sous-traitants initiaux.

Deux avantages sont perçus par Alcatel-A de cette structure d'innovation en réseau. D'une part cette forme organisationnelle permet de mieux favoriser le développement des technologies génériques qu'elle met en place. Elle favorise ainsi de nouvelles applications dans son secteur ainsi que dans d'autres secteurs d'activité. D'autre part, cette stratégie permet à l'entreprise d'obtenir une certaine flexibilité, notamment pour faire face aux fluctuations de la demande, c'est-à-dire pour mieux assurer sa compétitivité. En bref, cette stratégie consiste à maintenir une pression de la concurrence sur les sous-traitants en dépit de leur faible nombre et, en même temps, à mettre en place des mécanismes coopératifs qui relèvent d'une recherche d'allègement des coûts de R&D supportés par le donneur d'ordre. Cette situation crée progressivement des valeurs communes, contribue à établir des réseaux d'innovation localisés, et permet à Alcatel-A non seulement de maîtriser le fonctionnement de ces réseaux mais également de créer une dépendance stratégique des sous-traitants vis-à-vis de ses besoins spécifiques.

Les résultats de notre enquête tendent à montrer que cette politique de gestion de réseau donne des résultats contrastés selon les secteurs d'activité. Elle a favorisé l'établissement d'un type « de milieu innovateur local » dans le secteur informatique et d'application (logiciels) tandis qu'on observe des effets plutôt faibles dans le secteur de la mécanique et de l'ingénierie mécanique. En effet, l'évolution de la gestion de réseau dans les deux secteurs a poussé Alcatel-A à reconsidérer sa stratégie locale et à favoriser une intégration verticale dans ces dernières activités. La raison principale de cette réorientation stratégique est qu'aucune connaissance spécifique n'est produite par le réseau mécanique. Ceci n'est absolument pas vérifié pour les activités informatiques où s'est développée une dynamique propice à la création de connaissance. Examinons maintenant les déterminants de ces évolutions.

Nous déterminons en premier lieu les éléments clef de la stratégie mise en place par Alcatel-A et, second lieu, nous fournissons une explication de l'échec stratégique relatif du secteur de la mécanique et du succès du secteur informatique.

Les caractéristiques de la politique de gestion du réseau d'Alcatel-A

La stratégie poursuivie par Alcatel-A s'est construite autour de deux piliers principaux : (i) maintenir les sous-traitants sous une pression concurrentielle qui les oblige à une continuité d'efforts en matière de démarche qualité et de développement de leurs capacités technologiques, (ii) entretenir des relations partenariales qui favorisent la participation des « sous-traitants » au développement des technologies requises par l'activité satellitaire. Les deux buts peuvent être considérés comme contradictoires mais ce mélange complexe des pressions de concurrence et de coopération a produit des effets bénéfiques sur les acteurs.

1. La concurrence comme condition nécessaire au bon fonctionnement du réseau

La remarque commune à un grand nombre de chefs d'entreprises interrogés concerne la sévérité de la concurrence au sein du réseau. En effet, Alcatel-A a imposé à ses sous-traitants une concurrence à la fois en termes de qualité, de réactivité et de prix. La qualité des services associée ainsi que la qualité de la main d'œuvre employée ont été au centre des exigences. Ainsi, la quasi-totalité des firmes ont été contraintes à se certifier ISO 9001 et/ou ISO 9002. La qualité des produits fournis par les sous-traitants était une garantie nécessaire pour la fiabilité du produit final. De manière complémentaire, un aspect important concerne l'exigence d'un niveau élevé de réactivité pour les membres dans le réseau. Cette exigence est nécessaire pour faire face aux évolutions technologiques rapides dans ce secteur. Ces différents éléments contribuent à mettre en place une pression concurrentielle élevée sur les composants du réseau. Cette pression concurrentielle se traduit par une double exigence, d'accroissement progressif de la qualité de la prestation ou des produits délivrés, et d'amélioration de la compétitivité-prix de ces partenaires. Les répercussions de cette dynamique ont été de mettre en place un processus d'amélioration continue des capacités technologiques de chaque membre du réseau mais également de la totalité du réseau. Par conséquent, peu de nouvelles entreprises ont pu s'insérer dans cette dynamique. Au contraire, certaines entreprises ont dû quitter le réseau car elles ne pouvaient pas tenir le rythme. Dans un premier stade, les firmes ont accepté ces conditions et faiblement collaboré sur des projets (même ponctuels). La domination de cette pression de la concurrence a résulté de l'objectif initial d'Alcatel-A, qui devait favoriser une compétitivité des prix parmi ses associés locaux.

On doit cependant atténuer cette domination d'une pression concurrentielle puisque comme nous l'avons déjà indiqué, un changement de la stratégie Alcatel-A apparaît relativement récemment en raison de l'évolution des technologies exigées pour l'industrie des satellites. De nombreux mécanismes coopératifs ont été adoptés à l'intérieur de ce « réseau » entre d'une part, les sous-traitants eux-mêmes et d'autre part entre Alcatel-A et les membres du réseau. En d'autres termes, l'exigence de compétitivité trouve des limites dans le capital relationnel qui se construit par l'intermédiaire du fonctionnement, des pratiques et des enseignements progressivement retirés du fonctionnement de ces réseaux.

2. *Les mécanismes coopératifs et d'innovation*

Les mécanismes de coopération mis en place dans le réseau d'Alcatel-A concernent trois caractéristiques essentielles : une confiance mutuelle, l'inscription des relations dans le temps (des rapports stables) et une politique de création de connaissances commune.

Il convient de rappeler qu'Alcatel-A est une entreprise qui appartient à un secteur d'activité civil très sensible (les satellites), mais également à un secteur militaire. Ceci conduit à respecter de nombreuses conditions avant d'établir des relations de collaboration et de coopération industrielle. En effet, l'entreprise exige un niveau très élevé de sécurité justifiant la prudence maximale dans le choix de ses associés. Une première conséquence de ces contraintes est que le réseau a été naturellement construit autour des membres traditionnels et d'anciens sous-traitants de l'Aérospatiale. Pour beaucoup d'entreprises, cette situation est considérée comme une frontière très importante dans la délimitation du réseau, ce qui rend l'implication d'une tierce firme quasi-impossible. Une deuxième conséquence concerne le fait que les nouveaux candidats ayant intégré le réseau local sont des compagnies créées par d'anciens employés de l'Aérospatiale ou d'anciens collaborateurs (fondant localement de nouvelles petites entreprises dans les années 1990). Ce point est très important. Parmi les causes déterminantes qui expliquent pourquoi une société locale appartient au réseau, l'existence au sein de la firme de personnes ayant appartenu précédemment à l'Aérospatiale apparaît comme condition quasi-nécessaire. La gestion de réseau apparaît à certains égards comme interindividuelle. Le fait que les gens partagent par exemple la même école de formation initiale semble être un facteur-clef pour expliquer l'appartenance au réseau. Une seconde raison qui pourrait être invoquée concerne le fait que cette structure organisationnelle permet de baisser les coûts de transaction et le risque d'opportunisme (Williamson, 1985). Dans une certaine mesure, la spécificité des activités de fabrication des satellites est déjà connue par les personnes impliquées du fait de leur ancienne appartenance à Alcatel. Cette connaissance est importante car elle permet à Alcatel-A d'éviter les coûts supplémentaires dus à la mise à niveau nécessaire des normes et des procédures internes de l'activité de satellites. Par conséquent, les membres du réseau tirent bénéfice de la stabilité dès lors qu'ils en font partie.

Cette structure organisationnelle, adoptée par Alcatel, n'est pas unique. En effet, de nombreuses autres grandes sociétés ont opté également pour un type semblable d'organisation de réseau, dans des secteurs d'activité variés. Au niveau national, on peut citer l'exemple de la compagnie SEB (appartenir initialement à la compagnie est également une cause déterminante et cruciale pour faire partie de la première vague des sous-traitants). Au niveau local (Sophia-antipolis), des sociétés comme IBM, Texas Instruments, Equipements Numériques fonctionnent également en réseaux. Cependant, le choix des associés semble davantage porter sur leur efficacité technologique[3]. Dans le cas d'Alcatel, la spécificité de l'activité est bien plus déterminante. Cette confiance mutuelle tend à créer un contexte de stabilité favorable à l'orientation des relations à long terme et par conséquent à partager les connaissances créées. Mais surtout, elle permet de garantir aux firmes une certaine stabilité des commandes et donc de bien s'enraciner dans le tissu productif local.

Le réseau est également caractérisé par des facilités d'Alcatel quant à la « veille technologique ». Alcatel-A fournit aux membres du réseau des possibilités d'effectuer des formations concernant des nouvelles technologies que les sous-traitants doivent acquérir pour travailler avec elle. Mais ceci permet également aux sous-traitants de développer des compétences propres à partir de ces nouvelles technologies. Ces formations permettent aux membres du réseau d'enrichir leur expertise technique et leurs possibilités technologiques.

Outre les aspects mentionnés ci-dessus, les entreprises du réseau ont développé une politique commune d'achat en centralisant leurs besoins habituels et en les groupant pour obtenir de meilleurs prix. Elles partagent également des programmes de formation communs liés, par exemple, à la gestion de la production ou de contrôle de qualité. Cependant, ces aspects sont simplement occasionnels et n'évoluent pas vers une perspective plus structurelle, par exemple la mise à disposition d'équipements communs ou la réponse en commun à des appels d'offres.

---

[3] Une explication possible concerne la nature des activités des autres firmes. Elles n'ont pas d'activité militaire similaire à celle d'Alcatel.

En général, cette stratégie de gestion de réseau à partir Alcatel-A n'a pas été le résultat d'une stratégie délibérée. Au contraire, elle apparaît comme le résultat d'un processus involontaire d'essais et d'erreurs. Les avantages technologiques du réseau n'ont pas été anticipés au début du processus. La volonté d'augmenter le niveau d'expertise pour les sous-traitants initiaux a été motivée par une recherche d'adaptation de leurs connaissances techniques beaucoup plus que par la volonté de développer et d'optimiser les technologies impliquées. Les effets positifs du réseau ont été essentiellement produits avec la maturation progressive des rapports et sont également la conséquence relative de la mobilité accrue des ressources humaines d'une entreprise à une autre. Ceci a permis d'augmenter les échanges d'information ou la diffusion de nouvelles possibilités technologiques d'un membre à l'autre (Antonelli, 2002). On retrouve ici une organisation typique de développement des technologies génériques en clusters. En d'autres termes, les grands donneurs d'ordre (Alcatel-A) disposent de nombreuses technologies génériques qui ne peuvent être directement utilisées dans leurs activités de base (Bresnahan et Trajtenberg, 1995). Les firmes sous-traitantes, à cheval sur de nombreux autres secteurs (par la mobilité), pourraient alors leur trouver des applications et les transformer, moyennant des innovations complémentaires, en innovations productives. Les externalités technologiques créées profitent à l'ensemble des entreprises.

Dans une certaine mesure, la transformation d'Aérospatiale en Alcatel-A a renforcé l'importance stratégique des effets de gestion du réseau. Alcatel-A a davantage favorisé les aspects technologiques du réseau parce qu'elle les considère comme source importante pour assurer une compétitivité collective, celle d'Alcatel comme celle de chacun des membres du réseau. Cependant, l'existence (et la conservation) des avantages mutuels dans les activités d'innovation comme dans les veilles technologique est une condition nécessaire à la viabilité des activités coopératives dans le réseau. Si cette condition n'est pas respectée, elle conduit les acteurs à modifier leurs comportements et à remettre en cause l'organisation en réseau, comme le prouve le secteur de la mécanique. En d'autres termes, ce mode de gestion en réseau semble fragile et une discussion sur le caractère contrasté de tels résultats s'impose.

IV- LES RESULTATS CONTRASTES DE CETTE STRATEGIE INDUSTRIELLE

1. L'échec de la stratégie dans le secteur mécanique

Le département des Alpes Maritimes est un secteur faiblement industrialisé, ce qui constitue un handicap important pour les sous-traitants d'Alcatel-A dans le domaine de la mécanique. La faiblesse du marché, c'est-à-dire l'incapacité de trouver d'autres clients significatifs, produit un contexte dans lequel ces compagnies de mécanique sont fortement dépendantes de leur principal donneur d'ordre. Elles réalisent en moyenne entre 40% et 90% de leur chiffre d'affaire avec Alcatel-A et les tentatives de diversification n'ont pas vraiment réussi. Deux problèmes majeurs ont pesé sur le développement du secteur mécanique. D'une part, peu d'entreprises locales ont recours à l'expertise mécanique. Ce secteur est faiblement rattaché aux secteurs traditionnels de la Côte d'Azur comme le Tourisme et les services. D'autre part, la présence d'Alcatel-A et de son réseau n'a pas stimulé l'arrivée d'autres entreprises du secteur dans la région. Peu d'entreprises ont décidé de localiser une usine dans l'entourage de Cannes ou de Nice. Ainsi, l'expertise, les possibilités et le savoir-faire spécifiques dans ce secteur sont presque exclusivement dus aux relations des sous-traitants avec Alcatel-A. La participation de ces compagnies dans d'autres rapports productifs locaux n'a pas permis de créer des avantages mutuels et d'échange équilibré dans le réseau.

Les commandes d'Alcatel-A sont primordiales dans ce secteur. Elle impose ainsi complètement les règles de concurrence. Si cette situation permet au donneur d'ordre de contrôler complètement cette branche, elle ne lui permet pas de tirer véritablement profit du réseau, notamment en matière de développement technologique. Les coûts de coordination du réseau sont également importants. En effet, dans un souci de préserver la totalité de ses sous-traitants, Alcatel-A a cherché à équilibrer le partage des contrats. Ceci lui permet de limiter les risques et surtout de maintenir une certaine connaissance technologique locale reliée à ses activités. Alcatel-A a cherché à contrôler la concurrence d'une façon équitable (selon les dires d'un directeur appartenant à ce réseau). Cependant, l'impossibilité pour ses entreprises de diversifier leurs activités et leur contribution faible à Alcatel en termes de création technologique a produit un contexte où les coûts de coordination sont supérieurs aux avantages pour l'entreprise mère. La remise en cause de cette organisation en réseau a mis les firmes sous-traitantes en situation d'extrême fragilité car aucune autre possibilité de marché n'existe dans l'espace géographique immédiat (la frontière italienne, le Var).

Cependant, certaines de ces firmes ont réussi leur processus de diversification en dépassant les contraintes locales et en visant une échelle géographique plus large. A titre d'exemple, Teuchos, s'est implantée à Toulouse, à Lyon, à Paris mais également à Londres. C'est également le cas de BAE Systems, qui s'est localisé à Toulouse et à Lyon. Quelques autres entreprises du secteur mécanique cherchent à mettre en place d'autres unités de production dans d'autres régions industrielles, comme par exemple le nord industriel de l'Italie. Le changement irréversible de la stratégie d'Alcatel consistant à re-internaliser la majeure partie des activités externalisées sur ce segment a eu un impact fort sur les entreprises de la région dans ce secteur. En effet, on a constaté une mobilité importante en termes de ressources humaines travaillant initialement pour le compte de ces entreprises et qui ont intégré Alcatel-A. Les offres de meilleurs salaires et de meilleures conditions de travail ont fragilisé davantage les sous-traitants.

2. *La réussite dans le secteur de l'informatique et de l'ingénierie des logiciels*

Cette conclusion diffère de manière radicale lorsque l'on observe le fonctionnement du réseau dans le secteur informatique. De nombreux facteurs permettent d'expliquer le succès dans le secteur « de l'ingénierie informatique et du logiciel ». Les principaux arguments sont d'une part : (i) les aspects coopératifs mis en place par l'unité d'Alcatel qui a laissé augmenter la dépendance et la confiance mutuelles parmi les associés et qui sont une source pour les avantages et la croissance communs ; et d'autre part (ii) les effets d'agglomération et les externalités technologiques (*spillovers*) dus à la mobilité des individus appartenant au réseau vers les compagnies extérieures au réseau et situées dans la région entière PACA. En effet, la stabilité des commandes d'Alcatel-A a donné la possibilité aux membres du réseau d'assurer une croissance stable et, par conséquent, de renforcer leur compétence technologique. La collaboration a produit également des avantages qualitatifs. En effet, le partage progressif des connaissances communes, des valeurs, et des questions de résolution des problèmes ont permis de créer des savoir-faire spécifiques qui ont été renforcés par des programmes de formation lancés par Alcatel-A et consacrés au développement de ses propres technologies génériques. Ce contexte favorise l'apparition des comportements innovateurs. En effet, alors qu'Alcatel-A se consacre au développement des technologies génériques, les applications sont davantage développées par les membres du réseau, assez souvent sur commande. De plus, les membres du réseau assurent à l'entreprise mère une « veille technologique » efficace. Par conséquent, la stabilité apparaît évidemment comme condition nécessaire au processus d'innovation continue dans ces secteurs.

Il convient de signaler que les membres du réseau, en ayant accès aux technologies génériques développées par Alcatel-A, ont pu mettre en place de nouvelles applications dans d'autres domaines (en dehors du réseau). Ainsi, de nombreuses entreprises ayant des relations avec les sous-traitants ont pu bénéficier des externalités technologiques de ce réseau. Les sous-traitants se sont ainsi trouvés au centre des convoitises, ce qui leur a permis d'assurer leur dépendance stratégique vis-à-vis de l'entreprise mère. Une des conséquences de cette évolution tient au fait que plusieurs entreprises de ce secteur ne réalisent plus que 20% de leurs chiffres d'affaires avec Alcatel-A.

Cette situation n'est pas inédite car les grands donneurs d'ordre dans ce secteur ont adopté des configurations assez proches de celle constatée dans le cas du réseau d'Alcatel-A. Ainsi, IBM, Compaq, Gemplus, Microsoft, Amadeus, Texas-Instrument, Nortel... ont recours également à ces entreprises. Ces grandes entreprises détiennent des technologies génériques et ont besoin de développeurs d'applications. En adoptant une configuration en réseau et en favorisant la mobilité au sein du réseau chaque entreprise contribue également a augmenter le potentiel innovateur du réseau global. Certains sont aujourd'hui des parties du réseau d'IBM, de celui d'Amadeus ou encore d'Alcatel. Mais la principale innovation concerne le fait qu'elles appartiennent à plusieurs réseaux à la fois. En d'autres termes, cette stratégie organisationnelle permet de partager l'expérience, l'information, la connaissance d'une grande compagnie à l'autre. Elle permet de maximiser les externalités technologiques et de connaissances spécifiques en matière d'ingénierie de logiciels, voire en matière de R&D de télécoms.

La mobilité des collaborateurs et la nature des tâches (résolution de problèmes, développement de projets...) a permis à ces entreprises d'acquérir une expertise et de développer des connaissances tacites et génériques importantes. Les connaissances sont dites génériques dans le sens où elles peuvent être réutilisées pour d'autres contextes de résolution de problèmes. De plus, une partie de l'activité de ces entreprises est fondée sur leurs connaissances. Elles ont ainsi la possibilité de choisir les meilleures solutions techniques dans les réalisations différenciées que chaque grand donneur d'ordre a choisi. Ainsi, le type d'organisation en réseau contribue à accentuer les externalités technologiques et d'innovations d'une entreprise à une autre par le rôle des petites entreprises appartenant à différents réseaux. Ces derniers permettent également de développer des applications spécifiques pour chacun des grands donneurs d'ordre structurant les réseaux d'innovation localisés à partir de quelques technologies génériques partagées par tous. Le rôle de développement de ces technologies porté par ces petites entreprises est également déterminant dans le choix des technologies considérées comme les plus efficaces par chacun des grands donneurs d'ordre locaux.

Notre étude de cas apparaît comme une manifestation type d'un réseau de création de connaissance localisé. Alcatel-A n'est en fait qu'une partie d'une plus grande structure organisationnelle d'innovation technologique, un plus grand réseau composé de plusieurs grandes entreprises locales du secteur de l'informatique. Chaque donneur d'ordre dispose de son propre réseau et la superposition de ces réseaux crée un contexte particulier dans lequel les petites entreprises sous-traitantes deviennent le vecteur principal de la diffusion des connaissances technologiques locales. Cette modalité d'organisation semble nécessaire pour favoriser un processus local de création et de diffusion technologique. Le bénéfice et le partage mutuels d'innovation semblent être identifiés par chacune des grandes entreprises. C'est en grande partie la raison pour laquelle ces firmes semblent vouloir se localiser dans la région alors même qu'aucune tradition industrielle n'existe réellement. De manière complémentaire, c'est certainement cet aspect qui constitue l'attractivité de cette région. Cette dynamique innovatrice a permis à ce secteur de créer un avantage spécifique en matière de technologies de réseaux comme Java, Unix, Ctt, NT, Corba, et en matière de réseaux locaux (LAN, WAN) et dans le domaine des activités de R&D de télécoms.

Un autre facteur principal expliquant le succès dans l'industrie informatique concerne la création progressive d'un marché du travail local répondant davantage aux besoins. En effet, on constate qu'il y a plus de 100 nationalités représentées dans ce secteur sur la région. Le recrutement des ressources humaines est effectué à une échelle mondiale. Ce « bol de salade », comme le note un directeur d'entreprise, constitue un facteur fondamental pour le développement économique local. Une dynamique locale a également permis de renforcer ce recrutement mondial, grâce au milieu de l'enseignement et de la recherche locale. Les écoles de commerce (CERAM, EDHEC) mais également les écoles d'ingénieurs (INRIA, Ecole des Mines) et l'Université de Nice Sophia-Antipolis, en plaçant leurs laboratoires de recherche dans ce milieu innovateur, ont permis de renforcer cette dynamique locale de création et de diffusion de connaissance. De nombreux élèves ingénieurs et des managers de haut niveau trouvent des débouchés immédiats dans la région, surtout auprès des réseaux signalés. Par ailleurs, les interactions entre les milieux universitaires et professionnels tendent à se renforcer. A titre d'exemple, l'association de MDBS, créée par le CERAM et se spécialisant dans le développement des bases de données, a permis à un nombre significatif de compagnies locales d'essayer et d'explorer de nouveaux produits avant la vente.

L'unité locale de l'INRIA (Institut National de la Recherche en Informatique et Automatique) développe quelques interfaces actives en fournissant des activités de recherches par rapport aux préoccupations des membres du réseau.

Comme le montre l'étude de cas d'Alcatel, la création et la diffusion des innovations technologiques n'étaient pas possibles dans la région PACA si l'on tient compte uniquement des aspects traditionnels des zones industrielles au sens de Marshall. La région n'a en effet développé aucune tradition historique en termes d'infrastructure industrielle. Les tendances récentes du développement local, basées sur des technologies de l'information et ayant permis de fournir la dynamique d'innovation pour les entreprises impliquées, contrastent avec les racines historiques de la région. L'apparition de connaissances localisées, basées sur des mécanismes originaux d'interaction entre les rares grandes entreprises situées dans ce secteur, a constitué une source d'avantage concurrentiel amenant d'autres entreprises à se localiser également dans cette région. Les ingrédients du succès de cette dynamique d'innovation semblent être liés à la forme d'organisation de la dépendance mutuelle technologique. Trois traits caractéristiques se dégagent cependant : (i) la stabilité du réseau, (ii) des bénéfices et des innovations partagés et (iii) la concentration géographique d'expertise et de connaissance dans le secteur informatique et des logiciels. Néanmoins, la compétitivité de cette connaissance localisée est fortement dépendante des décisions des grands donneurs d'ordre, qui établissent d'une façon globale leur réflexion sur les conditions de leur compétitivité. Ainsi, ces réseaux d'innovation restent très fragiles dans la mesure où ils restent soumis à l'émergence de régions plus attractives et plus compétitives en matière de coûts. L'exemple de Bengalore en Inde offre une illustration parfaite de ces nouvelles dynamiques, même si un risque de délocalisation systématique demeure faible.

CONCLUSION

Alcatel Aerospace (anciennement Aérospatiale) dispose d'une unité d'affaires importante localisée dans les Alpes Maritimes, qui contribue à rééquilibrer l'industrie locale du tourisme par des activités industrielles. La politique d'organisation en réseau d'innovation, mise en application par l'entreprise dans les années 1990, a permis de faire face aux chocs institutionnels et technologiques de l'industrie de satellites. Nous avons montré la mise en place de cette stratégie et ses résultats contrastés selon les secteurs d'activité, et tenté de fournir des explications pour comprendre les différences sectorielles constatées. En particulier, l'ancrage dans une dynamique territoriale élargie à d'autres grands donneurs d'ordre locaux semble un ingrédient essentiel pour le succès de cette transition.

Si l'on se concentre sur les activités de l'informatique et des logiciels, nous avons pu montrer que l'organisation en réseau a progressivement fait partie d'une plus grande configuration, partagée entre diverses grandes entreprises locales. La « région » Alpes Maritimes semble organisée comme un grand réseau, composé par de nombreux sous-réseaux liés aux grandes sociétés. Les membres de ces réseaux, impliqués dans différentes modalités relationnelles, constituent le moteur du réseau agrandi. Ils contribuent à la création de connaissances et à la mise en place d'externalités technologiques. Les grandes firmes semblent développer des technologies génériques, compte tenu de leurs activités de R&D, et les petites entreprises développent les applications et les externalités de connaissances par la mobilité inter-firmes. La coopération à l'intérieur de ce réseau est assurée par la dépendance mutuelle et la part des avantages retirés de ce processus innovateur. Les technologies de l'information produisent des conséquences positives et négatives sur la viabilité de la gestion de réseau-type d'organisation.

Le résultat inattendu de cette étude de cas est le rôle joué par les PME dans la viabilité technologique du réseau. Elles apparaissent comme le principal vecteur de la connaissance localisée. Le réseau d'Alcatel est en effet interfacé avec d'autres réseaux existants construits par de grands groupes représentés localement et mettant en application le même type de stratégie industrielle (IBM, Texas Instruments, Amadeus, Digital Equipment/HP). Pour tout un ensemble de développements technologiques et d'applications spécifiques, ce recouvrement entre réseaux gravitant autour de ces grands donneurs d'ordre est un avantage partagé par l'ensemble des composantes locales. En d'autres termes, pour toute une strate de développement technologique, il existe un avantage à la proximité sous la forme de bénéfices mutuels et de capitalisation d'expériences acquises par les PME locales. Ces dernières entretiennent un avantage à la localisation de ces unités de grands groupes et construisent des avantages spécifiques de localisation par l'intermédiaire de cette capitalisation tirée de ces recouvrements résiliaires. La pérennité de ce type d'observation (avantage à la proximité relationnelle) reste cependant une question ouverte dans la mesure où il faut considérer que ces avantages distinctifs peuvent être remis en cause par un différentiel de coûts élevé entre les prestataires locaux et non locaux. Cet arbitrage, qui relève de décisions individuelles, peut amener à remettre en cause un dispositif d'innovation collectif et construit sur des bases localisées. Une telle interrogation (la pérennité de ces réseaux d'innovation) est un enjeu important pour déterminer les bases d'une politique publique locale capable de favoriser une telle dynamique industrielle. Il nous semble que les bases d'une telle réflexion restent encore largement à être posées par les décideurs publics locaux.

REFERENCES

Antonelli C. (1998), « New trends in the generation of technological knowledge », paper presented at the INLOCO Meeting, Sophia-Antipolis, October.

Antonelli C. (1999), *The Microdynamics of Technological knowledge*, London, Routledge.

Ben Youssef A. et Quéré M. (1999), « Localized Knowledge », Working Paper IDEFI N°9901

C.C.I de Nice et de la Côte d'Azur (1997), *Les Alpes Maritimes et l'activité des satellites*, Rapport.

Gaffard J.L. (1994), « Aerospatiale : La compétitivité de l'activité satellites », miméo, LATAPSES-CNRS.

Zucker L.G., Darby M.A., et Armstrong J. (1994), « Intellectual Capital & the Firm: The Technology of Geographically Localized Knowledge », NBER Research Paper, N°4653.

Zucker L.G., Darby M.A. et Brewer M.B. (1997), « Intellectual Human Capital and the Birth of U.S Biotechnology Entreprises », *American Economic Review*, June.

CHAPITRE IV

L'INTERACTIVITE DES COMPOSANTES SECTORIELLES « CONCEPTION - ASSEMBLAGE FINAL – COMMERCIALISATION » COMME CARACTERISTIQUE D'UN SYSTEME INDUSTRIEL LOCALISE, L'EXEMPLE D'AIRBUS A TOULOUSE

JEAN-MARC ZULIANI

INTRODUCTION

Dans la métropole toulousaine, les activités de construction aéronautique liées aux programmes Airbus se singularisent par l'intégration croissante de plusieurs segments productifs qui vont des tâches conceptrices « amont » jusqu'aux activités de commercialisation et support de vente en passant par les fonctions d'assemblage et de contrôle final, reliées directement à la fabrication des aéronefs. La caractéristique première de ce complexe productif tient à la représentation des activités conceptrices internalisées par le constructeur aéronautique Airbus et par quelques équipementiers implantés à proximité. En second lieu, se concentrent des activités de fabrication, de test et de contrôle final des appareils qu'assume Airbus, en liaison avec les firmes responsables de la réalisation de sous-ensembles industriels. Ce niveau intermédiaire mobilise l'intervention d'une hiérarchie de sous-traitants comprenant plusieurs niveaux d'entreprises industrielles ou de services spécialisés dans l'ingénierie et dans des activités prestataires plus banalisées. Les fonctions de fabrication soulignent le rôle coordinateur dévolu à la firme Airbus qui s'emploie dans son environnement immédiat ainsi qu'à une échelle nationale et internationale à définir de nouvelles formes d'organisation productive. Des partenariats s'instaurent pour cela avec des firmes ayant pour mission de développer de sous-ensembles technologiques, sans que disparaissent pour autant des relations classiques d'exécution dans la construction mécanique ou dans les travaux prestataires à façon.

Le complexe productif toulousain de l'aéronautique apparaît tout entier déterminé par la réalisation du produit « Airbus ». Aussi, il intègre en aval une organisation constituée de plusieurs chaînes de compétences dans les services de commercialisation et les fonctions logistiques associées à la vente des aéronefs (formation et maintenance). Une architecture de relations diversifiées tend à s'établir entre l'avionneur central en charge des activités de commercialisation et une structure environnementale relais, constituée d'intervenants spécialisés dans les services d'appui à la vente ou à la maintenance des appareils, y compris dans des niches d'activités très spécialisées. Les décisions relatives à la planification des projets et à l'étude des besoins des compagnies aériennes ne sont pas sans influencer en retour les logiques industrielles d'organisation de la production et les stratégies d'innovation technologique liées à la réalisation des programmes Airbus. À cet égard, de nombreuses analyses de géographie économique, axées sur les formes territorialisées du développement des activités productives, ont valorisé la notion de « proximité » en raison des effets bénéfiques qu'elle est censée exercer sur les processus de production, d'échanges et plus généralement de coordination entre des firmes concentrées à un échelon local, à caractère surtout urbain (Gilly, Torre, 2000).

Au-delà d'une référence à la proximité géographique, les relations intenses entre les entreprises constitutives de districts, de milieux innovateurs et autres SPL intègrent des processus novateurs et plus complexes de division du travail qui placent les compétences et les savoir-faire en matière d'innovation, de recherche et développement au cœur de nouvelles logiques relationnelles d'échanges entre les unités de production. En outre, la réponse à ces besoins étroits et la recherche de compétences spécifiques impulsent une interdépendance entre les activités qui tendra plutôt à fonctionner sur la base d'un rapport de proximité géographique et géographique (Bouba-Olga et Chauchefoin, 2001), notamment pour permettre la circulation et l'échange des savoirs. Dans le cas du complexe de l'aéronautique toulousaine, l'organisation productive structurée par trois composantes sectorielles pose d'abord la question des liens interactifs de proximité qui concernent des activités complémentaires issues d'une même industrie, territorialement circonscrites à l'agglomération toulousaine, et qui, de surcroît, émanent en grande partie d'une même firme (Airbus). Il s'agit donc de souligner comment ces secteurs respectifs de la conception aéronautique, de l'assemblage et contrôle des aéronefs, puis de leur commercialisation prestataire interagissent entre eux dans le cadre de la concrétisation et du suivi des programmes Airbus. Le développement du produit technologique « avion » en tant que tel, et des services qui l'accompagnent, conditionne en effet la structuration d'un complexe de production dont chacune des composantes sectorielles semble trouver dans le tissu productif environnemental des sources multiples d'économies externes.

I- EN AMONT, LA FORMATION ET LE RENOUVELLEMENT D'UN COMPLEXE D'ACTIVITES CONCEPTRICES

1. À Toulouse, des compétences historiquement constituées dans les segments les plus nobles de la conception aéronautique

Dans le cadre de la répartition des fonctions entre les constructeurs aéronautiques impliqués dans les programmes Airbus, une organisation spatialisée en « pôles de compétences » s'est peu à peu dessinée entre les sites européens des firmes parties prenantes du consortium Airbus. Le site toulousain a développé progressivement, et ce à partir du programme Concorde, un important savoir-faire concepteur dans les domaines que l'on pourrait considérer comme stratégiques pour la réalisation et l'aboutissement d'un programme industriel aéronautique : d'une part, les structures avions et les matériaux, et d'autre part les systèmes embarqués où les technologies numériques ont pris peu à peu une importance grandissante. Dans ces deux segments majeurs de l'ingénierie des programmes avions, une forte concentration des activités de recherche-développement a été historiquement développée par les firmes exerçant la fonction d'avionneur : d'abord la firme nationale Aérospatiale et aujourd'hui l'entité européenne Airbus, au statut de société anonyme simplifiée, qui résulte d'un montage complexe permettant de faire entrer dans le capital l'entreprise British Aerospace (BAe) pour 20% du capital, 80% étant partagés entre capitaux français (Etat, Lagardère, institutionnels) allemands (Daimler Chrysler) et Espagnols (Casa). Les fonctions de recherche-développement sont ainsi mobilisées dans le cadre du lancement programmes industriels. À cet effet, le constructeur Airbus a mis en place des « plateaux » sectoriels de compétences et d'études (avionique, système de propulsion, voilure...) qui sont spécialement dédiés au développement d'un programme aéronautique pour une période donnée. Ces activités de recherche-développement sont ensuite constitutives des relations de coopération qui s'établissent entre Airbus et un certain nombre de firmes partenaires capables d'intégrer des activités d'études et de conception dans un segment industriel spécialisé.

La démarche de l'avionneur Airbus a consisté à tisser des relations de proximité avec un environnement urbain constitué de plusieurs structures susceptibles de lui fournir des compétences complémentaires ou principales en matière de recherche-développement :

- des firmes dites « partenaires » situées dans l'orbite même du donneur d'ordres, et associées à ce dernier pour la conduite en commun de programmes concepteurs. Ce partage des tâches peut intégrer une délégation de fonction faite au partenaire pour conduire de façon autonome la conception et les études des produits qui lui sont confiées.
- des firmes et structures de services technologiques, considérées comme des entités fournisseuses d'expertises mais néanmoins complémentaires à la concrétisation de programmes de recherche développement, notamment pour la réalisation des systèmes et équipements embarqués. L'architecture très complexe de ce niveau d'opérateurs fait intervenir de multiples firmes (bureaux d'études, SSII, éditeurs de logiciels...), aux fonctions très différentes selon leurs compétences mais surtout selon les spécifications manifestées en amont par le constructeur aéronautique.
- des instituts publics de recherche fortement versés dans la recherche appliquée et qui ont progressivement structuré depuis plusieurs années des relations de coopération contractuelle avec les départements, qui au sein d'Aérospatiale puis d'Airbus aujourd'hui, conduisent des études poussées de recherche-développement dans de nombreux domaines appliqués (systèmes informatiques, matériaux, cognition et interfaces « hommes-machines », électronique de puissance...).

2. *Des compétences en services d'expertise complémentaires des activités de recherche-développement*

Le partage de la recherche-développement entre les firmes partenaires et les donneurs d'ordres renvoie aux nouvelles formes de relations interindustrielles dont le secteur de la construction aéronautique est aujourd'hui l'objet. Les contraintes technologiques lourdes de cette industrie impliquent la mobilisation de technologies sophistiquées et complémentaires fournies sur la base d'une collaboration entre des entreprises possédant les savoir-faire requis. Le recours aux entreprises de services qui disposent de compétences (études, expertise, conseil) constitue une particularité du fonctionnement du système aéronautique dans son rapport territorial aux activités de recherche-développement. À ce titre, la firme Aérospatiale a développé dès les années 70 une compétence majeure dans la conception des systèmes informatiques embarqués et celle des structures avions, alors que se structurait à Toulouse un environnement de services informatiques et de calcul de haut niveau. La demande initiée par l'avionneur dans le domaine des développements informatiques sophistiqués (systèmes temps réels...) a alors accru le contenu qualitatif des activités produites par les prestataires d'ingénierie, notamment ceux qui sont amenés à travailler en direct avec Airbus pour la réalisation en maîtrise d'œuvre déléguée de logiciels d'informatique embarquée ou d'informatique de gestion. Pour leur part, les matériels et équipements incorporés sur les avions sont de plus en plus sophistiqués pour des raisons de sécurité, avec doublement de certains équipements de contrôle, voire quadruplement comme sur l'A380. Ils nécessitent de plus en plus de recherches, et leur valeur ne cesse de monter dans le prix final d'un avion, de l'ordre de 35% y compris leur maintenance et remplacement, la part des moteurs représentant 30%, et les structures (carlingue, ailes) 35%.

L'intégration dans les avions des équipements et systèmes embarqués rend obligatoire le contact entre les personnels des industriels fournisseurs et ceux d'Airbus, auxquels s'ajoutent ceux des SSII effectuant des contrôles, des développements, des mises au point, des tests de fiabilité et de maintenance. Le facteur proximité non seulement demeure une nécessité, mais se renforce d'autant que les personnels de ces différents partenaires sont conduits à travailler directement dans les établissements même d'Airbus. Pour autant, les formes de régulation mise en place par l'avionneur Airbus en matière de sous-traitance d'étude et d'ingénierie ont conduit à l'établissement d'une typologie nouvelle de firmes de services dans la région toulousaine. Elle oppose les prestataires qui apportent un savoir-faire spécifique (études, conseils, formation spécialisée) à la réalisation des produits liés aux activités de recherche-développement, aux intervenants placés en position d'exécutants pour la réalisation d'activités d'études ou d'analyse plus courantes (analyse et programmation, calcul en série...). Dans certains domaines, tel que celui des activités d'informatique scientifique et technique, plusieurs firmes de services fournissent à l'avionneur Airbus ou à ses partenaires industriels des expertises spécialisées dont certaines procèdent d'une recherche-développement produite sur place par la mobilisation de compétences locales comme l'exerce en particulier la SSII Stéria pour la mise au point de logiciel de gestion de la documentation technique des appareils. Les opérateurs de services investissent alors des champs technologiques spécifiques dans lesquels les donneurs d'ordres ne détiennent pas de références méthodologiques suffisantes ni un éventail complet et détaillé de compétences (sûreté de fonctionnement, génie logiciel, ingénierie des NTIC et des systèmes d'information de gestion...).

Le système productif local des activités conceptrices épouse des formes de fonctionnement qui renvoient en outre à l'existence de liens sociaux de proximité entre des personnes ressources. Dans les domaines liés à la recherche-développement, l'intervention des firmes d'ingénierie auprès d'un constructeur aéronautique comme Airbus passe nécessairement par des modes de construction du marché, au sens de ce qui autorise la mise en relation entre prestataire et client industriel. La construction du marché paraît prendre la forme d'un marché-réseau où la mise en relation entre prestataires et clients s'appuie sur leur participation à des réseaux sociaux communs ou à des réseaux, certes différents, mais interconnectés sur la base d'une même origine de formation des personnes comme celle relative aux écoles d'ingénieurs toulousaines (ENSAE, ENSEEIHT, ENSICA...). L'architecture relationnelle entre les services technologiques et les firmes industrielles constitue de surcroît un vecteur favorable à la circulation des savoirs par le biais du marché du travail, dans la mesure où celui-ci forme un lien médian entre l'ensemble des fonctions de services technologiques et les firmes aéronautiques qui procèdent à des investissements importants en recherche-développement.

3. L'émergence récente de liens diversifiés avec les instituts de recherche appliquée

L'importance fondamentale du secteur de la recherche-développement dans le procès productif de l'aéronautique est allée en se renforçant et a changé de dimension au fur et à mesure que le produit avion se complexifiait. Depuis le début des années 1990 se précise une accentuation des relations d'Airbus et de certains de ses partenaires locaux avec l'appareil universitaire régional de recherche. D'abord avec les établissements liés directement à l'aéronautique, telles les écoles d'ingénieurs flanquées de leurs laboratoires respectifs (ENSAE ou Sup-Aéro, ENSICA, ENSEEIHT, INSA, Ecole d'Ingénieurs de Tarbes, plus récemment des Mines d'Albi), les centres de recherche (CERT-ONERA, 350 personnes), et les laboratoires du CNRS en sciences de l'ingénieur (LAAS, 400 chercheurs) ou en informatique de l'Université scientifique (IRIT, 250 chercheurs). Les activités de recherche-développement du système productif aéronautique se caractérisent par des relations régulières avec des laboratoires scientifiques toulousains relevant le plus souvent, sans que cela ne soit exclusif, des sphères des Sciences pour l'Ingénieur (informatique, électronique, mécanique des fluides). Dans la métropole toulousaine, les liaisons entre l'industrie aéronautique et la science appliquée s'avèrent plutôt récentes et se sont intensifiées à la lumière des changements technologiques majeurs intervenus dans la production des systèmes embarqués. La mobilisation des compétences scientifiques s'est précisée depuis une quinzaine d'années dans des domaines d'application, certes diversifiés, mais où les recherches axées sur les technologies des systèmes informatiques occupent une part prééminente : sûreté de fonctionnement, outils liés aux technologies d'information et de communication...

L'intégration de technologies numériques sans cesse plus sophistiquées dans la construction et le développement des avions explique en grande partie le souci des industriels de faire appel aux compétences des instituts publics spécialisés dans les recherches sur la conception des systèmes informatiques comme le Laboratoire d'Analyse et d'Automatique des systèmes (LAAS) ou le Laboratoire d'Électronique et d'Électricité industrielle (LEEI). De la sorte, Airbus France a restructuré depuis 2001 l'organisation de sa coopération de recherche en distinguant ces deux partenaires stratégiques, qui se voient déléguer une recherche spécifique, des laboratoires inclus dans un réseau de recherche contractuel. Un autre champ de recherche-développement partagé avec des intervenants extérieurs concerne l'étude des matériaux appliqués à l'aéronautique. Dès les années 60, les travaux menés au bureau d'études d'Aérospatiale sur la structure des matériaux employés en aéronautiques débouchent sur un certain nombre de collaborations avec la recherche universitaire locale. Une segmentation territoriale des activités d'études s'instaure alors entre la concentration locale des compétences « amont » pour la conception et la définition des structures de matériaux et la dissémination des fonctions d'expérimentation et d'essais dans les sites parisien et nantais de l'entreprise nationale aéronautique.

Les relations avec nombre d'instituts publics de recherche appliquée épousent cependant des formes contractuelles très diverses (contrats de courte durée, contrats européens) sans pour autant relever de stratégies structurées et organisées de la part du secteur aéronautique. Cette mobilisation des compétences scientifiques locales notamment dans les domaines des systèmes informatiques procède au contraire de démarches diffuses en réponse à des demandes, de besoins précis émanant de départements d'études de la firme Airbus. En revanche, un système d'accord partenarial plus ancien régit les relations avec le CEAT, laboratoire relevant du Ministère de la Défense et implanté à Toulouse dans le courant des années 50. Héritier d'une stratégie d'arsenal qui tend à le spécialiser dans les études appliquées en aéronautique, cet institut fonde une grande partie de son activité sur des études d'expérimentation et de test au sol des aéronefs (aérodynamique, identification de commandes...). Les relations entretenues par la construction aéronautique avec le milieu local versé dans les recherches et les études offrent donc deux logiques de fonctionnement distinctes. Le recours aux laboratoires de recherche appliquée intervient à la demande, en fonction des besoins clairement identifiés de conception, de recherche-développement que manifestent les industriels de l'aéronautique. Ce processus se différencie de la relation régulière, et quasiment prestataire, qu'entretiennent Airbus et ses équipementiers avec des compétences de proximité dont la vocation reste de réaliser des études nécessaires d'expérimentation, d'essai et de contrôle.

Le sous-système productif des activités de conception aéronautique apparaît structuré au sommet par les compétences d'études et de recherche-développement assumées par Airbus et quelques équipementiers qui définissent et spécifient des « composantes systèmes » de l'avion (systèmes d'avionique, de propulsion, de conditionnement d'air...). Les compétences complémentaires à cette démarche conceptrice proviennent d'un premier niveau d'intervenants constitué des firmes prestataires d'ingénierie, spécialisées notamment dans l'aide à la conception de solutions informatiques. Dans le registre de la recherche appliquée, une relation s'est désormais établie avec des instituts scientifiques locaux dont la compétence est mobilisée en fonction des besoins ponctuels de collaboration exprimés par Airbus pour travailler notamment au développement des technologies de systèmes embarqués. Le rôle scientifique des laboratoires de recherche appliquée est à distinguer de la fonction des laboratoires spécialisés dans l'offre de compétences à caractère obligé dans les essais et les certifications. La collaboration initiée entre certaines firmes d'ingénierie et certains laboratoires spécialisés dans l'architecture des systèmes informatiques relève de la stratégie suivie par certaines entreprises locales de services technologiques de construire des ressources spécifiques, développer une offre innovante et contribuer ensuite en retour aux activités de recherche-développement conduites notamment par Airbus et ses principaux équipementiers locaux (Thalès Avionics, Liebherr Aerospace, Rockwell Colins, Honeywell...) dans les domaines des technologies embarquées.

II- LA RECOMPOSITION TERRITORIALE DE L'ORGANISATION INDUSTRIELLE AUTOUR DE « L'AVIONNEUR PIVOT » AIRBUS

1 La prééminence du système de la sous-traitance de spécialité

Le secteur aéronautique offre l'image traditionnelle d'une industrie structurée par les relations interentreprises très hiérarchisées comprenant au sommet un petit nombre de donneurs d'ordres voire un donneur d'ordre unique au-dessous desquels évoluent de nombreux sous-traitants eux-mêmes répartis en plusieurs niveaux hiérarchiques de compétences. Le rôle du donneur d'ordres réside, à l'instar des fonctions développées par Airbus sur le site toulousain, dans la maîtrise des opérations industrielles de conception, d'assemblage final, et enfin de test des systèmes et des essais en vol, ce qui n'exclut pas pour autant la responsabilité de la fabrication de certaines pièces maîtresses. C'est le cas des mâts de moteurs, sous ensembles vitaux qui permettent d'arrimer le propulseur à l'aile avec toutes ses commandes électroniques et hydrauliques, qui sont tous, quelle que soit la gamme d'appareils, fabriqués dans les ateliers de Saint-Éloi au nord de la ville de Toulouse. Les relations industrielles à l'œuvre dans le secteur aéronautique ont fait intervenir des équipementiers, chargés de la production d'ensembles ou de sous-ensembles pour les avionneurs et grands donneurs d'ordres du secteur. C'est à ce niveau supérieur qu'a pris naissance l'activité de sous-traitance de spécialité conférant à l'équipementier un rôle concepteur pour les produits et systèmes qu'il avait la charge de développer (Ravix, 2000). Ce fonctionnement pyramidal était complété à des échelons plus subalternes par l'intervention des sous-traitants de capacité dont l'activité consistait à produire en série des composants pour les équipementiers ou bien parfois directement pour les avionneurs. Les recompositions à l'œuvre dans les relations industrielles du secteur aéronautique tendent à privilégier depuis une dizaine d'années une organisation en réseau de compétences entre le donneur d'ordres Airbus et ses fournisseurs directs. Le système de la sous-traitance de *spécialité* semble aujourd'hui devenir une norme organisationnelle centrale des relations industrielles dans le secteur aéronautique. Or, ces mutations structurelles ont des incidences territoriales directes, dans la mesure où elles engendrent une proximité d'implantation et donc de collaboration entre les donneurs d'ordres et leurs sous-traitants majeurs

Ainsi, les équipements électroniques et informatiques de commandes de bord, ordinateurs de vol et de pilotage, outils de communication, moteurs de conditionnement d'air... sont certes définis par Airbus, mais pour la plupart réalisés par des équipementiers majeurs localisés dans la périphérie toulousaine, tant au niveau de la conception que de la fabrication, tels Liebherr Aerospace, Rockwell Collins, Microturbo et Aircelle (SNECMA), Honeywell, Goodrich. L'organisation de la production se concrétise par l'établissement de relations de collaboration entre Airbus, et ces entreprises industrielles plus divers opérateurs de services technologiques qui tendent à opérer en qualité de partenaires. Des fonctions complètes leur sont déléguées : elles intègrent aussi bien la conception que la fabrication de sous-ensembles complets qui reposent sur l'intégration et la mobilisation de plusieurs technologies (numérique, électronique, mécanique). Cette logique conduit nécessairement au regroupement des fournisseurs mieux à mêmes de maîtriser la totalité des compétences nécessaires à la réalisation au suivi des projets et à la fourniture des sous-ensembles. Au-delà, ce nouveau mode de régulation permet à l'équipementier d'être associé au développement complet d'un projet moyennant des prises de risque et des investissements tant dans la production manufacturière que dans les segments « amont » de la conception et des études. Le contenu partenarial des relations procède du renforcement de l'intégration de l'équipementier sous-traitant au processus final de réalisation et de développement d'un programme aéronautique. Cette logique poussée de collaboration au côté d'Airbus et en même temps d'indépendance pour la conception et le développement d'un composant ou d'un système complet a déterminé progressivement l'émergence des firmes placées en qualité de « systémier ». Ce terme désigne des firmes reconnues comme de véritables partenaires ayant la responsabilité d'un ensemble en « risque partagé », investissant certes eux-mêmes dans la recherche - développement mais s'assurant, en contrepartie, pour la durée de vie d'un programme aéronautique, la livraison et la maintenance des ensembles produits.

2 *La tendance au regroupement de systémiers à proximité d'Airbus*

La nouvelle organisation des relations interentreprises fait apparaître une logique de rapports horizontaux entre les donneurs d'ordres et leurs sous-traitants de capacité, qui résulte des contraintes technologiques inhérentes à l'industrie aéronautique. Le degré élevé de sophistication des technologies et leur combinaison nécessaire à la réalisation des « composantes systèmes » suscitent des collaborations étroites entre le donneur d'ordre Airbus et des *systémiers* spécialisés dans différents domaines de compétences particuliers (l'avionique, le conditionnement d'air, les systèmes de propulsion...). La stratégie requise par Airbus consiste à organiser la production en définissant à partir de ses propres activités d'études, les spécifications générales des « composantes systèmes » réalisées par les partenaires. Au-delà, il s'agit de coordonner les différentes contributions des firmes associées tout en les impliquant dès le départ dans la conception technologique des produits. Ce rapprochement repose sur l'organisation d'équipes intégrées de recherche-développement qui sont nécessairement amenées à confronter les résultats de leurs démarches. Le cas le plus caractéristique est celui de Thalès Avionics (ex Sextant, filiale de Thomson CSF) qui au début des années 2000 a quitté Vélizy pour se transférer à Toulouse, soit 350 salariés, et en emploie aujourd'hui plus de 630 (dont 80% d'ingénieurs), le plus souvent recrutés sur place. Or, l'obtention par Thalès des contrats de livraison de certains calculateurs de bord destinés aux programmes A380 et A400M s'est accompagnée d'une démarche de mutualisation des ressources avec Airbus pour travailler à définition des équipements et systèmes embarqués nécessaires au projet. La contribution d'Airbus revêt d'autres aspects comme le financement de certaines activités de recherche-développement, instaurant de facto une contrainte d'innovation pour le *systémier*. La délégation de compétences associée à la réalisation des « composantes systèmes » a suscité une réorganisation en profondeur des firmes partenaires implantées en région toulousaine.

Dans l'obligation d'intégrer des compétences connexes et complémentaires pour la production et la conception, leur stratégie est alors de se regrouper pour fusion ou par rachat afin de détenir des pôles complets de savoir-faire à l'instar de la stratégie récente affichée par la SNECMA. Sa démarche visant par exemple à l'intégration de la firme Hurel Dubois lui permis de détenir une compétence complète pour le développement et la livraison des nacelles de réacteurs à partir d'une usine implantée directement au contact des chaînes d'assemblage d'Airbus, en bordure de l'aéroport de Toulouse-Blagnac. La concentration économique de ces firmes partenaires s'opère très souvent à un niveau international, et se produit dans un contexte de forte concurrence entre les partenaires majeurs désireux de prendre part au marché des nouveaux programmes aéronautiques (Airbus A340, A380, A400M). Ces entreprises partenaires concentrent sur place des compétences de recherche-développement nécessaires à la maîtrise autonome d'un segment complet de production. Mais la recherche d'une taille critique et de compétences complémentaires visant à conforter leur rang de partenaire direct d'Airbus les conduit à l'intégration de petits sous-traitants locaux de spécialité. À l'inverse, des consortiums de PME aux larges spectres de métiers en ingénierie et en fabrication tendent à émerger souvent à la faveur d'interventions de politiques régionales de soutien. L'objectif de ces entités fondées sur la base d'une mutualisation des compétences est d'accéder au rang de développeur complet de composants pour le compte d'Airbus ou de ses *systémiers*, et ainsi de s'affranchir d'une position fragile de sous-traitant industriel dénué d'une capacité de développement et donc de maîtrise des ensembles produits. Les fonctions conceptrices et organisatrices intègrent certes des modalités relationnelles basées sur l'échange de données via des systèmes perfectionnés de communication, mais la proximité géographique de contacts demeure indispensable entre les équipes d'ingénieurs d'Airbus et celles de ses partenaires.

Enfin, un phénomène de désintégration du processus productif sous la forme d'une sous-traitance en cascade naît à partir des « systémiers » qui cèdent la réalisation de pièces de série à des PME-PMI. Car, aux côtés des liens de coordination productive à caractère horizontal, les rapports hiérarchisés de sous-traitance de capacité se renforcent avec des firmes locales qui se cantonnent dans une stricte stratégie de production sous l'autorité d'un donneur d'ordre. Ces fournisseurs de base appartiennent autant au secteur industriel qu'à celui des services, et révèlent une absence d'autonomie dans la maîtrise et la conception de leur production. Dès lors, ils apparaissent en position de forte dépendance à l'égard de leur client, d'autant que leur activité banalisée (usinage mécanique, assistance technique informatique) est soumise à des processus de forte concurrence.

3. Une polarisation accentuée des services technologiques

Les trois principales fonctions productives du pôle aéronautique toulousain, à savoir la conception de départ des programmes aéronautiques, le montage et le contrôle final des appareils, et au-delà les activités de commercialisation et gestion, tendent à se développer en relation étroite avec un environnement urbain de services spécialisés. Le recours à l'achat direct de services professionnels s'est progressivement développé au fil des politiques de sous-traitance initiées dans le cadre des projets aéronautiques par Airbus et ses partenaires locaux (Latécoère, Liebherr Aerospace, Honeywell...). Le contenu sectoriel des services mobilisés apparaît bien différent selon les caractéristiques structurelles des secteurs demandeurs. De par la nature conceptrice et décisionnelle de leurs activités, les composantes « amont » et « aval » du système productif aéronautique ont induit le développement connexe de fonctions prestataires de haut niveau dans l'ingénierie et le conseil alors que l'activité intermédiaire de montage et d'assemblage, et plus généralement la logistique de base, les besoins génériques (entretien, maintenance, sécurité) procurent un marché de prestations externes au contenu de compétences plus hétérogène. En raison de leur contenu d'activité très spécifique et sophistiqué, les services informatiques interviennent aussi bien dans les phases amont liées au développement des technologies de systèmes embarqués que dans les segments « aval » où ils participent à la définition des fonctions tertiaires venant en appui de la commercialisation des aéronefs. Pour leur part, les activités liées à l'assemblage des appareils recourent à différents services spécialisés dans les métiers de la logistique et des transports. Le fonctionnement du transport lié à l'acheminement des pièces aéronautiques requiert d'ailleurs la mobilisation d'une chaîne logistique de services qui se fonde sur des relations intermodales, et donc complémentaires, entre le transport routier et l'affrètement aérien.

À l'instar des relations industrielles, les relations de services avec les donneurs d'ordres connaissent une recomposition organisationnelle qui épouse certaines particularités en fonction de la nature des prestations. Tel est le cas avec les prestations d'ingénierie technique ou de service informatique. L'organisation de leur activité intègre là aussi une distinction entre sous traitants de capacité et sous-traitants de spécialité. La sous-traitance de capacité désigne la mise à disposition pour le compte de l'avionneur de compétences sous la forme d'une délégation de personnels ingénieurs, afin de répondre à des charges supplémentaires de travail dans des activités de programmation informatique et de calcul. La sous-traitance de spécialité offre au contraire une structure relationnelle différente de par le contenu des compétences mobilisées : les relations reposent sur la mobilisation de ressources technologiques très pointues pour lesquelles les prestataires disposent d'un avantage comparatif. Les activités de prestations technologiques intéressent des firmes de dimension variées (grandes SSII, PME locales) qui ont développé des savoir-faire très spécifiques, notamment en informatique scientifique et technique, en s'appuyant sur le potentiel local de formation supérieure et de recherche. L'INSEE (2003) recense dans la région Midi-Pyrénées 350 sous-traitants industriels et fournisseurs plus modestes de différents niveaux répartis dans l'agglomération toulousaine pour 78% d'entre eux, et 150 entreprises de services divers, notamment d'ingénierie informatique allant de SSII nationales (Steria, Unilog, Cap Gemini, Atos, Thalès Informatique...) à de nombreuses PME locales développées et confortées depuis une vingtaine d'années en particulier par la proximité de la demande du secteur aéronautique (Clairis Technologies, qualité logiciel, CAO, 500 salariés ; Silogic, systèmes informatiques, 350 emplois ; IGE XAO, ingénierie logiciels, 270 salariés...).

Ces prestataires technologiques restent très spécialisés dans divers domaines, de l'organisation et de la gestion de production à l'ingénierie des NTIC, au génie logiciel, à la formation entre autres. Or, certaines de ces activités de nature très spécifiques n'apparaissent pas toujours maîtrisées par les donneurs d'ordres (Airbus et ses systémiers), d'autant que leurs besoins en la matière peuvent s'avérer irréguliers et ponctuels. À l'inverse, les prestataires technologiques orientés vers l'appui au développement de systèmes embarqués comme les SSII scientifique et technique vont alors structurer des relations de coopération à long terme en participant avec Airbus à des activités de conception de logiciels et de systèmes d'information. En comparaison, les modalités relationnelles s'avèrent différentes avec les pourvoyeurs de services présents dans des gammes d'activités plus banalisées. Ces prestataires ne développent pas de compétences particulières qui justifieraient des liens durables comme avec les services technologiques à vocation conceptrice. L'offre de services revient à des firmes qui détiennent certes la maîtrise complète des productions et des compétences, mais dans des registres prestataires (nettoyage, gardiennage, restauration...) dépourvus de toute dimension stratégique pour un constructeur aéronautique comme Airbus.

III- EN AVAL, LE RENFORCEMENT DES COMPETENCES DE COMMERCIALISATION ET DE GESTION

1. Un nouvel attribut d'internationalisation du pôle aéronautique local

En complément des activités conceptrices, des fonctions industrielles d'assemblage, de test et de contrôle, le pôle aéronautique toulousain est structuré par un ensemble de compétences orientées vers la commercialisation et la gestion de la vente des aéronefs. Aussi, il est permis de s'interroger sur l'influence qu'exerce ce secteur « aval », lié à la négociation des marchés aéronautiques et à la prise en compte des besoins des compagnies aériennes, sur le contenu et l'évolution des fonctions technologiques de recherche-développement et les activités de fabrication. La prospection liée à la définition commerciale des programmes et aux stratégies d'exploitation des avions joue un rôle de premier plan dans la définition technologique ultérieure des appareils. Le management par le projet des programmes aéronautiques nécessite la prise en compte par les commerciaux des besoins à long terme des compagnies aériennes en prévoyant aussi un soutien à 30 ans en services de maintenance. La pénétration d'un marché ne se résume pas seulement à l'offre de produits, aussi technologiquement réussis soient-il comme les avions de la gamme Airbus : la conquête commerciale revêt à cet effet une importance capitale. En conséquence, un constructeur comme Airbus n'est pas qu'un producteur d'avions, mais doit offrir une série de services liés à l'aéronautique elle-même (maintenance, après-vente), à l'aviation commerciale (formation des équipages), et aux produits de consommation du public (Internet et téléphonie à bord...).

Les perspectives commerciales conservent une incidence forte sur l'organisation du système productif en influençant les cadences de production qui peuvent avoir un niveau de fonctionnement révisable : selon les impératifs commerciaux, on peut ralentir une gamme de fabrication déjà lancée ou procéder au besoin au développement de nouveaux programmes en intégrant des innovations spécifiques dans les systèmes de commande par exemple. De nature plus tertiaire qu'industrielle, le segment « aval » de la commercialisation aéronautique intègre plusieurs centres de compétences qui comprennent d'abord les services de négociation des marchés internes à l'avionneur Airbus. Ses activités s'articulent étroitement à celles de filiales spécialisées dans la vente d'appareils et dans la formation et la maintenance. La fonction de commercialisation émane à l'origine des compétences locales développées en interne par le GIE Airbus pour la vente, l'intermédiation et la négociation commerciale des appareils Airbus. La répartition territoriale des fonctions productives initiée aujourd'hui par Airbus attribue au pôle toulousain la coordination de ce niveau d'activités au contenu décisionnel et à la structure d'organisation très internationale : les fonctions de négociation liées à la vente des appareils déterminent le développement induit d'un tissu de compétences aux relais locaux et internationaux. L'activité de commercialisation fonctionne sur la base d'une double logique de négoce et de production de services en rapport direct avec la vente des avions de ligne.

La firme Airbus développe ainsi depuis son siège toulousain une compétence centrale fondée sur des fonctions de vente et de négociation auprès des compagnies aériennes. Le montage des contrats de vente aéronautique implique en effet une architecture relationnelle complexe avec des compétences juridiques et des sources de financement à caractère international. La négociation commerciale avec les compagnies aériennes clientes conduit à produire pour chacune d'elles et en fonction de leurs besoins, des contrats de vente toujours spécifiques qui doivent s'accompagner de l'offre de prestations de services nécessaires à l'exploitation d'un appareil (SAV, formation...). La coordination internationale des activités de vente et de négociation effectuée depuis le pôle toulousain requiert cependant des relais opérationnels sous la forme de représentations commerciales à l'étranger qui se doublent de compétences de services d'assistance. Ces centres d'appui Airbus sont localisés à Washington, Dubaï, Singapour et Pékin. Leur localisation reflète à bien des égards les zones à fort enjeu commercial du marché aéronautique sur lesquelles entend être présent le constructeur européen Airbus.

2 *Une commercialisation couplée à la production de services d'appui à la vente*

Les logiques de commercialisation à l'œuvre dans l'aéronautique civile privilégient l'offre et la production de services liées à l'exploitation par les compagnies des appareils qui leur sont cédés suite aux contrats de vente. Cette démarche n'est pas sans produire un certain nombre d'effets sur la formation locale d'un tissu de compétences spécialisées qu'Airbus choisit selon ses desseins stratégiques, de garder en interne ou bien d'externaliser. Le premier niveau des services liés à la commercialisation relève directement du siège toulousain de la firme Airbus. Il rassemble les prestations qui accompagnent directement le négoce et la vente aux compagnies aériennes des aéronefs civils. Ce complexe de services comprend des activités éminemment stratégiques pour l'exploitation d'un avion civil : la formation au pilotage, à la maintenance ainsi que la documentation technique et l'information sur le suivi technique des avions vendus. Des départements spécialisés dans la formation et la maintenance à destination des compagnies aériennes se sont progressivement structurés, exerçant d'ailleurs un rôle précurseur dans l'utilisation de nouvelles technologies d'information et de communication nécessaires à la formation des équipages et à la maintenance à distance des appareils (principes « des services en ligne d'Airbus »). La nécessité d'une proximité de services dans des aires géographiques aux potentialités commerciales fortes comme l'Amérique du Nord et l'Asie de l'Est a favorisé en outre la délocalisation de centres de compétences pour la formation des équipages à Miami et à Pékin. Les services à la clientèle d'Airbus font partie intégrante d'une chaîne logistique à laquelle se greffent des centres de pièces de rechange répartis entre les villes européennes où sont produites des composantes industrielles de l'avion Airbus (Toulouse, Hambourg, Bristol, Madrid). Leurs fonctions d'approvisionnement se connectent directement aux différents sites de services après-vente établis aux Etats-Unis, au Moyen-Orient, en Chine, à Singapour et en Russie.

Le deuxième niveau d'intervenants dans la chaîne de services commerciaux comprend des filiales créées par Airbus, qui lui permettent de sous-traiter à des organismes qu'il contrôle directement, diverses activités aux incidences indirectes sur la commercialisation des aéronefs. Les prestations concernées intéressent par exemple, sous l'égide de l'association Air Business Academy créée par l'avionneur, la formation aux techniques d'après-vente ou aux négociations commerciales autour des « produits » Airbus. Cet enseignement spécialisé s'adresse prioritairement aux compagnies aériennes et aux constructeurs ou équipementiers intégrés dans les programmes aéronautiques Airbus. Ses retombées sont loin d'apparaître négligeables sur le plan commercial dans la mesure où les bénéficiaires de ces formations de haut niveau sont sensibilisés à l'utilisation et à l'exploitation des « systèmes Airbus ». Le continuum de services liés au marché aéronautique comprend aussi des activités de maintenance et de reconversion d'avions qui sont aujourd'hui autonomisée via une filiale d'Airbus, la Sogerma, implantée à proximité des sites toulousains d'assemblage des appareils. Enfin, à un troisième échelon, se développent des activités de conseil et de maintenance logistique, induites indirectement d'Airbus, tel par exemple Aéroconseil et ses filiales, 800 salariés, dont divers transfuges d'Airbus qui mènent des études pour les compagnies aériennes, l'aide à la navigation et les procédures de qualité dans le milieu du transport aérien utilisateur des avions Airbus. Dans l'environnement de la firme Airbus, s'est également structurée une compétence pourvue par des PME dans des niches d'activités comme la maintenance, les tests et essais d'équipements.

Le volet des activités de commercialisation qu'assume la firme Airbus a fait naître dans son proche environnement différents noyaux de compétences visant à maîtriser différents aspects de l'offre et de la production des services d'accompagnement à l'exploitation des aéronefs. La dimension de plus en plus mondialisée de ces prestations intermédiaires, qu'assument différents niveaux d'opérateurs en présence, renforce les attributs internationaux de la métropole toulousaine dans le champ spécialisé des activités tertiaires de gestion et de commercialisation associées à la livraison des avions Airbus.

CONCLUSION

L'organisation territorialisée des activités aéronautiques dans la métropole toulousaine se fonde sur le déploiement d'une proximité relationnelle entre trois composantes sectorielles et productives majeures. Cette proximité pose la question souvent débattue de la proximité et des rapports complémentaires proximité nécessaire/ou distance maîtrisée entre les composantes sectorielles, qui sont elles-mêmes l'objet d'évolutions différenciées. Les segments « amont » de R&D et la partie « aval » centrée sur la commercialisation tendent à se développer au détriment des fonctions centrales plus marquées par un contenu de fabrication, de montage et de contrôle. Le système industriel des activités aéronautiques révèle aussi un double niveau de fonctionnement. Alors que se structurent des liens d'interdépendance entre les composantes industrielles de la conception, de l'assemblage et de la commercialisation de la firme motrice Airbus, chacune de ces composantes trouve dans l'environnement métropolitain des compétences complémentaires lui permettant de répondre à la spécificité technologique des projets aéronautiques.

Au-delà, ce type d'organisation renvoie à la notion d'entreprise élargie au sens de forme de management intégrant les partenaires locaux selon des méthodes communes de travail, des présences réciproques des personnels des différentes entreprises sur les sites, des outils informatiques communs, ce qui est bien le cas dans l'exemple toulousain d'Airbus. Ces logiques de proximité participent de la structuration d'un système de production territorialisée où préexistent deux niveaux d'interdépendance entre, d'une part, les composantes sectorielles de la firme motrice puis, d'autre part, entre chacun des domaines sectoriels et un tissu externe constitué de compétences partenaires ou sous-traitantes complémentaires. La régulation locale de ce complexe productif revient au final à la firme motrice Airbus, qui maîtrise les réseaux d'approvisionnement, le recours aux fonctions spécialisées de services et les phases les plus stratégiques du processus productif. L'analyse du système de production territorialisée de l'aéronautique en région toulousaine conduit à positionner notre réflexion par rapport aux états ambiants de la théorie de la géographie économique (la proximité, les SPL, la métropolisation entre autres) en partant de l'idée que ces approches ont peu analysé ce qui est l'objet même de l'activité : le produit, en l'occurrence ici l'avion à imaginer ou concevoir, à fabriquer, à vendre, auquel s'ajoute la nécessité d'assurer des services à l'aval pour l'exploiter. Or, c'est autour du produit spécifique constitué par l'avion de ligne que s'organise le système productif, dans ses dimensions industrielles, commerciales avec les entreprises variées qui y participent, et dans ses dimensions géographiques et urbaines en fondant des rapports de concurrence, de compétences et de complémentarité entre les différents sites européens de production (Toulouse, Hambourg, Bristol, Madrid entre autres) de la « firme réseau » Airbus.

GLOSSAIRE DES SIGLES

CEAT	Centre d'Essais Aéronautiques de Toulouse
CERT-ONERA	Centre d'Étude et de Recherche de Toulouse - Office National d'Études et de recherches Aérospatiales
EADS	European Aeronautic Defence and Space Company
ENSAE	École Nationale Supérieure de l'Aéronautique et de l'Espace
ENSEEIHT	École Nationale Supérieure d'Électronique, d'Électrotecnique, d'Informatique et d'Hydraulique de Toulouse
ENSICA	École Nationale Supérieure de l'Industrie et de la Construction Aéronautique
GIE	Groupement d'Intérêt Économique
INSA	Institut National des Sciences Appliquées
IRIT	Institut de Recherche en Informatique de Toulouse
LAAS	Laboratoire d'Analyse et d'Automatique des systèmes
SSII	Société de Services et d'Ingénierie Informatique

REFERENCES

Athersohn Cl. (1997), *La sous-traitance à l'aube du XXIe siècle*, L'Harmattan.

Beckouche P. (1996), *La nouvelle géographie des industries aéronautiques européennes*, L'Harmattan.

INSEE., 2003, *Aéronautique, espace et sous-traitance. Résultats de l'enquête 2003*, Les Dossiers de l'INSEE, n°118, INSEE Midi-Pyrénées, 53 p.

Bouba-Olga O. et Chauchefoin P. (2001), « Le conflit de la surface et du réseau, proximité géographique et proximité économique », *Les Annales de la Recherche Urbaine,* 90, 7-14.

Crevoisier O. et Camagni R. eds (2000), *Les milieux urbains : innovation, systèmes de production et ancrage ?*, Neuchatel, IRER..

Gilly J.P. et Torre A. eds (2000), *Dynamiques de proximité*, L'Harmattan.

Gormand C. (1993), *L'industrie aéronautique et spatiale, logique économique, logique de marché*, L'Harmattan.

Grossetti M. (1995), *Sciences Industrie et territoire*, Presses Universitaire du Mirail.

Jalabert G. (1998), « Les industries aéronautiques et spatiales », *Atlas de France, Industries,* vol. 9, Reclus, Documentation Française, 46-49.

Jalabert G., Zuliani J.M. (2003), « Airbus, AéroConstellation : un grand équipement structurant de l'agglomération toulousaine », in Fontan J.M., Klein J.L. et Lévesque B. eds, *Reconversion économique et développement territorial,* (Dir. .), Presses Universitaires du Québec, p. 297-316.

Muller P. (1989), *Airbus, l'ambition européenne, logique d'État, logique de marché*, L'Harmattan.

Ravix J.T., (2000), *Les relations inter-entreprises dans l'industrie aéronautique et spatiale*, ministère de la Défense, La Documentation Française.

Zuliani J.M. (1998), « Effet de proximité et développement métropolitain des services de haut niveau : les cas de Toulouse », Revue *Sud-Ouest européen*, 2,, 33-45.

Zuliani J.M. (1999), « Toulouse, métropole technologique » , in Philippe J., Léo P.Y. et Bouliane L.M. eds, *Services et métropole.*), L'Harmattan,, 241-268.

Zuliani J.M., Jalabert G. et Leriche F. eds (2002), « Système productif, réseaux internationaux de villes, dynamiques urbaines : les villes européennes de l'aéronautique », CIEU-CNRS/Ministère de la Recherche, Rapport *Programme Cité*,, 343 p.

Zuliani J.M. et Leriche F. (2004), « Airbus et les recompositions territoriales », Toulouse et Bristol, *Géographie et Culture*, 48, 60-78.

Partie III

LA GEOGRAPHIE DES CONNAISSANCES

CHAPITRE V

LES CARACTERISTIQUES SPATIALES DE LA CREATION ET DE LA DIFFUSION DES CONNAISSANCES TECHNOLOGIQUES FRANÇAISES : UNE EXPLOITATION DE DONNEES CONTENUES DANS LES BREVETS[1]

CLAUDINE GAY
FABIENNE PICARD

INTRODUCTION

De 1990 à 1998, l'office américain des brevets (USPTO) a accordé 26 854 brevets à des inventeurs français[2]. Déposer un brevet aux Etats-Unis permet de protéger une invention sur l'un des plus grands marchés au monde. Cependant, compte tenu du double rôle du système de brevet (Dujardin-Carpentier, 1998), qui est de stimuler l'innovation technologique privée tout en en favorisant le développement des connaissances globales, le dépôt d'un brevet français[3] à l'USPTO ne protège pas seulement la connaissance technologique française : il contribue également à sa diffusion internationale. En effet, le propriétaire du brevet est protégé de l'imitation et de l'exploitation de son invention, en contrepartie de sa description exhaustive et de sa diffusion. Une fois le brevet accordé, puis publié[4], si l'invention ne peut pas être librement exploitée sur un plan commercial, l'utilisation de la connaissance contenue dans le brevet à des fins de recherche est libre et peut alimenter de nouvelles idées. C'est ainsi que le document-brevet[5], au travers de la connaissance qu'il formalise mais aussi des nombreuses informations qu'il contient, constitue une ressource tout à fait précieuse, pour les entreprises[6], mais aussi pour les pouvoirs publics, en matière de mesure et d'évaluation de la production de connaissances technologiques. Ce document contient des informations précises, généralement inconnues du public[7], sur la manière dont l'invention a été créée, sur la

[1] Nous remercions P. Patel du SPRU pour nous avoir transmis la base de données utilisée ici.
[2] Que les ayants-droit soient ces inventeurs eux-mêmes, dans le cas de brevets individuels, ou bien des entreprises privées ou publiques.
[3] Conformément à la convention de l'USPTO, est considéré comme français tout brevet dont le principal inventeur (qui est l'unique ou le premier inventeur de la liste des inventeurs contenue dans le brevet) est de nationalité française, quelle que soit celle de l'ayant-droit.
[4] Cette publication, à présent établie sous format numérique, est librement et largement accessible.
[5] Nous qualifions ainsi le document officiel qui est associé au droit de propriété.
[6] Il s'agit pour les entreprises de délimiter ses droits de propriété mais aussi de faire de la veille informationnelle en répondant aux questions du type : doit-on continuer les programmes de recherche en cours ?, doit-on acquérir des connaissances nouvelles ?, etc.
[7] On estime généralement que 80% de l'information technique disponible est contenue dans les brevets et que moins de 50% ne se trouve que dans les brevets.

base de connaissance utilisée et sur l'ensemble des ressources et des acteurs mobilisés.

L'accès, aujourd'hui facilité, à ces données contenues dans les brevets, offre des nombreuses perspectives dépassant celles offertes par le traditionnel comptage de brevets[8] utilisé comme une estimation de l'intensité et du rythme de la production innovante. Elles offrent tout spécialement la possibilité de mieux comprendre la dynamique, notamment spatiale, de la production de connaissances[9] technologiques qui constitue un enjeu de taille dans le contexte actuel d'économie basée sur la connaissance (Foray, 2000). Ces informations nous permettent, en effet, d'accéder à une représentation de la connaissance comme bien semi-public, en rendant compte de son aspect collectif et cumulatif, de son caractère partiellement tacite, largement incorporée dans les individus et dans différentes formes de collectifs, ou encore des externalités qu'elle émet. Par exemple, alors qu'habituellement la statistique de brevet prend pour référence le premier inventeur du brevet, l'accès aux informations concernant les différents acteurs de l'invention (le(s) co-inventeur(s) et le(s) propriétaire(s)) permet d'illustrer la dimension collective de la création de connaissances. De même, alors qu'habituellement le brevet sert à estimer le rendement privé de l'innovation technologique, les références aux antécédents technologiques[10], autorisent, quant à elles, d'approcher le rendement social de la création de connaissances technologiques. Parmi ces références, les citations de brevets apparaissent comme un outil intéressant de marquage de la diffusion, voire des *spillovers*[11], de connaissances technologiques. A partir de ces deux informations en main, on peut conduire une analyse des caractéristiques spatiales de la création de connaissances technologiques, dans le but d'illustrer, ce que nous ferons ici, voire de tester, le rôle de la proximité géographique dans le processus d'innovation technologique.

Une partie des analyses de la localisation géographique des activités d'innovation technologique explique l'agglomération des activités innovantes par l'existence de limites géographiques aux *spillovers* de connaissances, notamment aux *spillovers* de R&D. Suite au travail originel de Griliches (1979), nombre d'études visent à mesurer cet impact des *spillovers* dans les phénomènes d'agglomération de l'innovation. Jaffe (1989) est l'un des premiers à envisager explicitement leur dimension spatiale. Partant d'une fonction de production de connaissances (liant brevet, R&D privée et universitaire), il met en évidence une relation empirique entre la localisation géographique des firmes et celle des Universités. Il attribue cette relation à l'existence de *spillovers* localisés de

[8] Le comptage de brevet compte les brevets déposés ou délivrés sur une période donnée, agrégés par unité déposante, par zone géographique ou encore par domaine technologique.

[9] Dans une perspective évolutionniste, nous considérons l'innovation technologique comme une production de connaissances à partir de connaissances.

[10] Ce sont les références au savoir qui pré-existe au brevet (inventions antérieures, articles scientifiques, ouvrages , notes techniques, standards industriels etc.). Elles sont obligatoires dans le système de brevet américain.

[11] Nous assimilons ici le terme de *Spillover* de connaissance à celui d'externalité technologique de connaissance.

connaissances. Cependant, comme le remarque Krugman (1991) au-delà de l'affirmation de l'existence de spillovers de connaissances, la question cruciale reste celle de leur mesure[12]. Quelques années plus tard, pour Jaffe et *al.* (1993), les citations de brevets lèvent cette difficulté en agissant comme des marqueurs de flux de connaissances.

L'existence d'une limite spatiale des *spillovers* de connaissances est largement liée à la nature « paradoxale » de la connaissance qui apparaît comme un bien semi public, producteur d'externalités, mais dont la portée spatiale est réduite en raison, notamment, de sa nature fortement située. Cet aspect localisé de la connaissance, que l'on peut expliquer en grande partie par son contenu tacite[13], se reflète à différents niveaux. Comme le montre Antonelli (2003), la connaissance technologique est avant tout localisée au niveau de l'espace des techniques, mais aussi dans le temps historique, dans les systèmes technologiques, dans les firmes ou encore dans l'espace géographique.

Face aux approches qui postulent, plus que ne démontrent, le rôle et l'importance de ces limites géographiques des externalités de connaissance (Gay et Picard, 2001a), de nombreuses études empiriques les mettent en lumière au niveau régional (Audretsch et Feldman 1996, Maurseth et Verspagen 1998), mais également au niveau international (Jaffe et Trajtenberg, 1998). Toutefois, si toutes ces études montrent le caractère fortement localisé des *spillovers* de connaissances, en revanche, elles n'analysent pas réellement les mécanismes sous-jacents par lesquels les connaissances « voyagent » en dehors de l'espace marchand et ne cherchent pas à analyser concrètement les supports qui véhiculent ces *spillovers*.

C'est cette limite qui a fondé le développement d'études récentes dont l'objet est d'explorer les « canaux de transmission des *spillovers* » (Moen, 2000) et d'expliquer pourquoi la dimension locale influence la géographie de la création technologique. Parmi les différents éléments explicatifs, est mis en avant le rôle la coopération entre les firmes (Rosenkpof et Almeida, 2001), qui fonde le principe des réseaux technologiques. Mais est également mis en avant le rôle des individus, tant en raison du rôle des relations inter-individuelles formalisées (Zucker et *al*, 1994), que de la mobilité inter-organisationnelle d'individus particuliers dont les *stars scientists* et les ingénieurs (Almeida et Kogut, 1999, dans les semi-conducteurs et Stople, 2001, dans la technologie des cristaux liquides). Dans cette veine, Zucker, Darby et Armstrong (1998) et Lamoreaux et Sokoloff (1997) ont montré que les *spillovers* ne se diffusent pas seuls dans l'atmosphère mais qu'ils résultent de l'action d'acteurs particuliers comme les inventeurs. La mobilité des inventeurs

---

[12] Selon lui : « *knowledge flows [...] are invisible ; they leave no paper trail by which they may be measured and tracked [...] and there is nothing to prevent the theorist from assuming anything about them that she likes. [...] So while I am sure that true technological spillovers play an important role in the localization of some industries, one should not assume that this is the typical reason - even in the high technology industries themselves* » (1991, p.53).

[13] La reconnaissance de la dimension tacite de la connaissance, envisagée notamment par les évolutionnistes comme Nelson et Winter (1982) reprenant les travaux de Polanyi (1958), affaiblit d'ailleurs largement les hypothèses de Arrow de non-appropriation et de libre circulation de la connaissance.

constitue alors une source d'externalités de connaissances particulière sur laquelle les entreprises ont du mal à exercer un contrôle (Moen, 2000). Ces études ont pour intérêt d'accorder une place fondamentale, dans la production de connaissances technologiques, aux individus clés « intensifs » en connaissance ainsi qu'aux différentes formes de collectifs qui s'organisent dans et hors des organisations.

Au-delà de l'affirmation et de la démonstration de l'existence de *spillovers* localisés de connaissances, l'étude des canaux de transmission des connaissances constitue donc un agenda de recherche susceptible d'éclairer l'importance de la proximité géographique mais aussi la complémentarité d'autres formes de proximité (dont la proximité organisationnelle, institutionnelle ou technologique, l'accointance inter-personnelle etc...). Ce texte propose d'explorer justement un canal particulier de transmission de connaissances, celui transitant par les co-inventeurs, en associant deux méthodes fortement inspirées de la bibliométrie : la méthode des citations de brevet liant brevets cités et brevets citant (à l'instar de l'analyse des citations d'auteurs des articles scientifiques) et la méthode des co-inventeurs de brevets (à l'image de l'analyse des co-auteurs d'articles scientifiques).

Ce texte est organisé comme suit. La première section présente les méthodes de la citation de brevet et de l'analyse des co-inventeurs. La deuxième section présente les données et la méthodologie utilisées. La troisième section décrit les principales caractéristiques de la géographie des citations de brevets français. La dernière section décrit le processus de création de connaissances qui est révélé par les réseaux de co-inventeurs dans le but d'expliquer la dynamique de la diffusion des connaissances.

I- L'ANALYSE DES CO-INVENTEURS ET DES CITATIONS DE BREVET COMME MARQUEURS DE CREATION ET DE DIFFUSION DES CONNAISSANCES TECHNOLOGIQUES

Le brevet est avant tout un document légal conférant un droit de propriété exclusif à son détenteur. Selon l'USPTO, un brevet est « un droit d'exclure les autres de la production, de l'utilisation et de la vente des inventions aux Etats-Unis ou de l'importation de l'invention aux Etats Unis » (USPTO, 2001). Les brevets existent afin d'établir un monopole temporaire et de répondre à l'une des défaillances de marché, à savoir la limitation de l'incitation à l'innovation privée, compte tenu des caractéristiques des connaissances, qui sont par nature non-rivales, difficiles à approprier, cumulatives et collectives. Le brevet peut-être vu comme une connaissance codifiée, résultat d'un long processus de création de connaissances largement tacites, associant des apprentissages individuels, collectifs et organisationnels. Le résultat codifié de ce processus est notifié de manière exhaustive dans le document-brevet fournissant des informations détaillées dont nous proposons d'extraire deux principales.

Les informations concernant les inventeurs de brevet permettent d'identifier précisément les lieux de la création de connaissance. De la même manière que la localisation des publications scientifiques permet de cartographier les compétences scientifiques (OST, 2003), la localisation des inventeurs de brevet permet d'envisager une cartographie assez fine des sources de la création technologique. Les possibilités et les perspectives à envisager sont très nombreuses[14]. Lorsque le brevet mentionne plus d'un inventeur, on parlera alors de co-inventeurs. La prise en compte de l'ensemble des individus participants à une invention (premier inventeur et co-inventeurs) peut fournir une image plus complète de la contribution des pays à la création de connaissances technologiques globales[15] (Archambault, 2001) mais surtout illustrer la dimension collective de la création de connaissances technologiques. Au même titre que les co-auteurs de papiers scientifiques constituent un indicateur de la coopération scientifique, les co-inventeurs constituent un indicateur de collaboration technologique[16](Katz et Martin, 1997, Leydesdorff, 1991).

Traditionnellement, le brevet est assimilé à un indicateur d'output de l'innovation (Pavitt, 1988, Griliches, 1990) et les statistiques de brevets sont utilisées pour en effectuer le comptage. Il s'agit d'évaluer le nombre de brevets délivrés au niveau de différentes entités afin d'en inférer la performance innovante. Malgré son utilisation courante, cette méthode d'analyse de l'innovation par les brevets présente des limites, dont les tentatives de dépassement ont donné lieu à l'analyse de la citation de brevet. Une des grandes limites[17] du comptage de brevet est qu'il ne dit rien quant à la valeur (technologique et économique) de l'invention brevetée. Les citations de brevets font partie des références qui permettent de dresser un état de l'art antérieur, d'identifier la nouveauté apportée à cet état de l'art, et donc de délimiter la portée des droits de propriété. La statistique et l'analyse du contenu de ces citations permet alors, non seulement d'estimer la valeur du brevet ou de l'invention brevetée (Hall et *al.*, 2001), mais aussi de repérer les flux de connaissances technologiques (Jaffe et *al*, 2000a).

Bien sûr, cet instrument doit être manipulé avec précaution, car nul ne peut vraiment être assuré que la citation reflète un transfert réel de connaissance pour deux raisons essentielles. D'abord, compte tenu du rôle légal de la citation, il est possible qu'un inventeur procède à la citation d'un brevet antérieur sans que, pour

---

[14] On peut, par exemple, effectuer une analyse de co-occurrences des inventeurs pour identifier les inventeurs « prolifiques » et mesurer leur impact. L'apparition des mêmes inventeurs dans des zones géographiques différentes permet également d'identifier la mobilité des inventeurs (Almeida et Kogut, 1997).

[15] Archambault (2001) montre que si on prend en compte l'ensemble des inventeurs, premiers inventeurs et co-inventeurs, qui participent à la création des brevets (dans les statistiques officielles le comptage de brevet est effectué selon la nationalité du premier inventeur) le classement des contributions des pays peut s'en trouver ostensiblement modifié (par exemple, la part de la Chine dans la production de connaissances mondiales varie de 34%).

[16] Le passage à la notion de coopération n'est pas sans poser problème. Toutefois, à la différence des papiers scientifiques, marqués par l'existence de co-auteurs « honoraires », l'enjeu économique du brevet nous conduit à avoir une certaine confiance dans la véracité de la participation des co-inventeurs.

[17] La limite traditionnellement tient à la pertinence de l'utilisation du brevet comme indicateur d'innovation : non seulement toutes les innovations ne sont pas brevetées ni brevetables (Griliches, 1990), mais les inventions brevetables ne le sont pas toujours, notamment lorsque la stratégie du secret s'avère plus pertinente (Arundel, 2001).

autant, l'invention qu'il contient lui ait directement apporté la connaissance[18]. Ensuite, si une citation peut être établie par l'inventeur lui-même (ayant, dans ce cas, des chances de représenter une part des connaissances mobilisées), elle peut également être établies par un examinateur de l'office de dépôt concerné. Malgré ces limites (Autant-Bernard, 2000) que renforcent des résultats en demi-teinte, les enquêtes auprès des inventeurs tendent à démontrer que « la communication entre les inventeurs est raisonnablement importante, et que les citations de brevet donnent une indication de cette communication, malgré un bruit statistique » (Jaffe et *al* 2000b). Quoi qu'il en soit, on peut considérer que la citation de brevet est un estimateur de la valeur sociale des inventions (Maurseth, 2001). On suppose alors que la citation de brevets représente un *spillover* social de connaissances.

II- BASE DE DONNEES ET METHODOLOGIE D'ANALYSE

Nous utilisons la base de données des brevets accordés par l'office américain des brevets à des inventeurs français. L'utilisation des bases de données américaines est fréquente dans ce domaine, car elle couvre le plus grand marché international (Tratjenberg, 2001) et constitue un bon indicateur économique et technologique de la fiabilité et de la qualité des inventions protégées (Archibugi, 1988). Nous avons extrait de cette base de données générale les brevets accordés en 1990, dont l'inventeur principal est français, délivrés dans six champs technologiques, et ayant été cités au moins une fois entre 1990 et 1998. L'année 1990 a été choisie afin de laisser un temps suffisant pour la révélation des citations (Jaffe et Trajtenberg évoquent en général un délai de 3 à 5 ans après délivrance du brevet, à partir duquel l'analyse des citations est pertinente) même si cela ne permet pas de saisir l'ensemble du cycle de vie de la citation. Les événements les plus significatifs apparaissent généralement en début de cycle, lorsque la proximité géographique produit ses effets. Etablir un lien entre brevets cités et brevets citant est relativement simple au niveau microéconomique, mais plus difficile au niveau d'une cohorte[19] (notamment pour des raisons de consolidation des données). Ces données françaises ont ensuite été complétées par la recherche en ligne du nom et nationalité de tous les co-inventeurs mentionnés dans les brevets cités et citant et de leurs propriétaires. Sur cette base, il devient possible de tracer les liens non seulement entre les inventions, mais aussi entre les inventeurs et les entreprises propriétaires[20].

---

[18] *Stricto sensu*, la seule chose que l'on sait est que « si un brevet B cite un brevet A, cela implique que le brevet A représente une part de connaissance existant préalablement, sur laquelle le brevet B est construit et sur lequel B ne peut pas avoir de revendication » (Hall et *al*., 2001).

[19] La construction d'une telle base de données exige un important travail.

[20] Il est, en effet, important de prendre en compte le fait qu'une invention résulte bien souvent non seulement de l'action d'un inventeur, mais aussi de plusieurs et des moyens offerts par le propriétaire légal du brevet qui est, la plupart du temps, l'employeur des inventeurs.

Cette contribution présente les résultats de l'analyse de 602 brevets délivrés par l'USPTO aux inventeurs français en 1990[21], cités ultérieurement. Six domaines technologiques sont retenus en raison de leur diversité tant en termes de modèle technologique que de comportement de dépôt de brevet. Il s'agit de deux domaines traditionnels (métallurgie et procédés de traitement des métaux, équipement industriel général non électrique) et de quatre domaines technologiques intensifs en connaissances (pharmacie et biotechnologie, semiconducteurs, calculatrices, ordinateurs et tout autre équipement de bureau, instruments et commandes). Que nous enseigne l'exploitation de cette base de données quant aux citations de brevets français (tableau 1) ?

Tableau 1
CARACTERISTIQUE DES CITATIONS DES BREVETS FRANÇAIS ACCORDES EN 1990 PAR L'USPTO

Domaines Technologiques	Nbre de brevets cités	Nbre de citations reçues	Nbre moyen de citations reçues par brevet cité	Nbre de brevets citant	Nbre moyen de citations émises par brevet citant*
1-pharmacie et biotechnologie	134	504	3,76	469	1,07
2-métallurgie et procédés de traitement des métaux	23	93	4,04	89	1,04
3-équipement industriel général non électrique	117	379	3,24	367	1,03
4-semiconducteurs	39	204	5,23	200	1,02
5-calculatrices, ordinateurs et tout autre équipement de bureau	106	770	5,23	746	1,03
6-instruments et commandes	183	887	4,85	827	1,07
Total	**602**	**2837**	**4,71**	**2698**	**1,05**

** Il s'agit uniquement des citations émises envers des brevets français.*

Ces brevets ont été cités en moyenne 4,71 fois de 1990 à 1998 par 2698 brevets citant. Le nombre moyen de citations par brevet est plus important dans les domaines technologiques intensifs en connaissance (4,5 et 6) que dans les champs technologiques traditionnels (1 et 2) ce qui laisse supposer que la citation de brevet, en tant qu'indicateur de la valeur des inventions protégées, peut également

[21] La cohorte 1990 en entier compte 3093 patents (tous types confondus). 2174 brevets français ont été délivrés par l'USPTO et cités par d'autres brevets entre 1990 et ont fait l'objet de 9989 citations. Sur l'ensemble de la cohorte, le nombre moyen de citations par brevets citant est de 4.59 – cette moyenne est de 5,09 au niveau mondial entre 1975-1998.

constituer un révélateur de la dynamique technologique, tout au moins dans le début du cycle de vie de la citation.

III- LES CARACTERISTIQUES SPATIALES DES FLUX DE CONNAISSANCES TECHNOLOGIQUES FRANÇAISES

L'analyse de la dimension spatiale des citations de brevets vise le plus souvent à tester l'hypothèse selon laquelle les brevets citent d'autant plus fréquemment les brevets dont le premier inventeur est localisé dans une ère géographique proche. Plusieurs études empiriques valident cette hypothèse, non seulement dans sa dimension régionale et locale, mais aussi internationale. Ainsi, en examinant la dimension spatiale des citations de brevets délivrés aux Etats-Unis, en France, en Allemagne et au Japon, Jaffe et Trajtenberg (1998) observent que les brevets dont les inventeurs résident dans le même pays ont une probabilité de 30 à 80% plus forte de se citer que des inventeurs qui résident dans des pays différents. Notre objectif ici n'est pas de reproduire cette analyse, mais d'une part, de porter un premier regard sur la distribution géographique des citations de brevets français délivrés par l'USPTO, d'autre part, d'explorer différentes possibilités offertes par les brevets pour examiner un canal de diffusion des *spillovers* de connaissances, c'est à dire la connaissance transmise par les individus et leurs contacts.

L'analyse des citations met d'abord en évidence qu'une large majorité des brevets français cités par d'autres brevets français sont des auto-citations : 200 brevets français sont cités dans 399 citations provenant de brevets qui appartiennent à la même organisation, soit 10,97% du total des citations. Les auto-citations illustrent la nature cumulative de l'apprentissage et de la création technologique et traduisent, d'un point de vue juridique, l'appropriation qu'une organisation fait de ses propres résultats. Ces auto-citations ont donc été supprimées de la base de données dans la mesure où elles ne renvoient pas réellement à un *spillover* de connaissances[22].

Comment les connaissances incorporées dans les brevets français se diffusent-elles spatialement ? Autrement dit où cite-t-on les brevets français ? Une simple description de la géographie des brevets citant montre que les connaissances technologiques françaises sont utilisées, tout au moins connues, dans une très grande variété de pays : les 602 brevets sont référencés par 2 837 citations dans 37 pays différents. Ces 37 pays détiennent 99,67% des brevets délivrés par l'USPTO entre 1990 et 1998. En volume, les connaissances françaises apparaissent donc largement diffusées, encore qu'elles soient relativement concentrées : 91,54% des citations ont lieu dans les six pays les plus présents à l'USPTO (tableau 2). Notons la part prépondérante des brevets américains citant (près de 59% des citations), la seconde position du Japon après la France elle-même, qui constitue seulement 6,10% des citations de brevets français, soit à peine plus que l'Allemagne. Notons également le

[22] On peut dire que ces sont plus des *spill in* que des *spill over*.

poids de pays comme la Corée ou Taiwan légèrement plus important que celui d'autres pays européens comme l'Italie, les Pays-Bas.

Tableau 2
DISTRIBUTION SPATIALE DES CITATIONS DE BREVETS FRANÇAIS

	Nombre de citations	Part des citations (%)	Part des citations (% cumulés)
Etats-Unis	1 669	58,83	58,83
Japon	428	15,09	73,92
France	173	6,10	80,02
Allemagne	164	5,78	85,80
Royaume-Uni	113	3,98	89,78
Canada	50	1,76	91,54
Corée	30	1,06	92,60
Taiwan	28	0,99	93,59
Italie	27	0,95	94,54
Suisse	22	0,78	95,32
Suède	21	0,74	96,06
Autres	112	3,95	100
Total	**2 837**	**100,00**	

En volume, la diffusion des connaissances françaises s'effectue selon un spectre international important contrairement à ce que laissent supposer les analyses en termes de *spillovers* localisés de connaissances. C'est un résultat qui s'oppose également à la théorie de la croissance endogène qui suppose que les connaissances se diffusent principalement à l'intérieur des pays.

La structure géographique des citations peut être influencée par la structure géographique des dépôts de brevet. En effet, tous les brevets délivrés par l'USPTO entre 1990 et 1998 sont potentiellement des brevets citant pour la cohorte 1990, d'autant plus que ces citations ne sont pas exclusives : un brevet cite habituellement plusieurs autres brevets[23]. Le tableau 3 permet de comparer la structure géographique des flux de connaissances françaises et la structure géographique des brevets citant délivrés par l'USPTO.

Cette comparaison permet de réévaluer le poids de la France dans les citations de ses brevets : alors que son poids dans les brevets accordés par l'USPTO est de presque 3%, il est du double dans les citations de brevets d'inventeurs français. De manière étonnante, elle ne relativise pas le poids des Etats-Unis dans les citations de brevets français. Alors que la zone américaine représente plus de 54% des brevets déposés à l'USPTO, elle compose plus de 58% des citations des brevets français. En raison de la dimension légale de la citation et du rôle de l'examinateur,

[23] Pour la cohorte 1990, les brevets citant affichent en moyenne de 1,05 citations de brevets français.

il est difficile de faire l'hypothèse que les brevets effectuent un nombre moyen de citation par brevet[24] différent selon les pays, nous prenons donc ces résultats avec beaucoup d'intérêt.

Tableau 3
STRUCTURE DE CITATION ET DE DEPOTS DES BREVETS ET FREQUENCE DE CITATION DES BREVETS FRANÇAIS

Pays	Citations reçues (en nombre)	Potentiel de brevets citant (en nombre)	Citations reçues (en %)	Brevets accordés (en %)	Fréquence de citation ($*10^6$)
France	173	26 854	6,10	2,82	10,70
Royaume-Uni	113	23 616	3,98	2,48	7,95
Danemark	10	2 130	0,35	0,22	7,80
Israël	13	3 758	0,46	0,39	5,75
Etats-Unis	1669	518 959	58,83	54,53	5,34
Finlande	11	3 450	0,39	0,36	5,30
Belgique	11	3 757	0,39	0,39	4,86
Suède	21	7 204	0,74	0,76	4,84
Corée	30	10 694	1,06	1,12	4,66
Canada	50	19 501	1,76	2,05	4,26
Allemagne	164	65 748	5,78	6,91	4,14
Italie	27	11 340	0,95	1,19	3,96
Pays-Bas	18	8 089	0,63	0,85	3,70
Japon	428	205 989	15,09	21,64	3,45
Suisse	22	10 648	0,78	1,12	3,43
Taiwan	28	13 945	0,99	1,47	3,34

Pour gommer l'effet structure géographique des brevets accordés, on calcule la fréquence de citation par le pays i des brevets français, en divisant le nombre total de citations de brevets français émises par le pays i par le produit des brevets potentiellement citant du pays i (c'est-à-dire le nombre de brevets accordés aux inventeurs du pays i sur la période 1990-1998) et des brevets potentiellement cités (c'est à dire le nombre de brevets français accordés en 1990 sur notre échantillon, c'est à dire 602). Les fréquences sont d'un ordre de grandeur de $1*10^{-6}$. On considère que cette fréquence est une estimation de la probabilité pour un brevet

[24] Par contre, Michel et Bettels (2001) ont montré que le nombre moyen de citations émises par brevet varie grandement d'un système de brevet à l'autre.

français d'être cité par un autre brevet du pays i. Le tableau 3 présente ces fréquences de citation[26].

On vérifie d'abord une contrainte forte de proximité géographique : les brevets français ont une probabilité d'être cité par d'autres brevets français significativement plus importante que les autres brevets. Elle est suivie de deux voisins de l'Europe du nord, le Royaume-Uni et le Danemark. Israël et les Etats-Unis ont également une probabilité significativement supérieure à la moyenne de citer un brevet français, avant trois autres voisins européens (Finlande, Belgique et Suède). A partir de là, les autres pays pèsent plus dans la structure de dépôt de brevet que dans la structure de citation des brevets français. Si l'on perçoit quelques éléments de contrainte physique, il est toutefois difficile de dégager une logique spatiale aux fréquences spatiales de citation de brevets français. Si l'on considère la citation de brevet comme un marqueur de flux de connaissances technologiques, il apparaît que la connaissance technologique française se diffuse de manière internationale. Comme la proximité géographique ne semble pas le seul déterminant de la structure spatiale des citations, notre objectif est alors de tester le rôle d'un canal pouvant favoriser la circulation de la connaissance à distance : la dimension internationale de la création de la connaissance française, c'est-à-dire la collaboration d'un inventeur étranger dans un brevet français.

IV- LES RESEAUX DE CO-INVENTEURS ET LA DIFFUSION SPATIALE DE CONNAISSANCES

Considérant l'hypothèse selon laquelle les flux de connaissances entre deux entités nécessitent l'existence d'un minimum de liens[27], on propose d'analyser les liens entre créateurs et récepteurs de connaissances en élargissant l'étude à l'ensemble des acteurs intervenant dans les brevets cités et citant. La géographie des flux de connaissances peut être retracée en suivant les co-inventeurs qui participent à l'invention. L'activité de création de connaissances est alors essentiellement vue comme un réseau de production de connaissances où les inventions brevetées résultent d'un *pool* d'inventeurs.

1. Le réseau français des co-inventeurs : une production de connaissances infra-nationale

La création de connaissances est un processus collectif impliquant des réseaux formels et informels (Freeman, 1991). Depuis les années 1990, une

---

[26] Après avoir ôté les pays qui citent moins de 10 fois les brevets français et qui posent un problème de taille (c'est le cas de la Russie qui cite 10 brevets français dans ses 574 brevets ou encore de l'Irlande qui en cite 5 dans 534).

[27] Jaffe et Trajtenberg (1998) supposent que la probabilité qu'un groupe particulier bénéficie d'un autre groupe est en grande partie déterminée par les propriétés de chaque groupe et par les propriétés de leurs relations.

abondante littérature vise à éclairer le rôle des ressources externes et des réseaux inter-firmes sur la performance innovante des entreprises et sur les *spillovers* de connaissances (Gay et Picard, 2001b). Plus récemment, c'est le rôle des individus dans ce processus qui est investigué. Ainsi, concernant les flux de connaissances des Universités vers les entreprises Zucker, Armstrong, et Darby (1994), Zucker et Darby (1998) montrent le rôle des « star-scientist » universitaires sur les performances des entreprises, notamment des entreprises californiennes de biotechnologies. Quant au transfert de connaissances inter-firmes, Almeida et Kogut (1997), Song, Almeida et Wu (2001), Moen (2000) mettent en avant le rôle de la mobilité des ingénieurs. Le point commun de ces approches est de considérer les individus comme un vecteur central de la création et de la diffusion de connaissances. Il devient alors nécessaire de relire leur rôle et place dans la production de connaissances. Or, la plupart des études empiriques abordent les citations de brevets de façon restrictive en ne considérant que le premier inventeur. Nous proposons d'analyser la nationalité de l'ensemble des inventeurs impliqués dans un processus d'invention (tels qu'ils apparaissent sous la mention co-inventeur), afin d'analyser l'impact de l'existence de co-inventeurs et de leur nationalité sur le modèle de diffusion spatiale des connaissances.

La production de connaissances implique une coopération qui se traduit concrètement par l'émergence d'un réseau d'inventeurs renvoyant « aux relations que les inventeurs (...) développent entre eux dans le but de produire des inventions qui sont des réussites commerciales » (Mariani, 2000). En conséquence, la communication entre des individus regroupés au sein d'un réseau d'inventeurs apparaît comme un canal potentiel de diffusion, facilitant la circulation des connaissances. On tient probablement là une alternative à l'absence apparente de proximité entre 1ers inventeurs cités et citant[28].

L'architecture des co-inventeurs des brevets français cités montre que la plupart des brevets ont effectivement plus d'un inventeur (tableau 4).

Environ 64% des brevets étudiés impliquent un co-inventeur au cours du processus de création de connaissances (soit un total de 1 340 inventeurs pour 602 brevets) avec un nombre maximal de dix inventeurs par brevet. Ce résultat confirme la nature profondément collective des activités technologiques. On remarque que les technologies impliquant plusieurs inventeurs sont d'abord des technologies *science based* comme la pharmacie, les biotechnologies et les semi-conducteurs qui ont une moyenne d'inventeurs par brevet significativement plus importante. Par ailleurs, les brevets français de la pharmacie et des biotechnologies sont les seuls à être plus nombreux à impliquer plus de 4 inventeurs. Le fort contenu en connaissances de ces technologies associé à la spécialisation actuelle des connaissances est probablement une des principales raisons de cette force du collectif. On retrouve ici un argument largement développé, à savoir que la création technologique nécessite des connaissances tacites et dispersées, impliquant de fait une collaboration, voire une

[28] "*Carrying out inventive activity in a group involves sharing knowledge, the knowledge which is at the root of the invention as well as the new knowledge generated in the inventive process. Hence, co-invention is a vector of international circulation of knowledge*" (OCDE, 1999).

coopération, entre individus à la recherche non seulement de connaissances et de compétences complémentaires mais aussi de fertilisations croisées. On retrouve également cet argument en scientométrie où les coopérations d'individus sont perçues comme étant les résultats d'une complexification des disciplines (avec leur corollaire la transdisciplinarité) et de l'usage de compétences spécifiques[29].

Tableau 4

NOMBRE DE BREVETS FRANÇAIS DE LA BASE DE DONNEES SELON LE NOMBRE D'INVENTEURS IMPLIQUES

Nombre d'inventeurs / Domaines technologiques	1	2	3	4 et +	Total	Nbre moyen d'inventeurs par brevet	Nbre maximum d'inventeurs	Nbre total d'inventeurs
1-pharmacie et biotechnologie	14	36	36	48	134	3,19	10	428
2-métallurgie et procédés de traitement des métaux	11	7	2	3	23	1,91	5	44
3-équipement industriel général non électrique	50	48	10	9	117	1,90	7	222
4-semiconducteurs	12	16	7	4	39	2,13	5	83
5-calculatrices, ordinateurs et tout autre équipement de bureau	58	22	15	11	106	1,89	8	200
6-instruments et commandes	72	60	39	12	183	1,98	6	363
Total	**217**	**189**	**109**	**87**	**602**	**2,22**	**10**	**1 340**

L'examen de l'origine géographique des co-inventeurs suscite un certain nombre de questions. Les inventeurs français sont-ils impliqués dans des réseaux de recherche avec d'autres inventeurs français ou avec des inventeurs d'autres nationalités ? Compte tenu du développement des accords de coopération en matière de R&D, de l'internationalisation de la R&D et de la mobilité croissante des ingénieurs à l'international, on s'attend à ce que nombre de co-inventeurs résident dans d'autres pays. Une telle diversité semble être d'autant plus fondamentale qu'elle permet la rencontre de compétences diverses et variées, source de créativité et d'inventions.

A la lecture des données, un fait frappe d'emblée : alors que les collaborations d'inventeurs sont de plus en plus importantes, elles conservent une assise largement domestique. Seulement 3,3% des brevets de la base impliquent un inventeur étranger. Le tableau 5 fournit la nationalité des co-inventeurs de brevets.

Premier constat : la création de connaissances technologiques françaises implique peu d'inventeurs étrangers (4,4 % seulement des co-inventeurs sont étrangers). Elle reste très largement infra-nationale. En ce qui concerne les quelques inventeurs étrangers, on compte 4 américains, uniquement un inventeur japonais mais par contre 22 inventeurs de pays frontaliers de la France (Allemagne, Suisse, Royaume Uni, Espagne, Pays Bas).

---

[29] Par exemple l'usage d'instruments comme les accélérateurs de particules, les télescopes, etc

Tableau 5
LES CO-INVENTEURS DE BREVETS FRANÇAIS

Pays	Nombre de co-inventeurs de brevets français
France	706
Royaume-Uni	9
Suisse	8
Etats-Unis	4
Pays-Bas	2
Japon	2
Canada	1
Allemagne	1
Grèce	1
Belgique	1
Espagne	1
Irlande	1
Inde	1

2. *Distribution spatiale des co-inventeurs et diffusion spatiale des connaissances*

La présence d'inventeurs étrangers dans la production de connaissances française suggère deux éléments importants qui touchent aux flux de connaissance. Considérant que la coopération est un mode de production de connaissances qui repose sur la fertilisation des connaissances de chacun des membres, l'existence de co-inventeurs étrangers pose la question d'un flux international de connaissance. S'inscrivant dans la préoccupation des travaux qui cherchent un support aux externalités (Breschi et *al.*, 2000, 20001), nous ne pouvons pas savoir toutefois ici s'il s'agit réellement d'un support d'externalité et le cas échéant s'il s'agit d'un support de « *pure technological spillovers* » ou de « *rent spillovers* » qui passent par le marché du travail.

Notre hypothèse est que la probabilité qu'un brevet français délivré par l'USPTO soit cité par un inventeur étranger croit avec la variété géographique de son pool de co-inventeurs. Au contraire, si le brevet d'invention résulte exclusivement de co-inventeurs français, la probabilité d'être cité par un brevet étranger décroît. Afin de prendre en compte cette diversité géographique, nous établissons des clusters de co-inventeurs en fonction de la localisation géographique des co-inventeurs. On parlera de brevet co-localisé (CL) et multilocalisé (ML). Cette typologie permet de distinguer trois cas : l'inventeur unique lorsqu'il n'y a pas de co-inventeur, les brevets dits « co-localisés » en France lorsque tous les inventeurs sont localisés en France et les brevets dits multilocalisés, lorsqu'un ou plusieurs des co-inventeurs sont de nationalité différente (tableaux 6 et 6 bis).

Tableau 6
LOCALISATION DES CO-INVENTEURS DES BREVETS CITES SELON LES DOMAINES TECHNOLOGIQUES

Domaines technologiques	Un seul inventeur (1er inventeur français)	Plusieurs inventeurs co-localisés (CL) (seulement français)	Plusieurs inventeurs multilocalisés (ML)	Total
1-pharmacie et biotechnologie	14	107	13	**134**
2-métallurgie et procédés de traitement des métaux	11	11	1	**23**
3-équipement industriel général non électrique	50	65	2	**117**
4-semiconducteurs	12	27	0	**39**
5-calculatrices, ordinateurs et tout autre équipement de bureau	58	47	1	**106**
6-instruments et commandes	72	108	3	**183**
Total	**217**	**365**	**20**	**602**

Le seul champ technologique à produire réellement de la connaissance de manière internationale est celui de la pharmacie et des biotechnologies. Cette distribution spatiale des co-inventeurs français semble bien confirmer le rôle de la proximité géographique dans la production de connaissances. Ce résultat va également dans le sens des avancées récentes autour des notions de communautés, qui décrivent d'autres liens de proximité entre inventeurs que les seuls liens géographiques, institutionnels ou organisationnels. En revanche, il contraste non seulement avec la littérature sur l'internationalisation de la R&D, mais également avec les travaux réalisés autour de la R&D coopérative : peu de brevets reposant sur une coopération internationale dans la recherche. Cela semble d'autant plus étonnant que les données de l'USPTO tendent à sur-représenter les brevets issus des grandes entreprises multinationales (pour lesquelles la probabilité de mobiliser des co-inventeurs de différentes nationalités est *a priori* plus élevée).

En dépit du nombre important de co-inventeurs (1 760), les réseaux internationaux de création de connaissances sont peu nombreux : on dénombre seulement 20 brevets multilocalisés impliquant 118 citations. Le nombre moyen de citations par brevets est plus élevé lorsque les brevets français sont multilocalisés (5,9 citations par brevets) que lorsqu'ils sont co-localisés ou uniques (4,9 citations par brevets)[30]. Cela confirme un résultat de la littérature en termes de valeur : un brevet français impliquant un inventeur étranger a tendance a diffuser plus largement sa connaissance (et à avoir une valeur) plus grande que les autres brevets.

[30] Notons que si l'on considère le nombre de citations comme un indicateur approximant la valeur du brevet (Harhoff et *al.* 1999), il importe d'accorder une attention plus grande aux brevets impliquant un inventeur étranger.

Tableau 6 bis
LOCALISATION DES CO-INVENTEURS PAR CITATION SELON LES DOMAINES TECHNOLOGIQUES

Domaines technologiques	Un seul inventeur (1er inventeur français)	Plus d'un inventeur co-localisé (CL) (seulement français)	Plus d'un inventeur dé-localisé (DL)	Total
1-pharmacie et biotechnologie	45	393	66	**504**
2-métallurgie et procédés de traitement des métaux	20	43	30	**93**
3-équipement industriel général non électrique	165	205	9	**379**
4-semiconducteurs	49	155	0	**204**
5-calculatrices, ordinateurs et tout autre équipement de bureau	426	342	2	**770**
6-instruments et commandes	372	504	11	**887**
Total	**1 077**	**1 642**	**118**	**2 837**

Cette situation ne semble pas être une exception française : seulement 87 citations proviennent de brevets citant multilocalisés (tableau 7). Bien que 62% des citations impliquent plus d'un inventeur citant, seulement 7,01% des citations concernent des brevets avec inventeurs multilocalisés du côté des cités et des citant.

Tableau 7
DISTRIBUTION SPATIALE DES CITATIONS SELON L'ORIGINE DU RESEAU DE CO-INVENTEURS

Citant / Cité	Unique	Co-localisé	Dé-localisé	Total
Unique	451	595	31	**1 077**
Co-localisé	588	1004	50	**1 642**
Dé-localisé	41	71	6	**118**
Total	**1 080**	**1 670**	**87**	**2 837**

En dépit du faible nombre de citations impliquant des inventeurs immergés dans des réseaux multilocalisés, il est possible d'effectuer une description du flux de citations de brevets selon cette typologie (tableau 8).

[31] Notons que si l'on considère le nombre de citations comme un indicateur approximant la valeur du brevet (Harhoff et *al.* 1999), il importe d'accorder une attention plus grande aux brevets impliquant un inventeur étranger.

Exception faite de quelques cas particuliers, l'analyse empirique des données ne permet pas d'envisager un impact significatif de la présence d'un co-inventeur étranger sur la distribution spatiale des citations de brevets français.

CONCLUSION

Ce travail s'inscrit dans la lignée des recherches actuelles qui cherchent à approfondir notre compréhension des processus de création de connaissances et visent notamment à approfondir la connaissance des canaux des *spillovers* de connaissances. En utilisant les citations de brevets français délivrés à l'USPTO, il cherche moins à tester l'existence d'un vecteur de transmission de connaissances désormais reconnu (telles que les alliances inter-firmes ou la mobilité des ingénieurs) que de proposer et d'explorer une nouvelle piste de recherche. Selon des travaux récents qui soulignent d'une part le rôle des individus, ingénieurs, scientifiques dans la production de connaissances, d'autre part l'impact des réseaux sur la performance innovante des entreprises et sur les flux de connaissances, c'est au rôle des collaborations d'individus, c'est-à-dire au pool d'inventeurs engagés dans l'invention, que nous nous intéressons.

La plupart des études empiriques mobilisent les citations de brevets pour tracer les liens entre brevets cités et citant à partir du 1er inventeur : elles montrent alors que les 1ers inventeurs citent plus fréquemment les 1ers inventeurs résidant dans le même pays ou région que les 1ers inventeurs géographiquement éloignés. S'appuyant sur la richesse des données de brevets, notamment au niveau des citations de brevets, on s'interroge sur le lien entre la distribution géographique des citations de brevets et la distribution géographique des co-inventeurs.

Les résultats concernant la géographie des citations de brevets montrent que la proximité géographique n'influe pas sur les liens entre brevets cités et brevets citant. En effet, les citations des brevets français se déploient largement au sein d'un espace international, soulignant la diffusion internationale des connaissances technologiques françaises, et ce malgré la sur-représentation des brevets américains. Ces résultats contrastent avec l'analyse des *spillovers* de connaissances localisées qui met en avant l'importance de la proximité géographique et la nature localisée des citations de brevets. Par ailleurs, la création de connaissances technologiques françaises, mesurée par le pool des inventeurs impliqués dans la création de connaissances française, est largement nationale. Les brevets d'invention qui sont cités par d'autres brevets ont certes mobilisé des collaborations, mais essentiellement dans un cadre national. Aucun lien ne peut être mis en évidence entre l'architecture de la géographie de création de connaissance et la distribution géographique de leur diffusion. Autrement dit, les co-inventeurs n'apparaissent pas comme des canaux de diffusion spatiale des connaissances qu'ils contribuent à créer.

Tableau 8
DISTRIBUTION DES CITATIONS DE BREVETS SELON LA NATIONALITE DES CO-INVENTEURS CITANT ET CITES

	Cités	Inventeur français unique	Inventeurs français	Inventeurs multi-localisés			Total
Citant				Europe	Europe/ Amérique Nord	Europe, Japon/ Asie	
Inventeur unique	Amérique Nord	259	366	25	3	0	**653**
	Europe	110	107	4	2	0	**223**
	Japon et Asie	80	111	5	0	2	**198**
	Afrique/ P. Orient	2	3	0	0	0	**5**
	Reste du monde	0	1	0	0	0	**1**
Inventeurs Co-localisés	Amérique Nord	384	600	33	7	6	**1030**
	Europe	80	238	8	2	1	**329**
	Japon et Asie	122	150	14	0	0	**286**
	Europe de l'Est	5	6	0	0	0	**11**
	Afrique/ P. Orient	3	6	0	0	0	**9**
	Reste monde	1	4	0	0	0	**5**
Inventeurs multi localisés	Europe/Amérique Nord	17	17	0	0	1	**35**
	Europe	6	10	3	0	0	**19**
	Amérique Nord Japon	2	5	0	0	0	**7**
	Europe, Japon/ Asie	0	6	0	0	0	**6**
	Europe Europe Est	0	3	1	0	0	**4**
	Amérique Nord reste du monde	0	3	0	0	1	**4**
	Amérique Nord	1	1	0	0	0	**2**
	Amérique Nord Europe Est	0	2	0	0	0	**2**
	Europe Proche Orient	0	1	0	0	0	**1**
	Europe reste du monde	1	0	0	0	0	**1**
	Amérique Nord Proche Orient	2	1	0	0	0	**3**
	Amérique Nord, Japon/ P. Orient	1	0	0	0	0	**1**
	Japon	0	1	0	0	0	**1**
	Europe de l'Est	1	0	0	0	0	**1**
Total		**1 077**	**1 642**	**93**	**14**	**11**	**2 837**

Ce résultat, pour le moins contre-intuitif, nous invite à envisager d'autres canaux de diffusion de connaissance pour prendre en compte, par exemple, les institutions dans lesquelles les inventeurs sont immergés ou encore les institutions de diffusion des connaissances que sont les offices nationaux de dépôts des brevets. C'est la notion de proximité géographique qui peut être ré-interrogée ici, en intégrant les conséquences du décalage qui existe lorsque la création de connaissances et sa protection ne s'effectuent pas dans le même pays. Dans ce cas, la proximité géographique s'établit davantage en référence au lieu de dépôt du brevet d'invention qu'à son lieu de création. Dès lors, il convient d'interroger l'office des brevets, ici l'USPTO, comme un autre canal direct de transmission des *spillovers* de connaissances.

REFERENCES

Almeida P. et Kogut B. (1997), « The exploration of technological diversity and geographic localization of innovation », *Small Business Economics*, (9), 21-31.

Almeida P. et Kogut B. (1999), « Localization of knowledge and the mobility of engineers in regional networks », *Management Science*, 45(7), 905-917.

Antonelli C. (2003), *The Economics of Innovation New Technologies and Structural Change,* Routledge and Kegan, London.

Archambault E. (2001), « Methods for Using Patents in Cross-Country Comparisons », Observatoire des Sciences et des Technologies, INRS/CIRST, Juin.

Arundel A. (2001), « The relative effectiveness of patents and secrecy for appropriation », *Research Policy*, 30, 611-624.

Audretsch D.B. et Feldman M.P. (1996), « R&D spillovers and the geography of innovation and production », *American Economic Review*, 86(3), 630-640.

Autant-Bernard C. (2000), *Géographie de l'innovation et externalités locales de connaissance. Une étude sur données françaises*, Thèse pour le doctorat de Sciences économiques, Novembre.

Dujardin Carpentier C. (1998), *Economie du brevet. Nouveaux apports théoriques et empiriques,* Thèse de l'Ecole des Hautes Etudes en Sciences Sociales, Novembre.

Foray D. (2000), *L'Economie de la connaissance*, Coll. « Repères », La Découverte, Paris.

Freeman C. (1991), « Networks of innovators: a synthesis of research issues », *Research Policy*, 20(5), 499-514.

Gay C. et Picard F. (2001a), « Innovation, agglomération et espace : une mise en perspective de la littérature », *Economies et Sociétés*, série W, (6), 679-716.

Gay C. et Picard F. (2001b), « Géographie des relations technologiques externes des entreprises innovantes : une étude statistique des entreprises rhône-alpines », *Revue d'Economie Régionale et Urbaine*, 5.

Griliches Z. (1990), « Patents statistics as economic indicators : a survey », *Journal of Economic Literature*, 28(4), 1661-1707.

Hall B., Jaffe A.B., et Trajtenberg M. (2001), « The NBER patent citations data file : lessons, insights and methodological tools », NBER, Working Paper n°8498, octobre.

Harhoff D., Narin F., Scherer F.M. et Vopel K. (1999), « Citation frequency and the value of patented inventions », *The Review of Economics &Statistics*, 81, 3, 511-515.

Jaffe A.B. (1989), « Real Effects of Academic Research », *The American Economic Review*, 79, 5, 957-970.

Jaffe A.B., Trajtenberg M. et Henderson R. (1993), « Geographic localization of knowledge spillovers as evidenced by patent citations », *Quarterly Journal of Economics*, août, 108, 577-598.

Jaffe A.B. et Trajtenberg M. (1998), « International knowledge flows : evidence from patent citations », NBER, Working Paper n°6507.

Jaffe A.B., Trajtenberg M. et Fogarty M.S. (2000a), « Knowledge spillovers and patent citations : Evidence from a survey of inventors », *American Economic Review – Papers and Proceedings*, 90(2), may, 215-218.

Jaffe A.B., Trajtenberg M. et Fogarty M.S. (2000b), « Report on survey of inventors *», NBER, Working Paper* n°7631, avril.

Krugman P. (1991), *Geography and Trade*, Cambridge, MIT Press.

Lamoreaux N. et Sokoloff K. (1997), « Location and technological change in the American glass industry during the late nineteenth and early twentieth century », NBER Working Paper n°5 938.

Mariani M. (2000), « Networks of inventors in the chemical industry », Working Paper-MERIT.

Maurseth P.B. (2001), « Lovely but dangerous : The impact of patent citations on patent duration », Norwegian Institute of International Affairs, Working Paper n°614.

Maurseth P.B. et Verspagen B. (1998), « Knowledge spillovers in Europe its consequences for systems of innovation », Eindhoven Center for Innovation Studies, Working Paper n°98-1.

Michel J. et Bettels B. (2001), « Patent citation analysis. A closer look at the basic input data from patent search reports », *Scientometrics*, 51 (1), 185-201.

OCDE (1999), *Manual on Globalisation Indicators. Chapter 3 Internationalisation of Technology. Part 2 : Patent Based Indicators of Internationalisation,* Paris.

OST (2003), *Répartition régionale des compétences scientifiques en rapport avec les technologies clés* 2005, ministère de l'Economie, des Finances et de l'Industrie.

Pavitt K. (1988), « Uses and abuses of patents statistics », *in* Van Raan ed., *Handbook of Quantitative Studies of Science and Technology*, Elsevier, 509-536.

Rosenkpof L. et Almeida P. (2001), « Overcoming local search through alliances and mobility », Working Paper University of Pennsylvania.

Stolpe M. (2001), « Mobility of Research Workers and Knowledge Diffusion as Evidenced in Patent Data. The Case of Liquid Crystral Display Technology », Kiel Working Paper n°1038.

Trajtenberg M. (1987), « Patents, citations and innovations : tracing the links », NBER Working Paper, Décembre.

Trajtenberg M. (2001), « Innovation in Israel 1968-1997 : a comparative analysis using patent data », *Research Policy*, 30, 363-389.

Verspagen B. et Schoenmakers W. (2000), « The spatial dimension of knowledge spillovers in Europe : evidence from firm patenting data », AEA Conference on Intellectual Property Econometrics, avril, Alicante, Espagne.

Zucker L., Darby M. et Armstrong J. (1994), « Intellectual capital and the firm : the technology of geographically localized knowledge spillovers », NBER Working Paper n°4946.

Zucker L., Darby M. et Armstrong J. (1998), « Geographically localized knowledge : spillovers or markets? », *Economic Inquiry*, 36, Janvier, 65-86.

CHAPITRE VI

LA DENSITE SCIENTIFIQUE ET TECHNOLOGIQUE DES REGIONS, FACTEUR DE LA CAPACITE D'INNOVATION DES FIRMES

JEAN-ALAIN HERAUD,
FRANCIS MUNIER,
PATRICK RONDE

INTRODUCTION

L'objet de cette contribution est le potentiel innovant des régions. Une importante littérature, à la fois empirique et théorique, a été consacrée à la relation territoire/innovation, de même qu'à la notion de capacités absorptives des territoires, et l'expression « région apprenante » initiée par Florida (1995) a connu un succès qui dépasse largement le cercle des spécialistes. Mais on ne peut pas dire pour autant que l'on dispose de concepts et d'outils de mesure totalement cohérents et stabilisés. Notre contribution se place dans le champ particulier de la mesure des compétences pour innover des territoires. Nous partons d'une constatation fondamentale de l'économie de l'innovation, à savoir la variété des formes concrètes que prend le *processus d'innovation* au niveau microéconomique comme au niveau mésoéconomique.

D'une part, toutes les firmes (acteurs centraux considérés ici) n'expriment pas les mêmes qualités managériales ou cognitives dans l'acte d'innover et ne jouent pas le même rôle au sein des réseaux d'acteurs menant à l'innovation. Cela dépend des secteurs d'activité, des technologies mises en œuvre, des spécificités individuelles... et de l'environnement que constitue le « territoire ». D'autre part, les capacités d'un territoire ne se réduisent bien sûr pas à la somme des capacités des agents présents, mais concernent aussi (et surtout), des liens cognitifs entre les agents. Pour ce qui est de la présente étude, nous considérerons plus précisément la relation entre les compétences des firmes en matière d'innovation et la présence d'autres acteurs responsables de la création scientifique et technologique.

Dans une perspective évolutionniste, les interactions cognitives réelles ou potentielles présentes sur le territoire jouent un rôle majeur et caractérisent à terme sa dynamique. Nous nous intéressons ici aux interactions entre acteurs privés et institutions académiques en nous plaçant du point de vue des premiers. Les capacités des firmes qui peuvent être décrites sont de nature extrêmement variée selon le type d'innovation en jeu : application de résultats de recherche scientifique, commercialisation d'un produit innovant, améliorations incrémentales à la Rosenberg (apprentissage par l'usage) ou autres sortes d'apprentissage par interaction au sens de Lundvall, etc. Pour tester empiriquement cette immense variété de compétences particulières nous avons pu exploiter les données individuelles d'une enquête nationale coordonnée par le SESSI (ministère de l'Industrie) et portant précisément sur les « compétences pour innover » évaluées par les firmes elles-mêmes. Nous avons développé un modèle économétrique destiné à tester l'influence du contexte scientifique et technologique sur la nature de ces compétences.

L'originalité de l'étude est donc de travailler sur l'amont du processus d'innovation : comprendre en quoi, non pas les résultats mais les compétences en matière d'innovation sont influencées par le contexte territorial. Cette recherche est aussi une occasion d'explorer la validité du concept *d'interface critique* proposé par Pavitt (1998) en tentant de dégager plusieurs schémas de développement industriel selon les caractéristiques des industries et des régions. Elle permet d'ouvrir des pistes de réflexion pour la politique régionale, ne serait-ce qu'en soulignant la variété des schémas de développement potentiels selon le type de région, ce qui devrait inciter dans certains cas à plus de réalisme dans les projets visant les domaines de haute technologie à la mode, et dans d'autres cas, au contraire, à ne pas sous-estimer l'influence d'un environnement scientifique dynamique sur des secteurs qualifiés de traditionnels.

Nous rappellerons dans une première partie le cadre théorique de notre recherche : la caractérisation des territoires en matière d'innovation et le rôle de la proximité. Nous évoquerons aussi un des enjeux essentiels de la politique régionale, la convergence des territoires, et les conflits possibles avec les objectifs et les instruments de la politique de recherche et d'innovation. La deuxième partie examine la notion de compétence pour innover des firmes et des territoires et présente l'enquête dont nous utilisons la base de données pour tester la relation entre environnement scientifique et technologique régional et type de capacité à innover. La troisième partie est consacrée aux commentaires sur les résultats de la modélisation économétrique.

I- LA CARACTERISATION DES TERRITOIRES

1. Innovation et territoire

Nous prenons ici les *régions* françaises comme entités territoriales et nous posons l'hypothèse qu'elles constituent des *contextes spécifiques* pour les processus d'innovation, en raison de caractéristiques techno-économiques et institutionnelles repérables.

Notre référence théorique est la notion de « territoire ». Pour reprendre la formule de Bouba-Olga et Zimmermann (2004, p.94), ce terme évoque la conjonction de deux formes de proximité, la proximité géographique et la proximité organisée. L'idéal serait de travailler empiriquement sur des territoires construits au préalable, qui présentent les caractéristiques souhaitées de cohérence spatiale et organisationnelle. Mais les contraintes statistiques des données disponibles pour notre travail imposent le choix de la région au sens institutionnel comme variable proxy du territoire. Comme par ailleurs, en matière de système d'innovation, la dimension de la gouvernance des territoires est loin d'être neutre et que les régions françaises sont amenées à jouer un rôle croissant dans les politiques d'innovation (voire de recherche), ce choix n'est pas exagérément arbitraire.

Nous parlons cependant de « contexte » et nous évitons l'usage de termes comme celui de « système régional d'innovation » dans la mesure où il n'est pas assuré qu'une région constitue une entité réellement *systémique*. On peut envisager par exemple que la proximité d'institutions académiques ait une influence sur la capacité innovative des firmes et le type d'innovation réalisée, sans pour autant affirmer que l'université régionale vit en symbiose avec le tissu industriel local. Des études empiriques ont pu montrer les limites de ce genre d'hypothèse (Héraud, Nanopoulos, 1994). Dans l'introduction du livre qu'ils ont coordonné sur les systèmes régionaux, Braczik *et al.* (1998) préviennent d'ailleurs du risque de confusion entre les acceptions conceptuelle et opérationnelle du terme et soulignent que, dans un usage conceptuel, on ne fait pas nécessairement l'hypothèse d'acteurs fortement reliés et de frontières précises. Pour ce qui nous concerne, le terme de *système régional* pourrait être utilisé au sens limité d'une interaction cognitive relativement aléatoire susceptible de mener à des compétences collectives particulières, mais pas au sens d'un réseau d'acteurs préétabli (ce que fantasment parfois les responsables du développement territorial désireux de piloter des systèmes).

2. Changement global et convergence régionale

Les premiers modèles de la littérature sur le « changement technique » se référaient à la fonction de production de connaissances de Griliches (1979). Plusieurs travaux empiriques ont utilisé ce modèle avec succès, reliant des inputs de connaissance à des outputs d'innovations. Ces liens ont été plus particulièrement testés au niveau de l'industrie (Audretsch, 1995) et ils ont révélé le rôle des externalités de connaissance. La question de la proximité géographique est alors apparue comme essentielle pour expliquer les effets de report (spillovers) (Jaffe, Trajtenberg & Henderson, 1993), en raison de la nature particulière de la connaissance qui requiert dans certains cas des interactions de type « face à face » (von Hippel, 1994). Plusieurs travaux (Jaffe, 1989; Feldman 1994, Audretsch & Feldman, 1996a) ont confirmé le rôle de la proximité géographique dans la transmission de connaissance, en particulier dans les industries intensives en connaissance comme les biotechnologies (Audretsch & Feldman, 1996b, Prevenzer, 1997).

Il y a un paradoxe apparent dans la nouvelle économie fondée sur la connaissance : dans une certaine mesure, la tendance à la dématérialisation et le développement des technologies de la communication devraient amener les réseaux d'innovation à s'affranchir de la distance ; mais dans le même temps les processus cognitifs complexes nécessitent, outre les flux d'information scientifique et technique codifiés, une grande quantité de connaissance tacite indispensable à l'utilisation et à la mise en correspondance de ces flux. C'est ce qui fait que la distance compte, car la construction d'une connaissance tacite partagée implique des rapports de proximité (au minimum dans les phases initiales de la relation). Bien que l'on doive nuancer les « vertus supposées de la proximité géographique » en matière d'externalités de connaissance et qu'il ne faille pas affirmer trop rapidement la dichotomie « recherche publique, connaissance fondamentale et diffusion globale d'une part et recherche privée, connaissances appliquées et diffusion locale de l'autre » (Massard, Torre, 2004), on ne peut pas globalement rejeter la vision d'une économie fondée sur la connaissance impliquant une forte concentration de firmes et de moyens sur quelques territoires spécialisés. Les effets d'agglomération liés aux externalités de connaissance risquent d'impliquer des inégalités plus importantes et plus durables que les économies d'échelle classiques. En tout cas, les statistiques régionales sur l'ensemble de l'Europe font apparaître, d'une part, un niveau beaucoup plus élevé des disparités technologiques (mesurées en brevets/hab.) que des disparités économiques générales (en PIB/hab.), et d'autre part, un arrêt très net du processus de convergence technologique depuis 1993 (Héraud, Elouardighi, Kahn, 2004).

Le fait qu'une minorité de régions seulement ont vocation à devenir les districts de haute technologie du futur n'est pas qu'un phénomène spontané. Cette tendance se trouve renforcée par certaines politiques. C'est en particulier une des contradictions de la stratégie actuelle de l'UE (European Commission, 2000) qui, tout en prétendant maintenir une politique active de cohésion des territoires (European Commission, 2001), cherche à construire l'Espace Européen de la Recherche par concentration des moyens scientifiques et techniques et par la mise en réseau de pôles d'excellence (Héraud, 2003). La politique communautaire de recherche prévoit en effet non seulement une coordination des efforts nationaux pour éviter les incohérences et dispersions de moyens, mais aussi la focalisation des politiques sur les territoires d'excellence existants afin de combattre les effets de dispersion qui réduisent la compétitivité européenne. Cela reviendrait en quelque sorte à constituer des masses critiques équivalentes aux meilleurs « clusters américains » par mise en réseau des régions ou agglomérations championnes. Il s'agit d'inciter à de tels regroupements puis de focaliser l'aide publique sur eux. Pour reprendre une expression célèbre, on cherche à passer des « régions qui gagnent » (Lipietz, Benko, 1992) à une Europe qui gagne en se fondant sur ses territoires d'excellence.

La politique européenne de recherche s'inscrit dans une forme de gouvernance multi-niveau des territoires en associant les Etats membres ainsi que les régions, ce qui est certainement pertinent en termes d'efficacité globale, mais on peut se demander si la politique régionale de l'UE ne sera pas de plus en plus instrumentalisée au dépend de ses vocations traditionnelles que sont la cohésion et la convergence des territoires (Héraud, Elouardighi, Kahn, 2004). La politique française semble emboîter le pas à celle de l'Union (une autre vision de l'Histoire récente consiste à dire que la France a soutenu le concept d'Espace Européen de la Recherche du Commissaire Busquin et se met maintenant en position de l'appliquer) en ce sens que l'aménagement du territoire n'est plus considéré « la voiture-balai pour les zones en retard », mais qu'avec les futurs *pôles de compétitivité* on va soutenir « les initiatives ambitieuses, conquérantes et fédératrices de toutes les forces économiques et sociales » (déclaration de Gilles de Robien, Ministre de l'équipement et de l'aménagement du territoire, à l'issue du comité interministériel du 14 septembre 2004, citée dans *Le Monde* du 22 septembre 2004).

Si toutes les régions n'ont pas les compétences et les infrastructures leur permettant de prétendre jouer un rôle de premier plan dans l'Europe de la technologie et des services innovants, quels scénarios de développement territorial restent ouverts ? N'y a-t-il pas de salut pour une firme innovante en dehors des pôles d'excellence ? Ne peut-on pas distinguer plusieurs types de « compétences pour innover » des firmes et considérer pour de nombreuses régions des modèles de développement autres que ceux qui sont directement liés aux applications de la recherche fondamentale ?

II- LA CARACTERISATION DES COMPETENCES REGIONALES POUR INNOVER

Le modèle d'innovation non linéaire (interactif) développé par les évolutionnistes sur la base des travaux précurseurs de Nathan Rosenberg et de l'article de Dosi et *al.* (1988), enrichi par la nouvelle approche de la création de connaissance (Argyris, Schön (1978), Nonaka (1994), Gibbons et *al.* (1997), Cowan, David, Foray (2000), etc.) et celle de l'économie apprenante (Lundvall, Johnson (1994)), amène à comprendre le rôle crucial de la connaissance scientifique et de la culture en général à toutes les étapes de la chaîne menant à l'innovation. Par contre, il n'est pas certain que toutes les politiques aient déjà pris en compte cette vision. Il est vrai qu'il est beaucoup plus difficile ou coûteux de concevoir une politique d'innovation sur la base du modèle interactif. De même, les indicateurs courants d'innovation et les méthodes d'évaluation ont du mal à rendre compte du fonctionnement d'un système non linéaire comme le rappellent Nauwelaers et Reid (1995).

Comme les indicateurs traditionnels d'innovation ne sont pas robustes et ne savent pas refléter la véritable nature de l'innovation, il est nécessaire de compléter l'information empirique sur le potentiel innovatif régional par des données qualitatives spécifiques (Munier, Rondé, 2001). Cette question est capitale si l'on souhaite déduire des évaluations territoriales une politique réellement adaptée. Un tel complément peut être trouvé dans une enquête comme celle (restée malheureusement unique) menée par le Service des études et des statistiques industrielles (SESSI) du Ministère de l'Industrie en 1997 sur les « compétences pour innover » des entreprises. Pour reprendre les termes de l'enquête, l'entreprise, pour innover, « doit être apte à effectuer un certain nombre d'actions productives ou organisationnelles » et pour cela, « elle mobilise des savoirs et savoir-faire et développe des capacités d'apprentissage, qu'on désigne par le terme de 'compétences' » (François 1998). Ce type de données éclaire les comportements en explicitant les capacités d'apprentissage individuelles et collectives des agents présents sur un territoire.

Après avoir présenté la méthodologie de l'enquête et les données qu'elle fournit sur les compétences déclarées par les entreprises du secteur industriel français, nous exposerons notre propre méthodologie, consistant à croiser cette information sur les compétences avec une typologie des régions en termes de production scientifique.

1. Présentation de la base de données sur les compétences

La base de données utilisée est celle de l'enquête menée en 1997 par le SESSI sur 5000 entreprises industrielles de plus de 20 salariés, soit presque une sur quatre. Avec un excellent taux de réponse (83% des interrogés, représentant 95% du chiffre d'affaires global), cette enquête a permis de recueillir l'opinion des firmes sur leurs propres compétences pour innover selon une nomenclature en 73 types, qu'on appelle « élémentaires ». Celles-ci peuvent être regroupées en une dizaine de compétences complexes dites « grandes compétences », le tout reflétant la compétence globale de l'entreprise. Le questionnaire est purement qualitatif et les interrogés répondent en indiquant seulement s'ils possèdent ou non chacune des compétences élémentaires. Ces compétences sont collectives en ce sens qu'elles caractérisent la firme et non des individus. En statistique globale, c'est-à-dire non régionalisée, on peut tirer de cette base importante une évaluation relativement fine du niveau général de compétence selon la taille des firmes (la relation est croissante) et la nature des compétences (le déficit des petites entreprises est plus marqué en compétences relationnelles ou en moyens qu'en compétences techniques (Munier 1999)). Nous nous intéressons bien sûr ici à la déclinaison territoriale de cette information, ce que permet la base relativement large dans la plupart des cas, à condition toutefois de regrouper les régions françaises en quelques grands types si l'on veut conserver la richesse de la répartition par type de compétences.

Malgré l'intérêt et l'originalité de cette base de données, des critiques peuvent être soulevées. Premièrement, on ne sait pas si la firme considère une compétence donnée comme vraiment essentielle pour réaliser une innovation. Deuxièmement, comme certaines compétences ne sont pas totalement spécifiques au processus d'innovation, on n'a pas d'information sur la source ou le motif de leur acquisition. Enfin, les déclarations sont subjectives, ce qui rend quelque peu aléatoires les comparaisons entre firmes. Il faut tenir compte de ces éléments dans l'interprétation des résultats de nos travaux économétriques.

2. La classification des profils scientifiques et technologiques et la mesure des compétences pour innover

Notre démarche, après régionalisation de la base, a consisté à relier le portefeuille de compétences observé dans chaque région au profil scientifique et technologique régional. Pour caractériser le profil des régions, nous partons des statistiques de densité scientifique et technique. La *densité scientifique* est approchée par le ratio publications/PIB et la *densité technologique* par les dépôts de brevets également rapportés au PIB. Nous reprenons la typologie des régions proposée par l'Observatoire des Sciences et des Techniques (OST) dans le cadre du programme Européen TSER (OST, 1998). Sur la base d'un indice moyen égal à 100 sur l'ensemble des régions de l'UE, on considérera qu'un indice supérieur à 200 correspond à une forte densité (scientifique ou technologique), un indice moyen entre 15 et 200, et un indice faible en dessous de 15.

En ce qui concerne les compétences pour innover, la liste des compétences élémentaires retenues pour cette étude est donnée dans l'Annexe 1. Ces compétences élémentaires correspondent à des intitulés du questionnaire du SESSI. Il s'agit d'un corpus très riche. Les compétences retenues (65 sur 73) peuvent être présentées succinctement à travers quelques grandes fonctionnalités.

Tableau 1
GROUPES DE COMPETENCES

Intitulé du groupe de compétences utilisé dans notre modèle	Exemples de compétences élémentaires	Compétences élémentaires prises en compte
"organisation de l'innovation" (type *organisationnel*)	15. Structuration de l'entreprise autour des projets d'innovation	14-16 ; 30 ; 31 ; 39
"identification de la connaissance " (type *organisationnel*)	28. Identification des savoirs et savoir-faire stratégiques	13 ; 26-29 ; 33-35 ; 38 ; 40
"création de connaissance" (type *organisationnel*)	19. Incitation à formuler des idées nouvelles 24. Motivation des rejets	17-25 ; 32 ; 36 ; 37
"connaissance du marché" (type *relationnel*)	1. Analyse des produits concurrents 2. Analyse des brevets des concurrents	1-9
" coopération avec des partenaires" (type *relationnel*)	10. Coopération R&D avec d'autres entreprises 11. Coopération R&D avec des institutions de recherche	10-12
"compétences techniques"	41. Contrôle de la qualité et de l'efficacité de la production 42. Evaluation technologique des produits envisagés	41-53
"compétences en R&D " (type *moyens pour l'innovation*)	54. Exécution de R&D 55. Sous-traitance ou acquisition de R&D	54-57
"financement de l'innovation » (type *moyens pour l'innovation*)	61. Connaissance des modes de financement privés et publics de l'innovation	58-62
"commercialisation de l'innovation" (type *moyens pour l'innovation*)	63. Stratégie d'offre promotionnelle... 64. Détermination de la cible, du média,...	63-65

Un certain nombre de compétences élémentaires sont de nature *organisationnelle*. Ce sont des compétences nécessaires à la création de connaissances nouvelles, en particulier en matière de gestion de la ressource humaine, et en considérant l'innovation comme un processus transversal interne à l'entreprise. Ces compétences correspondent à des qualités « organisationnelles », mais elles sont applicables à toutes les formes d'innovations, pas seulement celles que l'on qualifierait d'organisationnelles. D'autres compétences sont de nature plus *relationnelle* en ce sens qu'elles s'exercent dans les espaces extérieurs à la firme : relations avec l'environnement concurrentiel, avec les clients, capacités à coopérer, à former des alliances, à s'approprier des technologies extérieures, etc. Il existe bien sûr des compétences purement *techniques*, qui correspondent à des capacités internes en matière de gestion de production, de développement de technologies propres, etc. Les compétences restantes se réfèrent aux *moyens de la recherche* : elles caractérisent la possibilité de réaliser de la R&D, de financer l'innovation et de vendre les produits innovants. On considère aussi dans cette dernière catégorie la capacité à assumer tous les coûts (outre la R&D) et autres difficultés inhérentes à l'innovation.

Dans l'étude économétrique nous avons retenu un classement en 9 groupes de compétences, indiquées dans le Tableau 1 ci-dessous avec quelques exemples de compétences élémentaires.

Dans le traitement de la base de données individuelles, nous avons considéré qu'une firme est qualifiée pour un de ces groupes de compétences lorsqu'elle possède au moins le nombre médian de compétences élémentaires calculé sur l'échantillon total. Pour tester les effets sectoriels, nous classons l'entreprise selon la nomenclature économique de l'INSEE en 36 postes (NES 36). L'échantillon couvre 14 secteurs (l'industrie hors agroalimentaire et énergie) dont la liste est précisée dans l'Annexe 2.

3. La modélisation

Le modèle testé cherche à relier les compétences de la firme à son environnement régional, en considérant les critères de densités scientifique et technique. La variable $Comp_i$ est expliquée de la manière suivante : $Comp_i = \beta_1$ Tech + β_2 Scien + ε

Nous utilisons une régression multiple pour analyser l'influence comparée des densités scientifique et technologique sur un type i de compétence d'entreprise. Toutes les variables sont quantitatives. Pour la compétence, on compte la somme des compétences élémentaires détenues. Pour la densité, on applique directement l'indice statistique de l'OST. Pour une interprétation plus aisée des résultats économétriques, l'Annexe 3 donne les élasticités pour chaque coefficient.

III- ANALYSE DES RESULTATS

A la lecture des résultats économétriques tous secteurs confondus, on remarque une influence beaucoup plus faible du contexte technologique que du contexte scientifique : les élasticités sont systématiquement inférieures et les tests de Student mènent à rejeter quasiment tous les coefficients technologiques alors que les coefficients scientifiques sont tous significatifs. C'est seulement au niveau sectoriel que l'on peut voir apparaître une influence significative du contexte technologique (dans certains secteurs et pour certaines compétences).

Un résultat marquant du test économétrique est relatif aux différences inter-sectorielles. Cette remarque est importante en termes de territoires dans la mesure où les régions ont des spécialisations dont il faut évidemment tenir compte dans toute démarche analytique ou politique. Les disparités sectorielles observées amènent au découpage suivant de l'industrie :

- Les industries « fondées sur la science » au sens de la taxonomie de Pavitt (1984). Ce sont celles pour lesquelles la densité scientifique est la variable explicative majeure dans la localisation des compétences, quel que soit le type précis de compétence considéré.
- Les industries « fondées sur la technologie », c'est-à-dire celles pour lesquelles c'est plutôt la densité technologique qui explique la localisation.
- Les industries mixtes, qui présentent des résultats contrastés selon le type de compétence considéré.
- Les industries « neutres », pour lesquelles ni la densité scientifique ni la densité technologique n'expliquent la localisation.

1 Les industries fondées sur la science

Selon l'analyse de Klevorick et *al.* (1995), qui poursuit l'apport de Pavitt (1984) en identifiant comme secteurs fondés sur la science en particulier la chimie et l'électronique, ce type d'industrie profite d'externalités puissantes en provenance de la recherche publique. Nos observations confirment ce constat : la densité scientifique régionale est la variable explicative majeure de la détention de 7 groupes de compétences (sur 9) en chimie et 8 groupes dans le secteur des composants électroniques. De plus, les élasticités sont élevées (souvent supérieures à 10, et atteignant 26 lorsqu'on considère les capacités à développer des coopérations avec des partenaires privés ou publics). L'impact de la proximité géographique sur les relations entre milieu scientifique et industrie semble nettement confirmé dans ces secteurs. On constate par contre que cette relation territorialisée n'est pas le cas du secteur de l'équipement électrique/électronique (absent de ce type) : il convient donc de séparer nettement les activités de production et d'assemblage des composants électroniques.

D'un autre côté, le type d'industries sensible à l'environnement scientifique comprend deux secteurs qui ne sont pas ordinairement considérés comme fondés sur la science : l'automobile et l'équipement des ménages. Chacun présente 7 groupes de compétences significativement influencés par la densité scientifique régionale, et l'automobile présente même la plus forte élasticité (dans le domaine des compétences institutionnelles) avec 38,6. Le secteur de l'équipement des ménages est également sensible à la densité technologique (ses compétences pour innover sont renforcées par la présence d'agents régionaux actifs en matière de dépôts de brevets), mais il est important de souligner que ce n'est pas le cas des autres secteurs de ce type, plus nettement fondés sur la science. Cela peut paraître surprenant pour des secteurs comme la parachimie et la pharmacie, pourtant connus pour leur capacité à décliner l'exemple des molécules déjà découvertes en nouvelles variantes, mais il faut croire qu'il s'agit là d'un type d'information suffisamment codifiée pour ne pas relever d'effets de proximité.

Un dernier point fort à souligner à propos de ce type d'industries concerne la catégorie « relationnelle » de compétences. On observe des corrélations significatives et de hautes valeurs d'élasticité dans les régions à forte densité scientifique. Or, si la corrélation géographique des compétences en amont comme celles liées à la R&D semble parfaitement naturelle, on s'attendrait moins à la retrouver pour des compétences relationnelles générales qui vont jusqu'à la capacité à vendre le produit innovant. En quoi la présence d'acteurs forts de la recherche dans l'environnement de la firme explique-t-elle leurs compétences sur les segments aval du processus d'innovation ? Outre l'argument classique selon lequel corrélation n'implique pas causalité directe, il est bon de souligner que la relation client-fournisseur peut être cruciale dans l'innovation des secteurs de haute technologie.

2. *Les industries « fondées sur la technologie »*

Il n'y a que deux secteurs dont les compétences apparaissent significativement influencées par la densité technologique régionale. Il s'agit de celui de la presse et de l'édition, et dans une moindre mesure de celui de l'équipement des ménages, déjà cité pour sa sensibilité à l'environnement scientifique. Dans les premier cas, le groupe de compétences qui émerge concerne l'organisation du processus d'innovation, le partenariat et le financement. Les compétences en R&D, techniques et de marché ne semblent pas particulièrement influencées par le contexte géographique. Quant au niveau des élasticités, il est globalement plus bas que dans le groupe des industries fondées sur la science. On doit donc rejeter l'hypothèse que des secteurs moins fondés sur des connaissances codifiables (ils utilisent moins le système des brevets) recourent alors massivement à des échanges d'information relativement informels et de proximité. Ce modèle théorique ne cadre pas avec les résultats. On conclurait plutôt que ce sont les secteurs les plus proches de la science qui échangent le plus d'information avec leur environnement, que celle-ci soit de nature formelle ou informelle.

A propos des secteurs sensibles à la technologie, il est intéressant de mentionner celui de la métallurgie et du travail des métaux mais avec des élasticités négatives ! Par exemple, les compétences en R&D varient fortement en sens inverse de la densité technologique régionale. Doit-on expliquer ce phénomène comme un effet de substituabilité (au lieu d'un effet de renforcement) ? Ce n'est pas certain car les compétences partenariales et de marché présentent aussi une élasticité négative. Nous en conclurons surtout que les secteurs sensibles à l'environnement technologique présentent un schéma moins systématique de relation entre compétences des firmes et compétences du territoire (à l'opposé des secteurs fondés sur la science qui semblent plus liés à leur territoire). Signalons que, ici comme pour l'ensemble des secteurs, dans nos tests économétriques, la densité technologique a moins d'influence sur les compétences des firmes que la densité scientifique.

3. *Industries « mixtes »*

Cinq industries présentent un profil mixte, au sens où la relation entre compétence et environnement scientifique ou technique est très variable selon le type de compétence. Il s'agit de l'habillement, du textile, des équipements électriques et électroniques, de l'équipement mécanique, de la pharmacie et parapharmacie.

Dans l'habillement, ce sont principalement les compétences de commercialisation et de marché qui présentent un lien certain avec les densités scientifique et technologique. Dans le textile, seules les compétences partenariales sont fortement liées à la qualité de l'environnement scientifique. Dans l'équipement électrique / électronique, la densité scientifique régionale influence moins les compétences partenariales que dans l'industrie des composants, par contre la densité technologique les influence nettement. Les compétences de l'industrie mécanique sont notablement influencées par l'environnement scientifique pour les relations partenariales et la R&D, moins pour les compétences organisationnelles (lesquelles sont carrément non influencées par l'environnement technologique du territoire). Le dernier domaine, pharmacie et parapharmacie, est un exemple d'activités fortement liées à la recherche fondamentale. On ne s'étonnera donc pas de voir une forte influence de l'environnement scientifique sur les capacités de relations institutionnelles, mais la localisation près de la recherche académique est aussi corrélée avec des compétences en financement de la recherche et commercialisation des nouveaux produits.

Pour tous ces secteurs, on observe que la localisation géographique ne joue que pour certaines compétences. Tout se passe comme si les firmes adoptaient des stratégies de localisation différentiées selon le type de compétence en jeu. Par exemple, en pharmacie, qui est une industrie très proche de la science par certains aspects, on ne retrouve pas le même intérêt systématique à se localiser dans les territoires à haute densité scientifique qu'en chimie (un secteur pourtant plus modeste en R&D de manière globale).

4. Les industries «neutres»

Le reste des industries, qui est regroupé dans cette dernière catégorie, présente une relative neutralité à la géographie cognitive, au sens où les compétences déclarées n'ont quasiment aucune corrélation avec la qualité de l'environnement régional. Cela peut s'expliquer a priori soit par le fait que les firmes ne tirent pas d'avantage significatif d'une relation directe avec les acteurs de la science et de la technologie, soit que cette relation s'affranchit des questions de distance géographique. On retrouve effectivement dans cette catégorie hétérogène à la fois des industries à basse technologie et quelques domaines plus pointus : construction navale, aéronautique et ferroviaire ; produits minéraux ; bois et papier ; travail du métal.

CONCLUSION

La localisation géographique des compétences apparaît généralement dépendante de la *densité scientifique régionale*. On peut donc souligner l'importance des externalités de la recherche publique (en particulier fondamentale) pour tous les types de compétences pour innover des firmes. Les compétences les plus influencées sont : la capacité à travailler en partenariat (ce qui n'est guère étonnant), les compétences propres de R&D (ce qui ressemble à une lecture à l'envers du modèle de Cohen et Levinthal (1989)), et les compétences de commercialisation de l'innovation (ce qui souligne le rôle majeur des relations clients-fournisseurs dans les secteurs les plus technologiques). Les secteurs les plus favorisés par la qualité de l'environnement scientifique régional sont ceux fondés sur la science, mais pas exclusivement puisque c'est le secteur automobile par exemple qui atteint la plus grande élasticité des compétences partenariales par rapport à la localisation dans les régions les plus « scientifiques ». Ce dernier exemple est aussi révélateur d'un autre point : certaines industries ne se concentrent pas massivement dans les territoires à très haute densité scientifique, mais quand elles y sont présentes elles apprennent très rapidement à coopérer.

La *densité technologique* des régions est nettement moins marquante. La seule compétence pour innover qui apparaît assez systématiquement corrélée à cette mesure de qualité du territoire est la compétence organisationnelle. Globalement, il n'y a pas une grande corrélation entre la capacité d'un territoire à déposer des brevets et la formation de compétences pour innover des firmes présentes. Plusieurs commentaires doivent être faits à ce propos. Il y a d'une part un problème de mesure de l'inventivité d'un territoire car il faudrait au minimum mesurer les localisations des inventeurs comme celles des déposants, et idéalement analyser dans le détail les réseaux individuels et organisationnels ayant amené à l'invention. Il faudrait aussi analyser plus finement la relation entre invention (objet du brevet) et innovation ainsi que les motifs du dépôt de brevet. Mais en tout état de cause, la faible influence statistique de la variable technologique territoriale sur le niveau et la nature des compétences pour innover des firmes présentes ne laisse pas augurer d'un biais de proximité très élevé dans les externalités purement technologiques, alors que la relation entre capacité scientifique du territoire et compétence technologique (d'innovation) des firmes est attestée dans de nombreux secteurs industriels comme nous l'avons vu. Cette observation renforce l'hypothèse d'un modèle contemporain de développement économique sur la base de clusters scientifiques et techniques.

On a vu que les résultats économétriques sont beaucoup plus parlants dans le cas des industries fondées sur la science, mais il est intéressant de souligner que l'influence significative de la densité scientifique se manifeste sur tous les types de compétences de ces firmes et pas seulement sur les capacités à faire de la R&D en interne ou à monter des collaborations de recherche. On confirme par là la pertinence particulière du modèle d'innovation de Kline-Rosenberg dans les secteurs fondés sur la science (à l'opposé de l'idée de découverte scientifique ouvrant une voie rectiligne vers l'invention puis l'innovation). Dans les territoires où prospèrent les entreprises technologiques se trouvent aussi des partenaires variés (clients, fournisseurs, sous-traitants, consultants, formateurs, institutions, etc.) et les compétences pour innover reflètent cette large gamme de relations.

Dans les territoires qui n'appartiennent pas au cœur de l'économie de la connaissance, les entreprises innovent aussi, mais en exprimant d'autres types de compétences et en se situant sur d'autres modes de créativité.

REFERENCES

Audretsch D. (1995), *Innovation and Industry Evolution*, Cambridge, MA : MIT Press.

Audretsch D. et Feldman M. (1996a), « R&D spillovers and the Geography of Innovation and Production », *American Economic Review*, 86 (4), 253-273.

Audretsch D. et Feldman M. (1996b), « Company-Scientist Locational Links : The Case of Biotechnology », *American Economic Review*, 86 (4), 641-652.

Bouba-Olga O. et Zimmermann J-B. (2004), « Modèles et mesures de la proximité », in Pecqueur B. et Zimmermann J-B. eds, *Economie de proximités*, Paris : Lavoisier (Hermes).

Braczyk H.-J., Cooke Ph. et Heidenreich M. eds., (1998), *Regional Innovation Systems,* London : UCL Press.

Cohen W.M. et Levinthal D. (1989), « Innovation and learning: the two faces of R&D », *The Economic Journal*, 99, 569-596.

European Commission (2000), *Towards a European research area*, Jan. 18, Brussels, COM(2000)6.

European Commission (2001), *The regional dimension of the European research area*, Luxembourg, COM 549 final.

Feldman M.P. (1994), *The Geography of Innovation. Economics of Science, Technology and Innovation,* Dordrecht: Kluwer Acad. Pub.

Florida R. (1995), « Toward the learning region », *Futures*, 27, 527-536.

François J.-P. (1998), *Les compétences pour innover dans l'industrie*, Ministère de l'Economie, des Finances et de l'Industrie ; Direction générale des Stratégies industrielles, Paris, La Documentation française (Chiffres clés – référence – SESSI).

Griliches Z. (1979), « Issues in Assessing the Contribution of R&D to Productivity Growth », *Bell Journal of Economics*, 10, 92-116.

Héraud J.-A. (2003), « Regional innovation systems and European research policy : Convergence or misunderstanding ? », *European Planning Studies*, 11, 1, 41-56.

Héraud J.-A. et Nanopoulos K. (1994), « Les réseaux de l'innovation dans les PMI : illustration sur le cas de l'Alsace », *Revue Internationale PME*, vol.7 (3-4), 65-86

Héraud J.-A., Elouardighi J. et Kahn R. (2004), « Une relecture de la politique régionale européenne et du rôle des collectivités : l'exemple des politiques de recherche et d'innovation », Contribution au XLe Colloque de l'ASRDLF, Bruxelles, 1-3 septembre (http:/www.ulb.ac.be/soco/asrdlf/papiers.html).

Jaffe A.B. (1989), « Real effects of Academic Research », *American Economic Review*, 79 (5), 957-970.

Jaffe A.B., Trajtenberg M. et Henderson R. (1993), « Geographic localization of knowledge spillovers as evidenced by patent citations », *Quarterly Journal of Economics*, 63, (3), 957-970.

Klevorick A.K, Levin R.C., Nelson R.R. et Winter SG. (1995), « On the source and significance of interindustry differences in technological opportunities », *Research Policy*, 24 (2), 185-205.

Lipietz A. et Benko G. (1992), *Les régions qui gagnent, districts et réseaux : Les nouveaux paradigmes de la géographie industrielle*, PUF, Paris..

Lundvall B.A. (1992), *National Systems of Innovation : An Analytical Framework.* Pinter, Londres.

Massard N. et Torre A. (2004), « Proximité géographique et innovation », in Pecqueur B. et Zimmermann J-B. eds, *Economie de proximités*, Paris : Lavoisier (Hermes).

Munier F. (1999), « Les compétences pour innover dans l'industrie. Avantages comparés des tailles d'entreprises : une vérification empirique », *Le 4 pages des statistiques industrielles*, n°120, octobre, Paris : SESSI, ministère de l'Economie, des Finances et de l'Industrie.

Munier F. et Rondé, P. (2001), « Densité scientifique des régions et compétences pour innover des entreprises : une mise en perspective du concept de '*learning region*' », *Revue d'Economie Régionale et Urbaine*, 4, 515-538.

Nauwelaers C. et Reid A. (1995), *Innovative Regions ? A comparative Review of Methodological Evaluating Regional Innovation Potential*, RIDER Report (Interdisciplinary Research on Regional Development), European Commission DG XIII.

OST (1998), *The dynamics of S&T Activities in the EU Regions*, Rapport d'activité de l'Observatoire des Sciences et des Techniques, Paris.

Pavitt K. (1984), « Sectoral patterns of technical change: towards a taxonomy and a theory », *Research Policy* 13 (6), 343-375.

Pavitt K. (1998), «Technologies, Products & Organisation in the Innovating. What Adam Smith Tells us and Joseph Schumpeter Doesn't ? », *Industrial and Corporate Change,* Vol. 3.

Von Hippel E. (1994), « Sticky Information and the Locus of Problem Solving : Implications for Innovation », *Management Science*, 40, 429-439.

Annexe 1
LISTE DES COMPETENCES ELEMENTAIRES DE L'ENQUETE RETENUES DANS NOTRE ANALYSE

1. Analyse des produits concurrents
2. Analyse des brevets des concurrents
3. Analyse des publications des ingénieurs des concurrents
4. Analyse de la nature (segmentation) et des besoins de la clientèle
5. Recueil, auprès du service après-vente ou des distributeurs, des réactions des clients
6. Utilisation du produit comme support d'information sur la satisfaction du client
7. Test du consommateur final
8. Identification des besoins émergents ou des comportements de consommateurs pionniers
9. Connaissance des technologies concurrentes
10. Coopération R&D avec d'autres entreprises
11. Coopération R&D avec des institutions publiques de R&D
12. Participation à des *"joint-ventures"*, à des alliances stratégiques et d'autres formes de coopération
13. Inventaire des compétences de l'entreprise
14. Vision globale de l'entreprise par chaque employé
15. Structuration de l'entreprise autour des projets d'innovation
16. Implication de tous les services dès l'initiation des projets d'innovation
17. Travail en commun pour innover
18. Mobilité entre les services pour innover
19. Incitations à formuler des idées nouvelles
20. Autonomie des individus pour innover
21. Valorisation de l'originalité et de la créativité des individus
22. Acceptation de comportements créatifs non directement productifs
23. Récompenser les idées originales retenues
24. Motivation des rejets
25. Mise en commun des connaissances
26. Evaluation de la production collective de savoir par rapport à la concurrence
27. Evaluation de la contribution de chacun à la production du savoir
28. Identification des savoirs et savoir-faire stratégiques
29. Identification des personnes détenant les savoir-faire stratégiques
30. Sensibilisation du personnel au caractère stratégique et confidentiel des savoirs
31. Contrôle de la communication des savoirs stratégiques
32. Motivation des personnes détenant les savoirs stratégiques
33. Identification des spécialistes actuels et à venir sur le marché
34. Evaluation à l'embauche de la propension à innover
35. Evaluation à l'embauche de la capacité à travailler en équipe
36. Transparence de l'évaluation de chacun et de la récompense des meilleurs
37. Transparence des règles de mobilité
38. Evaluation des besoins en formation de chacun
39. Sensibilisation de chacun à demander une formation adaptée
40. Evaluation des retombées de la formation sur l'innovation
41. Contrôle de la qualité et de l'efficacité de la production
42. Evaluation technologique des produits que l'entreprise est susceptible de produire
43. Evaluation des procédés que l'entreprise est susceptible d'adopter
44. Evaluation des organisations que l'entreprise est susceptible d'adopter
45. Réalisation d'un bilan technologique de l'entreprise
46. Test des produits et procédés innovants dans leur contexte opérationnel
47. Analyse des défauts et pannes des nouveaux procédés
48. Adoption rapide des équipements technologiquement nouveaux
49. Adoption rapide des approvisionnements technologiquement nouveaux
50. Veille technologique
51. Test des technologies extérieures
52. Sous-traitant de composants hautement technologiques
53. Absorption des connaissances incorporées dans les équipements et composants innovants

54. Exécution de R&D
55. Sous-traitance ou acquisition de R&D
56. Utilisation des inventions de tiers (brevets, licences)
57. Recrutement d'employés de haute qualification scientifique pour innover
58. Achat partiel ou total d'entreprises pour innover
59. Anticipation de l'ensemble des coûts liés à une innovation
60. Evaluation a posteriori du coût d'anciennes innovations
61. Connaissance des modes de financement privés et publics de l'innovation
62. Communication en direction de financeurs potentiels de l'innovation
63. Stratégie d'offre promotionnelle spécifique pour le nouveau produit
64. Détermination de la cible, du média, et du type de message de la publicité du nouveau produit
65. Image innovante et "avant-gardiste" de l'entreprise

Annexe 2
LES 14 SECTEURS INDUSTRIELS ETUDIES SELON LA NOMENCLATURE ECONOMIQUE EN 36 POSTES (NES36) DE L'INSEE

C1	Habillement, cuir
C2	Edition, imprimerie, reproduction
C3	Pharmacie, parfumerie et entretien
C4	Equipements du foyer
D0	Automobile
E1	Autres industries de transport (naval, aérospatial, ferroviaire)
E2	Equipements mécaniques
E3	Equipements électriques et électroniques
F1	Produits minéraux
F2	Textile
F3	Bois et papier
F4	Chimie, caoutchouc, plastiques
F5	Métallurgie et travail des métaux
F6	Composants électriques et électroniques

Annexe 3

RESULTATS ECONOMETRIQUES TOUS SECTEURS*

Variable dépendante	**Variable indépendante**			
Compétence	**Densité**	**Béta**	**t-student**	**élasticité**
Organisation de l'innovation	technologique	0,0264	1,6266	0,9598
«	scientifique	0,0477	2,9335	3,4281
Identification de la connaissance	technologique	0,0066	0,4065	0,0937
«	scientifique	0,0603	3,7075	1,6927
Création de connaissance	technologique	0,0167	1,0293	0,1416
«	scientifique	0,0495	3,0443	0,8296
Connaissance du marché	technologique	-0,0239	-1,4699	-0,3584
«	scientifique	0,0872	5,3744	2,5954
Coopérations avec des partenaires	technologique	0,0006	0,0366	0,0408
«	scientifique	0,1084	6,6875	14,7575
Compétences techniques	technologique	0,0052	0,3247	0,0418
«	scientifique	0,0550	3,3809	0,8631
Compétences en R&D	technologique	-0,0131	-0,8095	-0,5255
«	scientifique	0,0932	5,7442	7,3860
Financement de l'innovation	technologique	0,0059	0,3620	0,1895
«	scientifique	0,0491	3,0184	3,1294
Commercialisation de l'innovation	technologique	-0,0113	-0,6977	-0,5155
«	scientifique	0,0686	4,2211	6,1768

* *L'ensemble des résultats pour les 14 secteurs étudiés n'est pas précisé ici mais peut être fourni à la demande du lecteur.*

CHAPITRE VII

LE DEBAT SUR LA NATURE DES AGGLOMERATIONS INNOVANTES : ECLAIRAGES THEORIQUES ET EMPIRIQUES

NADINE MASSARD,
STEPHANE RIOU

INTRODUCTION

1. Des externalités de localisation et d'urbanisation aux externalités MAR et Jacobs

En 1992, Glaeser, Kallal, Scheinkman et Shleifer publient un article intitulé « Growth in Cities » au sein duquel ils mettent en avant l'importance des avancées théoriques récentes concernant l'analyse simultanée de la formation des villes et de leur croissance. Ces avancées résultent, selon ces auteurs, de la remarquable connexion qui s'est établie entre les théories de la ville et les nouvelles théories de la croissance « *dans la mesure où les ville constituent, selon certains, les principales institutions grâce auxquelles les innovations technologiques et sociales se développent au travers d'interactions transitant ou non par le marché* » (Fujita et Thisse, 1997, p.39). De ces connexions sont nées diverses analyses capables d'expliquer simultanément comment se forment les villes (ou plus généralement les agglomérations) et comment elles croissent. Ces théories ont la caractéristique commune de développer une conception dynamique du rôle des externalités cependant elles sont distinguables par leur analyse des sources fondamentales d'externalités et de la manière de rendre leur captation plus efficiente. Glaeser et *alii* (1992) proposent ainsi la distinction entre trois types d'externalités : MAR (Marshall- Arrow- Romer), Porter et Jacobs, comme révélatrice de ces différences de conception sur la nature des *spillovers* et sur le rôle de la concurrence dans les processus d'innovation. Catégories que nous réduirons à deux en nous centrant uniquement sur la question de la nature, spécialisée vs diversifiée, des agglomérations.

Les externalités de type MAR concernent les externalités technologiques qui touchent les firmes appartenant à une même industrie. Les présentations de Arrow (1962) et de Romer (1986) sont considérées comme les fondements de cette approche en termes d'économie de la connaissance tandis que les travaux fondateurs de Marshall (1890) en décrivent l'application à l'analyse des agglomérations[1]. Ce

---

[1] Rosenthal et Strange (2004), nous rappellent tout de même que la problématique de la diversité n'est pas absente chez Marshall qui en souligne l'importance tant en termes de complémentarité entre industries que de réduction du risque.

point de vue prédit que la concentration d'une industrie dans une ville facilite les possibilités d'interactions entre individus répondant à des préoccupations communes et disposant de compétences similaires ; elle favorise ainsi la croissance de cette industrie et de cette ville. L'agglomération spécialisée de la Silicon Valley est présentée comme l'illustration la plus parlante des phénomènes décrits (Saxenian, 1994) mais on peut aussi trouver dans le monde beaucoup d'autres exemples d'agglomérations urbaines spécialisées. Facilitant les relations entre personnes, le « reverse engeneering » des produits, la mobilité du travail entre les firmes ou encore la diffusion d'informations sur les caractéristiques des marchés et les attentes des consommateurs, la spécialisation industrielle locale serait un moyen efficace d'accroître les externalités de connaissance entre firmes et donc de dynamiser les processus de croissance. Porter (1990) appuie l'idée que les externalités technologiques se développent essentiellement au sein d'une même industrie et que donc la spécialisation est bonne pour la croissance, à la fois de l'industrie elle-même et de l'agglomération dans laquelle elle s'est localisée. Porter s'oppose par contre à la conception MAR concernant l'influence du degré de concurrence caractérisant les agglomérations sur les processus d'innovation. Dans l'approche MAR un certain degré de monopole reste nécessaire au maintien d'une incitation à innovation (selon une perspective schumpeterienne) tandis que pour Porter la compétition reste la plus forte incitation à l'innovation.

La conception défendue initialement par Jacobs (1969) est au contraire que les externalités les plus cruciales à la vie des agglomérations résultent des fertilisations croisées entre compétences diverses. Cette conception s'appuie à la fois sur l'observation des interactions entre industries et services dans les grandes agglomérations (exemple de l'articulation entre finance et industrie à New-York) et sur les théories du changement technique qui mettent l'accent sur la forte capacité des innovations à se diffuser d'une industrie à une autre (Rosenberg, 1963 ; Sherer, 1982). Dans ce sens, la diversité industrielle serait plus dynamisante que la spécialisation pour la croissance dans la mesure où elle renforcerait les opportunités d'innovation par échange d'idées différentes et combinaisons nouvelles. « *The greater the sheer number of and variety of division of labor, the greater the economy's inherent for adding still more kinds of goods and services* » (Jacobs, 1969 p.59). Pour illustrer son argument, Jacobs compare notamment la dynamique florissante de Birmingham au déclin relatif de Manchester (ville fortement spécialisée dans le textile). De même, Glaeser et *alii* supportent encore l'argumentation de Jacobs en citant Bairoch (1988, p.336) : « *the diversity of urban activities quite naturally encourages attempts to apply or adopt in one sector (or in one specific problem area) technological solutions adopted in another secto*r ».

A première vue, ce débat semble très peu nouveau puisque, dès 1936, Hoover propose une classification des économies d'agglomération dans un sens assez proche. Pour cet auteur on parle d'économies d'échelle lorsqu'elles interviennent au niveau de la firme et dépendent donc du volume de production de celle-ci, d'économies de localisation lorsqu'une industrie complète est concernée c'est-à-dire que les économies proviennent de la taille de l'output de cette industrie au sein de l'agglomération et d'économies d'urbanisation lorsque la non-convexité est au niveau de la ville entière, les économies dépendant donc de la production totale de l'agglomération. En ranimant cette question, Glaeser et *alii* sont passés d'une simple typologie des formes d'externalités statiques (localisation, urbanisation) à un débat théorique sur les implications dynamiques de ces externalités. Ce passage à une conception dynamique est en effet fondamental, à la fois dans ces implications théoriques et empiriques. Trois éléments nouveaux sont introduits qui complexifient et enrichissent le débat spécialisation vs diversité par rapport à la distinction localisation / urbanisation en en réduisant fortement le caractère strictement dichotomique[2] :

- Le temps, qu'il s'agisse de processus historique, de l'apparition d'irréversibilité ou de dynamiques de cycle de vie ;
- Les relations non-marchandes, sources d'externalités de connaissances et d'innovation ;
- Les relations entre agglomérations associant les effets de proximité à d'autres effets plus distants.

2. *L'importance des phénomènes temporels*

Concernant le premier point, lorsqu'on se déplace d'une analyse en termes de localisation vers une analyse en termes de croissance on ne s'intéresse plus seulement aux conditions de formation des agglomérations mais à leurs conditions de survie et de développement. Dans ce cadre, les processus d'auto-renforcement, les irréversibilités sont essentiels, en un mot ici l'histoire compte pour comprendre la croissance différenciée des agglomérations. Le débat spécialisation / diversité qui décrit des réalités bien différentes au niveau de la formation des agglomérations, prend alors une dimension temporelle qui peut en atténuer le caractère dichotomique dans la mesure où la vie d'une agglomération peut très bien associer ces deux dimensions au cours de son histoire. Trois points de vue peuvent apparaître dans la prise en compte de la dimension temporelle.

Le premier relève de l'analyse historique de longue période. Il s'agit de repérer si la question spécialisation vs diversité ne tient pas aux grandes évolutions historiques qu'auraient connu les pays industrialisés dans les processus de formation des agglomérations urbaines. Dans sa revue de littérature sur la nouvelle économie géographique, Duranton tente par exemple une synthèse historique à partir des travaux des historiens et des géographes urbains au sein de laquelle la spécialisation correspond finalement à une étape particulière du développement industriel marquée par des particularismes nationaux (histoire souvent spécifique de la constitution des villes américaines par exemple).

Une autre façon de mettre en lumière la dimension temporelle ou historique des processus est d'insister sur les phénomènes d'auto-renforcement à la source d'irréversibilité forte dans les dynamiques de localisation et de croissance des agglomérations. Citant les travaux de Arthur (1990) sur l'évolution des

---

[2] Duranton et Puga (2000) décrivent en partie ce passage de modèles urbains statiques à des modèles intégrant les coûts de tranport et la dynamique pour traiter du débat spécialisation/diversité.

agglomérations, Henderson (1999) tente de préciser en quoi ces processus sont fortement dépendants du passé. Les dynamiques cumulatives (de spécialisation) peuvent parfois donner un pouvoir déterminant aux conditions initiales lorsqu'elles impliquent des inerties trop fortes dans la mobilité des industries.

Enfin, une autre perception de la dynamique temporelle est parfois mise en avant qui insiste sur les différences de comportements entre industries et apporte une interprétation en termes de cycle de vie. La capacité d'une industrie à bénéficier plutôt de sa propre activité ou plus globalement des activités menées dans d'autres industries au sein d'une agglomération dépendrait de son niveau de maturité, c'est-à-dire essentiellement de son niveau de dépendance par rapport au processus d'innovation.

3. L'importance des relations non-marchandes

Lorsqu'on en reste aux approches statiques en termes de localisation, ce sont essentiellement des phénomènes marchands bien identifiés qui permettent de distinguer économies de localisation et économies d'urbanisation : les unes relèvent des économies liées aux partages de certains inputs spécifiques communs au sein d'une même industrie (main d'œuvre spécialisée facilitant les appariements sur le marché du travail, ressources spécifiques) tandis que les secondes rendent compte d'une dynamique de la demande par les externalités pécuniaires liées aux relations marchandes entre industrie complémentaires (« forward and backward linkage » et causalité cumulative) ou au regroupement d'activités économiques diverses autour d'infrastructures communes (Henderson, 1986). Lorsqu'on se déplace vers une analyse en termes de croissance, en s'appuyant notamment sur les théories récentes de la croissance endogène, les relations non-marchandes sources d'externalités de connaissances deviennent les moteurs essentiels d'une croissance localisée dans la mesure où ces flux de connaissances sont généralement géographiquement circonscrits[3]. L'introduction des interactions hors-marché conduit d'abord à distinguer, dans l'analyse des phénomènes de concentration, les activités de production et les activités d'innovation. Les premières seraient plus sensibles aux externalités pécuniaires tandis que les secondes s'appuieraient sur la communication directe entre agents et les relations face à face. L'agglomération industrielle résulte alors de l'imbrication de ces différents phénomènes : « *une agglomération économique est créée aussi bien au travers d'externalités technologiques que pécuniaires, par ailleurs souvent imbriquées* » (Fujita et Thisse, 1997). Dans ce cadre, le débat spécialisation/diversité se complexifie donc un peu et surtout se déplace vers une discussion sur l'orientation et l'efficacité dynamique des flux de connaissances au sein ou à travers les frontières des industries. Les externalités liées à la diffusion de connaissances sont-elles plutôt intra ou intersectorielles ?

---

[3] Idée qui s'est constituée autour de nombreux points d'appui des analyses de la constitution d'une « atmosphère industrielle » locale chez Marshall aux nouveaux travaux de la géographie de l'innovation aujourd'hui (M. Feldman, 1994)

4. L'importance des relations inter-agglomérations

Enfin, la troisième dimension nouvelle qui se trouve introduite dans le débat lorsqu'on passe à une vision dynamique, c'est l'influence des relations inter-agglomérations sur les processus de croissance localisée. A ce niveau, une incursion dans les théories de l'économie géographique permet un approfondissement de l'analyse. En passant à des modèles à deux régions, les phénomènes d'externalités, qu'ils relèvent de relations de marché ou hors-marché, ne sont plus purement postulés. Leur importance et leur dimension géographique découlent de paramètres fondamentaux de l'économie tels que les coûts de transport de biens et les coûts de diffusion de la connaissance (Krugman, 2000). Les effets de spécialisation ou de diversité ne sont donc plus forcément des effets purement locaux, ils peuvent se décliner à différents niveaux géographiques impliquant de multiples équilibres possibles en termes de localisation et de croissance.

Il est possible aussi d'incorporer ici des arguments liés à la prise en compte des interactions stratégiques (du type de celles décrites par le modèle de Hotelling) dans la détermination des stratégies de localisation des entreprises[4]. La différenciation spatiale est alors considérée comme un substitut possible à la différenciation des produits, les coûts de transport apparaissant comme des paramètres de l'arbitrage localisation / différenciation.

Le passage d'une conception statique des externalités de localisation et d'urbanisation à une conception dynamique des externalités MAR et Jacobs, a donc permis un affinement de l'analyse dans un sens qui rend de moins en moins dichotomique la distinction entre spécialisation et diversité, d'où une certaine complexification du débat théorique. Dans les années 1990, les éléments théoriques nouveaux apparus dans ce débat sont pour une grande part dus au courant de la nouvelle économie géographique et de la synthèse « économie géographique – croissance ». Nous commencerons donc par présenter les arguments fournis par ces théories en précisant leur façon d'intégrer les dimensions dynamiques présentées ci-dessus (temps, externalités de connaissances et relations inter - agglomérations). Nous remarquerons, à l'instar de Duranton (1997), que ces modélisations théoriques restent encore faibles sur l'ensemble du débat dans la mesure où elles confrontent rarement les deux effets spécialisation et diversité, au profit d'un certain parti pris pour la diversité (section 2).

Les travaux empiriques menés ces dernières années tentent au contraire une véritable confrontation. Ils apportent des éclairages complémentaires utiles sur cette question même si, comme nous allons le constater, ils se dégagent encore très difficilement des ambiguïtés liées au maintien d'une approche dichotomique dans un cadre dynamique (section 3).

---

[4] *Cf.* notamment Neven et Thisse (1990) cité *in* Duranton (1997).

I- LES APPROCHES THEORIQUES RECENTES : UN PARTI PRIS POUR LA DIVERSITE ?

Dans leur explication des processus d'agglomération, les modèles de l'économie géographique placent le plus souvent au centre le rôle de la diversité, que celle-ci porte sur les préférences des consommateurs (Krugman (1991) ou sur des biens intermédiaires disponibles Krugman, Venables (1995). Ils n'intègrent pas le rôle des externalités de connaissances et restent statiques. Les travaux réalisant la synthèse entre économie géographique et croissance endogène présentent des modèles dynamiques qui intègrent le rôle des externalités de connaissances et des relations inter-agglomérations. Ils fournissent une image beaucoup plus complexe du rôle de la diversité et de la spécialisation qui échappe finalement à toute interprétation dichotomique.

1. Agglomération et préférence pour la variété des biens finaux : le modèle de base de Krugman (1991)

La nouvelle économie géographique, dans la lignée du modèle de Krugman (1991), consiste à comprendre les processus d'agglomération par les forces économiques qu'ils sous-tendent. L'analyse fait alors invariablement référence à des externalités pécuniaires donc à des relations d'offre et de demande transitant par le marché. Ces externalités pécuniaires peuvent émerger de plusieurs configurations selon que la relation d'offre et de demande concerne un producteur et un consommateur ou plusieurs producteurs liés ou non par des relations verticales. L'entrée de nouvelles firmes dans une région peut, par exemple, constituer une externalité pécuniaire positive pour les firmes concurrentes localisées dans cette région, si celle-ci permet d'élargir le marché via la demande additionnelle qu'elle procure. Dans un contexte de relation sectorielle, cette entrée peut aussi engendrer une baisse des coûts de production pour les secteurs situés en aval, d'une part, par un effet de concurrence et, d'autre part, par une minimisation des coûts de transport. Pour les mêmes raisons, la localisation de nouvelles firmes affectera positivement le bien être des consommateurs. On entrevoit alors de quelle façon ces effets externes peuvent enclencher des mécanismes de causalité circulaire : *« la production industrielle aura tendance à se concentrer aux endroits où existent des marchés de taille importante, mais le marché sera de taille importante aux endroits où la production est concentrée »* (Krugman, 1991). De façon simultanée, cet effet d'entraînement aval est susceptible de se coupler à un effet d'entraînement amont (Hirschman, 1958) dont l'idée est *« qu'il est souhaitable de vivre et de produire à proximité d'une concentration de productions industrielles en raison du plus faible prix des biens produits »* (Krugman, 1991). Le bouclage de ces deux effets définit finalement un processus d'agglomération auto-entretenu.

La démonstration de ce processus que propose Krugman (1991) tient évidemment aux hypothèses de mobilité d'une partie des travailleurs et de coût de transport sur une partie des biens échangés. Mais le socle du modèle réside dans une structure de marché en concurrence monopolistique de type Dixit et Stiglitz (1977) qui permet d'introduire de façon flexible le rôle des rendements croissants internes aux firmes. L'économie se caractérise ainsi par une diversité des biens offerts, chaque firme produisant un bien unique de sorte que celle-ci détient un pouvoir de monopole. De façon plus cruciale, cette diversité est soutenue grâce à la structure de la fonction d'utilité des individus. Même si le nombre de biens différenciés est très important, chacun d'eux est perçu comme un produit distinct du point de vue du consommateur et l'ensemble des biens est valorisé de manière symétrique. Cela requiert une fonction d'utilité à élasticité de substitution constante (CES) impliquant que les agents ont une préférence pour la diversité des biens consommés. Il est utile de donner une présentation succincte de cette fonction afin de bien comprendre le rôle de la diversité dans le processus d'agglomération mis en avant par Krugman (1991).

Il est supposé que tous les individus partagent les mêmes préférences données par la fonction Cobb-Douglas suivante : $U = C_M^{\mu} C_A^{1-\mu}$ où 0<_<1 est la part de dépenses de consommation consacrée aux biens différenciés. C_A est la consommation en biens agricole et C_M est défini par la fonction CES suivante : $N = n_1 + n_2$ est le nombre total de biens différenciés de l'économie avec n_1 et n_2

$$C_M = \left[\sum_{i=1}^{N} c_i^{\rho} \right]^{\frac{1}{\rho}} \qquad 0 < \rho < 1$$

ceux respectivement produits dans les régions 1 et 2. C_i est la consommation individuelle de chacun de ces biens et _ est un paramètre donnant le degré de préférence des consommateurs pour la variété des biens. Cette préférence est d'autant plus forte que _ tend vers 0. Inversement, lorsque _ est proche de 1 les biens différenciés sont quasiment de parfaits substituts, de sorte que les individus vont peu valoriser la diversité. Il est ainsi courant de poser comme étant l'élasticité de substitution entre les biens avec _ > 1.

Les fonctions de demande et l'indice de prix dérivés de la fonction d'utilité

$$\sigma = \frac{1}{1-\rho}$$

vont résumer une grande partie des mécanismes du modèle.

Supposons que les firmes produisant les biens différenciés fixent un prix identique de sorte que $\__i = p$. L'indice de prix perçu par chaque consommateur s'écrit alors :

$$P_M = N^{\frac{1}{1-\sigma}} p$$

Parce que les consommateurs valorisent la diversité, on observe qu'à _ donné, tout accroissement du nombre de variétés de biens disponibles se traduit par une réduction de l'indice de prix. Par ailleurs, cette réduction sera d'autant plus forte que la différenciation des produits est élevée (_ faible) ou de façon identique que la préférence pour la variété est importante (_ faible).

Parallèlement si $p_i = p$ la fonction de demande en chacun des biens s'écrit :

$$c = \frac{\mu w}{Np}$$

où w est le salaire nominal. Un accroissement du nombre de variétés sur le marché réduit donc la consommation de biens produits par les firmes en place. L'entrée de nouvelles firmes intensifie la concurrence et produit surtout une réallocation des dépenses de consommation en faveur des nouveaux biens.

Les mécanismes par lesquels le goût des consommateurs pour la diversité engendre un processus d'agglomération peuvent se concevoir de la façon suivante.

On suppose qu'initialement les activités en concurrence monopolistique se répartissent également entre les deux régions et que l'échange de biens différenciés induit un coût de transport. Par ailleurs, une partie des travailleurs est mobile. Ceux-ci vont migrer vers la région leur offrant le salaire réel le plus élevé, le salaire réel étant simplement le salaire nominal pondéré par l'indice de prix qu'ils perçoivent en fonction de leur localisation.

Partant d'une situation d'équi-répartition, il est supposé qu'un travailleur décide de changer de région à un moment de l'histoire. Cette perturbation engendre deux forces centripètes ou d'agglomération dont la conjugaison crée une causalité circulaire et cumulative fortement déstabilisante pour l'équilibre géographique.

La première de ces forces est liée à un effet de demande. Tout mouvement migratoire vers une région s'accompagne d'une délocalisation des dépenses individuelles favorable à cette région et modifie la taille relative des marchés. En présence de coûts de transport les firmes produisant en rendements croissants perçoivent alors une incitation à se localiser sur le marché le plus large afin d'exploiter ces rendements.

Une seconde force d'agglomération décrit un effet d'indice de prix lié au goût pour la diversité des individus. Toute région accueillant un nombre plus important de firmes constitue aussi une région où l'offre locale en biens différenciés est plus variée. Cela attire de nouveaux consommateurs puisque ceux-ci valorisent la variété des biens et percevront un salaire réel plus élevé dans la région où le nombre de biens locaux est le plus important. Cet effet tient purement à la fonction d'utilité CES des individus. A un coût de transport donné, l'indice de prix intégrant le salaire réel est d'autant plus faible dans la région la plus spécialisée en biens différenciés. On assiste alors à une nouvelle augmentation de la demande locale qui amplifie l'effet de demande précédent et l'incitation à l'agglomération pour les firmes.

L'effectivité de ces deux forces dépend toutefois de la valeur du coût de transport prévalant dans l'économie. Krugman (1991) montre ainsi que de faibles coûts de transport favorisent l'apparition d'un scénario d'agglomération. D'une part, les firmes ont alors intérêt à se localiser où le marché est le plus large pour exploiter les rendements croissants et à desservir l'autre marché par l'échange où la demande est peu érodée par les coûts de transport. D'autre part, et toutes choses égales par ailleurs, il est d'autant plus optimal pour les consommateurs de migrer vers la région produisant le plus grand nombre de biens que l'approvisionnement en biens importés s'effectue avec un faible coût additionnel. La substituabilité des biens ou le degré de préférence pour la variété interviennent là encore dans la détermination du coût de transport critique en dessous duquel la stabilité de l'équilibre symétrique n'est plus assurée. Généralement, ce coût de transport sera d'autant plus élevé que le goût des consommateurs pour la diversité est forte. Deux mécanismes sont alors en jeu. Une préférence élevée pour la variété amplifie d'abord l'effet d'indice de prix donc l'incitation pour les consommateurs à migrer vers la région dont l'offre locale est la plus variée. Elle renforce ensuite la position de monopoleur de chaque firme sur son produit ce qui conduit à atténuer les effets de concurrence issus d'une localisation sur le marché le plus large.

2. Agglomération et préférence pour la variété des biens intermédiaires : l'approche de Krugman, Venables (1995)

Si dans le modèle de Krugman (1991), la diversité joue au travers de l'utilité des consommateurs, d'autres modèles d'économie géographique supposent que celle-ci porte sur des biens intermédiaires rentrant dans la production de biens de consommation (cf. Krugman et Venables (1995), Venables (1996)). Krugman et Venables (1995) considèrent une seule catégorie de main d'œuvre, mobile entre les secteurs, mais qui n'a pas la possibilité de migrer d'une région à l'autre. Outre un secteur en concurrence pure et parfaite, il existe des industrie liées par des relations d'offre et de demande. Ces industries sont regroupées en un seul secteur en concurrence imparfaite, de sorte qu'une variété de bien produit par une firme est à la fois destinée aux consommateurs des deux régions et constitue un bien intermédiaire pour toutes les autres firmes. Les firmes valorisant la diversité de biens intermédiaires offerts sur le marché, les rendements sont constants par rapport au travail et croissants avec le nombre de facteurs différenciés. Formellement, la fonction de production utilisée est de type Ethier (1982). Celle-ci comporte, parallèlement au facteur travail, une fonction CES analogue à celle définie précédemment.

En l'absence de mobilité de la main d'œuvre, la combinaison des coûts de transport et des relations amont-aval produit des économies d'agglomération identiques à celles générées dans le modèle de Krugman (1991). En d'autres termes, tout comme la préférence pour la variété des biens finaux s'accompagne de migrations du facteur travail, les firmes tendent à se localiser là où le nombre de biens intermédiaires est le plus élevé afin d'économiser les coûts de transport. De même, en présence de rendements croissants, les firmes vont se localiser dans la région où le marché est le plus large donc là où la demande en biens intermédiaires est la plus importante. Ces deux effets définissent finalement un processus d'agglomération auto-entretenu.

La diversité se trouve donc au centre des mécanismes d'agglomération définis par l'économie géographique, que cette diversité porte sur les préférences des consommateurs ou sur des biens intermédiaires disponibles. Ce rôle peut être jugé comme excessif et, en particulier, le fait que les individus ou firmes valorisent de manière symétrique les biens différenciés est très discutable[5]. On pourrait supposer, par exemple, que si les individus ont tendance à se localiser dans des structures économiques diversifiées, c'est parce qu'ils auront d'autant plus de probabilité d'y trouver les biens qui correspondent le mieux à leur besoin. De même on peut estimer, que les firmes y auront une plus grande facilité à sélectionner des inputs spécialisés (Combes, 1996).

3. L'approche par la relation localisation de l'innovation/croissance

Formellement, les modèles d'économie géographique font abstraction de toute relation potentielle liant les processus d'agglomération et d'accumulation. L'analyse suppose un stock de ressources fixé dont on étudie, par statique comparative, les équilibres de localisation résultant de modifications du coût de transport. Par hypothèse, ces équilibres correspondent donc à des états économiques de croissance nulle. L'agglomération est pourtant fondamentalement un processus de long terme donc concomitant à l'accumulation des facteurs et ressources.

Les travaux réalisant la synthèse entre économie géographique et croissance endogène fournissent un cadre conceptuel particulièrement attrayant des interdépendances entre ces deux processus (*cf.* notamment, Englmann et Walz, 1995, Walz, 1996, Baldwin et Forslid, 2001, Martin et Ottaviano, 1999, 2001, Baldwin, Martin et Ottaviano, 2000). L'essentiel de ces travaux regroupe en fait, au sein d'une même analyse, trois faits stylisés bien connus : le rôle moteur de l'innovation sur la croissance, l'organisation polarisée des activités économiques et l'existence d'interactions de marché (externalités pécuniaires) et d'interactions hors-marché (externalités de connaissances) médiatisées par l'espace. La formation de la croissance nationale ou régionale est alors appréhendée comme résultant non seulement de facteurs exogènes et initiaux, mais aussi de l'interaction entre les avantages et désavantages à l'agglomération perçus par des firmes ou secteurs liés à des activités d'innovation. Le rôle de la diversité et de la spécialisation dans cette littérature est particulièrement complexe et échappe à toute interprétation dichotomique. Le modèle de Martin et Ottaviano (1999) illustre parfaitement cette complexité.

Martin et Ottaviano (1999) considèrent une économie à deux régions inégalement dotées en capital et deux secteurs. Un secteur produit un bien homogène en concurrence pure et parfaite, l'autre des biens différenciés en concurrence monopolistique dont l'échange inter-régional induit un coût de transport. Dans ce secteur, la production de chaque variété requiert le développement d'un brevet ou la réalisation d'une activité d'innovation. De manière identique aux modèles de croissance endogène avec recherche et développement[6], la productivité de l'innovation croît avec le nombre de variétés déjà produite dans l'économie. En d'autres termes, chaque firme lorsqu'elle innove et rentre sur le

---

[5] On retrouve là, naturellement, une critique fréquemment adressée au modèle de Dixit et Stiglitz (1977).

[6] Voir notamment Grossman et Helpman (1991).

marché bénéficie d'externalités de connaissances de type Jacobs liée à la diversité prévalant dans le secteur des biens différenciés. Toutefois, ces externalités sont supposées localisées. Précisément, il n'existe pas de diffusion des connaissances entre les deux régions. La localisation optimale pour les activités d'innovation consiste alors à s'implanter dans la région accueillant le plus d'activités de production de biens différenciés. Or, la présence de rendements croissants et de coûts de transport produit une force qui pousse ces activités de production à se localiser en majorité dans la région la mieux dotée en capital et où le niveau de dépenses est, en conséquence, le plus élevé. L'innovation et le taux de croissance de l'économie sont alors intégralement déterminés par cette région centrale.

Finalement, l'organisation spatiale des activités et l'accumulation au sein de cette économie sont déterminées par une superposition d'effets de spécialisation et de diversité.

La diversité soutient sans équivoque le taux de croissance à l'équilibre stationnaire : d'une part, au travers des externalités de connaissances qu'elle engendre et, d'autre part, par la préférence pour la variété des individus qui assure que toute nouvelle innovation trouve un débouché sur le marché.

Toutefois, puisque les externalités sont locales et que la R&D est totalement concentrée dans la région centrale, l'ampleur de l'effet des externalités Jacobs sur le taux de croissance dépend étroitement de l'organisation spatiale des activités entre les deux régions. Evidemment, plus les firmes produisant les biens différenciés se concentreront dans la région centrale, plus les externalités seront fortes et le taux de croissance élevé. L'effectivité des effets de diversité est donc déterminée par le degré de spécialisation de la région centrale dans le secteur des biens différenciés.

Formellement, ce degré de spécialisation équivaut strictement au degré d'agglomération des activités et résulte donc de facteurs classiques de localisation en économie géographique. Outre l'écart de tailles de marché et le niveau des coûts de transport, la perception de la diversité des biens par les consommateurs va donc façonner le niveau de spécialisation de la région centrale. A coût de transport et écart de dépenses donnés, plus les produits seront substituables plus l'agglomération dans la région centrale produira d'effets de concurrence jouant négativement sur son degré de spécialisation à l'équilibre.

Martin et Ottaviano (1999) considèrent ensuite le cas où l'économie est marquée par des externalités de connaissances globales, donc non contraintes par l'espace. Dans ce cas précis, le rôle joué par la spécialisation régionale est réduit à néant puisque l'organisation spatiale des activités n'a pas d'incidences sur le volume d'externalités de diversité de l'économie et sur son taux de croissance.

En définitive, et à l'image des autres travaux de la synthèse géographie-croissance, les mécanismes décrits dans le modèle de Martin et Ottaviano (1999) reposent fortement sur des effets de diversité. La spécialisation n'intervient que de manière très implicite pour qualifier l'agglomération du secteur dynamique dans une région particulière.

Toutefois, il semble clair que l'interprétation proposée ici se heurte au même problème auquel sont confrontées les estimations économétriques des effets de diversité et de spécialisation, à savoir celui de la frontière entre ces deux types d'environnements. Dans les travaux théoriques précédents, la diversité désigne un environnement intra-sectoriel produit par une structure de marché en concurrence monopolistique. Ce que Jacobs (1969) définit par le qualificatif de diversité tient davantage à des relations inter-sectorielles c'est-à-dire impliquant des secteurs voués chacun à la production de biens ou services sans réelle proximité d'usage. Ainsi, dès lors qu'une structure de marché de type Dixit-Stiglitz (1977) est mobilisée, toute référence à la conception de la diversité que défend Jacobs (1969) doit s'entourer d'une certaine prudence.

Les deux approches abordées précédemment offrent finalement une description trop générale du rôle de la diversité et de la spécialisation dans le développement économique local. Duranton et Puga (2001) s'attachent au contraire à en préciser les fondements microéconomiques tout en considérant ces deux types d'organisations d'activités comme complémentaires. Chacune d'elle correspond à une organisation optimale selon la phase du cycle de vie du produit que développe l'entreprise. En phase d'innovation, d'expérimentation, l'entreprise fait face à de nombreuses incertitudes concernant le processus de production le plus efficace, le type de qualification des employés le plus approprié. Durant cette phase, les firmes vont donc rechercher des environnements diversifiés offrant une proximité à d'autres firmes elles aussi en phase d'expérimentation. Si cette diversité a elle-même un coût du fait de l'éclatement des compétences au sein de l'aire géographique, les firmes n'ont cependant pas besoin de supporter des coûts de délocalisation à chaque nouvelle expérimentation. Cette recherche d'un environnement diversifié prend fin lorsque la firme a enfin trouvé le bon procédé de production. Celle-ci arbitre alors en faveur d'un changement de localisation pour une zone géographique spécialisée dans son procédé de production. Les externalités marshalliennes gouvernent alors le choix de localisation. Duranton et Puga (2001) montrent ainsi que des tissus urbains diversifiés et spécialisés peuvent coexister, chacun répondant aux attentes des firmes à des étapes différentes de leur cycle de vie. Ce modèle s'attache cependant plus à la tradition des modèles urbains qu'à l'économie géographique dans la mesure où les relations inter-agglomérations ne sont pas prises en compte.

III- SPECIALISATION OU DIVERSITE : EVIDENCES EMPIRIQUES

Parallèlement à ces développements théoriques, l'économie géographique a donné naissance à une littérature plus appliquée visant à fournir à ce débat des éléments de réfutations empiriques. Deux grandes voies méthodologiques peuvent être distinguées au sein de cette littérature. La première consiste à estimer directement les effets des structures locales (spécialisées ou diversifiées) sur la croissance d'une agglomération (mesurée le plus souvent par l'emploi) puis d'en inférer l'existence d'externalités dynamiques. La seconde voie tente d'isoler plus spécifiquement les externalités dynamiques de connaissances. Elle consiste à estimer une fonction de production de connaissance locale au sein de laquelle les variables explicatives rendent compte des structures locales ou du caractère intra ou intersectoriel des flux de connaissances.

1. Structures économiques locales et croissance

Ce premier type de travaux a été initié par Glaeser et *alii* (1992)[7]. Ces auteurs tentent de fournir des bases de réfutation empirique dans le débat sur spécialisation et diversité en analysant les effets des structures locales sur la croissance d'une agglomération. Le modèle consiste à estimer la fonction suivante :

$\alpha \log (l_{t+1}/ l_t) = - \log (w_{t+1}/w_t) + \log (A_{national,t+1} / A_{national,t}) + g$ (specialisation, competition, diversité, initial conditions) + e_{t+1}

La croissance de niveau de l'emploi local entre le début et la fin de période est liée à des variables explicatives des caractéristiques locales mesurées en termes de spécialisation, de diversité, de niveau de compétition auxquelles les auteurs rajoutent certaines conditions initiales et variables de contrôle visant à isoler vraiment les effets des externalités. L'indicateur de spécialisation utilisé rapporte la part de l'emploi de l'industrie considérée dans l'emploi total de l'agglomération à la part de l'emploi total de cette industrie dans l'emploi national.

Pour ce qui concerne la diversité la mesure utilisée est la part de l'emploi de la ville dans les 5 plus grandes industries hors l'industrie considérée. Un ratio faible indique une structure locale diversifiée. Outre les variables de contrôle destinées à corriger les effets prix (salaires) ou effets taille, les auteurs incluent aussi le changement dans l'emploi national de l'industrie considérée afin de corriger les évolutions de la demande industrielle nationale.

Les régressions, fondées sur les MCO, ont été effectuées sur les 170 plus importantes Aires Métropolitaines aux Etats-Unis entre 1956 et 1987. Seules les 6 plus grandes industries au sein de chaque aire métropolitaine ont été considérées, ce qui correspond à un échantillon comprenant essentiellement des industries matures. Glaeser et *alii* concluent, dans ce contexte, à un effet négatif de la spécialisation sur la croissance de l'emploi local tandis que la diversité, elle, jouerait favorablement. Les limites que soulèvent eux-mêmes les auteurs sur cette analyse constituent en fait les principales sources des débats méthodologiques qui seront développées dans les études ultérieures. La première concerne la mesure de la croissance choisie : l'emploi. Les auteurs justifient ce choix d'abord par l'impossibilité d'obtenir une mesure de la productivité globale et ensuite en comparant l'intérêt d'une mesure par l'emploi par rapport à une mesure par l'évolution des salaires[8]. La seconde limite porte sur les caractéristiques des données concernant quasi exclusivement des industries matures sur une période au cours de laquelle ces industries sont en très

---

[7] *Cf.* Combes (1996) et Ghio (2000) pour une revue plus détaillée de ces travaux.

[8] Les principaux arguments avancés à l'encontre d'une mesure par les salaires sont : les salaires ne sont qu'un reflet très imparfait de l'évolution de la productivité marginal du travail du fait de l'absence de compétition sur le marché du travail ; les migrations sont possibles ainsi, à long terme, on peut considérer les travailleurs comme indifférents face aux différentes localisations ; les industries en déclin se séparent des travailleurs les moins qualifiés et expérimentés en premier créant artificiellement une hausse des salaires ; au contraire, certaines innovations technologiques peuvent faciliter l'emploi de salariés peu qualifiés. Lamorgese (1997) défend quant à lui une mesure approchée de la productivité par les salaires en insistant sur le caractère plutôt concurrentiel du marché du travail américain et en remarquant l'existence d'effets compensatoires qui limitent les risques de biais au niveau agrégé.

faible croissance ou même en déclin. Aucune conclusion ne peut donc être déduite de cette analyse pour des industries en début de cycle de vie et en période de pleine croissance. La dernière limite porte sur le caractère très indirect de la mesure des externalités effectuées. Les interprétations des coefficients de spécialisation et de diversité en termes d'externalités de connaissances sont peut-être un peu abusives dans la mesure où la plupart des résultats obtenus pourrait aussi être interprétée au regard du modèle néoclassique standard pour lequel les industries croissent là où le travail est le moins cher et la demande la plus élevée.

Affinant cette première étude par des régressions sectorielles, Henderson, Kundoro et Turner (1995) concluent sur des effets beaucoup moins tranchés : seule la spécialisation joue positivement pour les industries traditionnelles tandis que pour les industries plus récentes, spécialisation et diversité favorisent conjointement la croissance dans les zones métropolitaines. Remarquons que ces auteurs utilisent un indice plus général pour mesurer la diversité, qui sera largement repris dans les études ultérieures : l'inverse d'un indice de concentration d'Herfindhal[9].

Par la suite, Henderson (1997, 1999) apporte des améliorations méthodologiques nouvelles. Alors que les études précédentes pensent retracer l'effet des externalités dynamiques en reliant l'emploi actuel aux caractéristiques initiales des structures industrielles locales marquant le début de période (soit 10 à 30 ans plus tôt), Henderson soulève deux grandes faiblesses dans cette interprétation. Le lien établi entre le présent et le passé peut très bien relever d'effets spécifiques de localisation (liés à des avantages comparatifs locaux persistants) renforçant les déterminations historiques plutôt que rendre compte d'externalités dynamiques et les tentatives d'instrumentation des conditions historiques dans les estimations économétriques apparaissent peu convaincantes. La seconde faiblesse méthodologique relevée tient aux caractéristiques des données utilisées, qui ne permettent aucune analyse des effets temporels ou des structures de retard marquant les phénomènes d'externalités. La dépendance historique des localisations peut en effet entraîner des inerties dans la mobilité des activités industrielles. Pour répondre à ces problèmes Henderson (1997) utilise l'économétrie des données de panel sur des données de niveau d'emploi concernant 742 comtés urbains aux Etats-Unis entre 1977 et 1990. Le modèle proposé tente de distinguer les externalités dynamiques des effets spécifiques de localisation et d'identifier une structure de retard ainsi que le timing des effets historiques. Des estimations spécifiques sont effectuées sur 5 industries. Les résultats montrent que les deux types d'externalités MAR et Jacobs sont présentes. Pour les externalités de spécialisation, les résultats montrent un effet positif agissant principalement dans un délai de quelques années et mourant au-delà

---

[9] L'indice d'Herfindhal est parfois utilisé comme mesure de l'absence de diversité. Il mesure la somme du carré des parts de l'ensemble des secteurs dans l'emploi total de la zone à l'exception du secteur analysé. Il peut être normalisé sur le même principe à l'échelle nationale. L'intérêt d'une mesure de la diversité par l'inverse d'un indice d'Herfindhal est d'éviter le problème de la corrélation inverse entre les mesures de la diversité et de la spécialisation. En effet, l'inverse de l'indice d'Herfindhal prend des valeurs élevées lorsque les tailles des secteurs autres que le secteur considéré sont relativement proches. Il s'agit donc précisément d'une mesure de l'homogénéité sectorielle auquel fait face un secteur particulier, homogénéité qui n'est pas systématiquement liée au degré de spécialisation.

de 6 ans environ. Pour les externalités de diversité, les effets sont de plus long terme. Lamorgese (1997) insiste sur l'importance de ces effets temporels et considère que des études menées sur le trop long terme (délai de plusieurs dizaines d'années par exemple chez Glaeser et *alii*), ne peuvent pas rendre compte des externalités de connaissance. Les résultats de la géographie de l'innovation (notamment Jaffe, Trajtenberg et Henderson, 1993) montrent en effet que ces externalités ne conservent un caractère local que sur le court terme, pas au-delà de 8 ans dans tous les cas. Il soupçonne alors que sur le long terme ce sont essentiellement des avantages spécifiques de localisation ou des externalités pécuniaires qui jouent. Son étude consiste donc à distinguer ces différents effets et conclut effectivement dans le sens attendu. En 1999, Henderson affine encore l'analyse en traitant des données de productivité recueillies au niveau des établissements et intégrant une problématique de cycle de vie distinguant industries traditionnelles et industries high tech. Les caractéristiques de concentration, de mobilité et d'externalités concernant ces deux types d'industries sont étudiées. Associant l'analyse des phénomènes d'externalité aux caractéristiques de mobilité des industries, cette étude comporte donc l'intérêt de présenter une première tentative de rendre compte des éléments dynamiques inter-agglomérations parmi lesquels les coûts de transport sont des déterminants à prendre en compte. Dans ce cadre, l'industrie manufacturière apparaît à la fois moins concentrée et moins mobile que l'industrie high tech et valorise principalement des externalités de type MAR. Par contre, contredisant Glaeser et *alii* (1992) et Henderson et *alii* (1995), aucun effet significatif de la diversité n'a pu être mis en évidence au niveau des aires métropolitaines lors des régressions par les MCO sur des équations de croissance d'emploi. Henderson remarque seulement un effet lors des régressions effectuées avec effets fixes sur les aires métropolitaines. L'interprétation suggère que la diversité est importante dans les décisions de localisations (notamment la diversité des fournisseurs d'inputs) mais pas en tant que sources d'externalités dynamiques internes à la zone. Notons que Rosenthal et Strange (2003) dans leurs travaux estimant les déterminants locaux de la création d'entreprise utilisent les même types de méthodes et aboutissent à des résultats assez proches concernant l'effet bénéfique de la diversité sur la création d'entreprises.

S'inscrivant dans le prolongement des travaux précédents mais traitant du contexte français, Combes (1996, 2000), suggère qu'il est possible d'appréhender l'influence des structures industrielles locales comme résultant du jeu des forces de marché, donc d'externalités pécuniaires et d'interactions stratégiques. Combes (2000) estime ainsi l'effet de la spécialisation et de la diversité sur la croissance sectorielle dans 341 zones d'emploi françaises et pour la période 1984-1993. Le taux de croissance porte sur l'emploi dans 52 secteurs industriels et 42 secteurs de services. La spécialisation joue négativement dans la majorité des secteurs, qu'ils soient industriels ou de services. L'effet de diversité est moins net. Si une structure locale diversifiée semble affecter positivement les taux de croissance de secteurs de haute technologie, les coefficients d'élasticité sont le plus souvent non significatifs. A l'occasion de ce travail Combes relève les difficultés de l'exercice concernant les biais introduits, soit par le choix des indicateurs[10] soit par l'espace géographique pris en compte (ensemble du territoire français chez Combes ou seulement zones urbaines dans les travaux sur les Etats-Unis).

Au total toutes ces approches mesurent les effets des structures industrielles locales sur la croissance d'une agglomération mesurée en termes d'emploi (Glaeser et *alii*, Henderson), de créations (Rosenthal et Strange) ou de salaires (Lamorgese). Leurs interprétations en termes d'externalités de connaissances ne sont donc pas sans ambiguïté dans la mesure où aucune variable de recherche et développement n'est introduite dans les estimations (Desrochers, 2001 ; Quigley, 1998).

En l'état actuel, ces travaux ne permettent pas véritablement de conclure sur l'intérêt de la spécialisation ou de la diversité sans doute, au delà des problèmes méthodologiques relevés, parce qu'ils ne modélisent pas les effets sur la recherche et innovation. Ainsi Glaeser (2001) reconnaît la nécessité de développer des études ultérieures dans un sens un peu différent : « *For the moment, the role of concentration and diversity does not seem to have been resolved by the litterature. Different time periods and different samples give different results which suggest that there is no universal truth on this topic. My hope is that by investigating the actual hard evidence on innovation, we will be able to assess the relative importance of idea combinations and the role of diversity and concentration* » Glaeser (2001, p.92). Les travaux de géographie de l'innovation s'intéressent plus aux relations non-marchandes, aux externalités de connaissances mal modélisées dans les approches précédentes. Ils permettent, quant à eux, la caractérisation des structures locales les plus favorables à l'innovation et à l'émergence d'externalités. Ils semblent donc plus à même de répondre à la question de l'intérêt comparé des structures spécialisées ou diversifiées et de l'origine intra ou intersectorielle des externalités technologiques. Qu'en est-il ?

2. La géographie de l'innovation et l'origine intra ou intersectorielle des externalités de connaissances.

Concernant les flux de connaissances, les travaux de H. Capron et Cincera (1995), Jaffe, Trajtenberg et Henderson (1993), tendent à démontrer qu'une part significative des *spillovers* provient de firmes qui ne sont pas dans le voisinage technologique immédiat de la firme considérée. « *Les firmes proches technologiquement ne bénéficient pas davantage des externalités de leurs voisines que celles qui sont plus éloignées* » (Capron et Cincera, 1995, p. 16). Analysant les citations de brevets aux Etats-Unis, Jaffe et *alii* (1993) montrent qu'environ 40% des citations ne proviennent pas de la même classe de brevet que le brevet d'origine. Au contraire, chez Jaffe (1989), l'influence de la recherche universitaire est plus nette au niveau des secteurs qu'au niveau local, ce qui indiquerait que les *spillovers* sont spécifiques (propre à un secteur) et qu'il ne s'agit pas d'un effet diffus, transectoriel

---

[10] Pour une revue critique des indicateurs de spécialisation et de diversité *cf.* Duranton et Overman (2002) et Comes, Overman (2004).

de la recherche universitaire. De même, selon Jaffe, Trajtenberg et Henderson (1992) et Verspagen et Schoenmakers (2000), la probabilité de citer un brevet est positivement influencée par la proximité technologique entre le nouveau brevet et le brevet cité.

En sortant d'une pure analyse du rôle de la proximité technologique et en tentant d'isoler les effets respectifs de la spécialisation et de la diversité sur l'innovation à l'échelle locale les travaux de Audretsch et Feldman (1999), Hageman et Kelly (1999) ou Paci et Usai (1999) réconcilient les études précédentes et apportent des éléments supplémentaires. Audretsch et Feldman (1999) posent la question de la définition des connaissances diverses mais complémentaires capables de créer des externalités économiquement bénéfiques. Ils utilisent alors les données fournies par Levin et *alii* (1997) pour identifier les disciplines formant une base scientifique commune sur laquelle peuvent émerger des rendements croissants transsectoriels. Leur étude porte sur 5946 observations qui constituent chacune une paire « industrie-zone métropolitaine ». Les industries sont regroupées en six secteurs sous le critère de partage d'une base scientifique commune, ce qui leur permet de construire un indicateur de diversité en rapportant la part d'une base scientifique dans une aire métropolitaine donnée sur la part de cette même base à l'échelle nationale. Un indicateur de spécialisation est construit de façon identique, les ratios impliquant cette fois des parts industrielles. L'influence de la structure locale sur l'innovation industrielle est estimée par le biais d'une fonction de production de connaissance où la variable dépendante est définie par des innovations commercialisées. Leurs estimations révèlent le rôle entraînant de la diversité sur l'innovation locale. Ainsi une forte implantation locale d'industries partageant une base scientifique commune tendrait à stimuler l'innovation. La spécialisation jouerait quant à elle négativement. Précisons ici que la conception de la diversité mise en œuvre est celle qui rassemble une grande partie des travaux dans ce domaine et qui consiste à restreindre les effets d'externalités générés par la diversité à des secteurs proches technologiquement. La volonté est de mettre exclusivement l'accent sur les externalités de connaissances en considérant que les effets positifs d'un environnement diversifié ne sont repérables que pour des secteurs liés par une même base scientifique (les cas de la Silicon Valley ou de la Route 128 ne révéleraient pas les bienfaits de la spécialisation mais au contraire ceux de la diversité).

L'étude de Paci et Usai (1999) sur les systèmes locaux italiens comporte une méthodologie identique à celle d'Audretsch et Feldman (1999). Elle repose sur l'estimation d'une fonction de production de connaissances où la variable dépendante est le nombre de brevets déposés par un secteur dans un district donné. Contrairement aux estimations effectuées par les auteurs américains, les régressions par les MCO et Tobit simple révèlent cette fois une influence positive de la spécialisation et de la diversité sur l'innovation, la diversité jouant un rôle d'autant plus conséquent au sein des aires métropolitaines et dans les industries de haute technologie. Cette divergence de résultats avec Audretsch et Feldman (1999), en dépit d'une forte proximité méthodologique dans le choix des indicateurs, suggère une différence notoire entre les systèmes locaux d'innovation américains et européens.

Appliquée au cas français, l'étude de Riou (2001) apporte un point de vue original. Comme dans les travaux précédents, l'influence des structures locales de recherche-développement est estimée par le biais d'une fonction de production de connaissances (mesurée par le nombre de brevets déposés au niveau des départements français). La spécialisation sectorielle est définie au travers d'un indicateur traditionnel rapportant la part d'un secteur dans une zone locale normalisée à l'échelle nationale. Cependant ici l'utilisation de données de R&D et non d'emplois industriels permet une appréciation plus directe de la composition sectorielle des structures locales de R&D. Par ailleurs, l'étude associe une nomenclature assez agrégée (11 secteurs) et l'absence d'hypothèse de proximité technologique ou scientifique à la base des externalités. C'est donc une formulation large de l'indicateur de diversité qui est choisie. Comme chez Henderson, Kuncoro et Turner (1995) et Combes (1996), il s'agit de l'inverse de l'indice d'Herfindhal sur l'ensemble des secteurs. Par ailleurs une méthodologie de panel est utilisée pour les régressions économétriques, ce qui permet à l'auteur de capter l'hétérogénéité individuelle et/ou temporelle non modélisée (94 départements entre 1987 et 1996). Les résultats obtenus par les régressions globales[11] semblent aboutir à un effet négatif de la spécialisation comme de la diversité, l'impact négatif de la spécialisation étant supérieur à celui de la diversité. Des régressions secteurs par secteurs sont ensuite justifiées afin d'affiner ces conclusions. Sur les 11 secteurs considérés, 7 révèlent une élasticité négative et significative de la spécialisation. Ce résultat renforce donc la conclusion de Combes (2000) remarquant un effet négatif des structures spécialisées sur la croissance locale en France. L'impact de la concurrence qui se développerait au sein des firmes d'un même secteur compenserait les effets bénéfiques de la spécialisation sur la diffusion de connaissances. Concernant la diversité les résultats sont plus instables. De façon assez inattendue on remarque cependant une certaine prime à la diversité dans des secteurs plutôt traditionnels (mécaniques, matériaux). Là encore les résultats de Combes se confirment, soulevant la spécificité du contexte français pour lequel un impact soit négatif soit non significatif de la diversité est observée, à l'inverse des études sur les Etats-Unis où la diversité semble jouer un rôle moteur sur la croissance. Notons que l'étude menée par Duranton et Puga (2002) sur les phénomènes de délocalisations des établissements des entreprises françaises entre 1993 et 1996 peut aider à interpréter ce résultat. Une grande partie de ces délocalisations observées suit le schéma décrit dans le modèle de ces auteurs c'est-à-dire a pour origine une zone diversifiée et se dirige vers une zone spécialisée. En termes de localisation les zones diversifiées attirent les activités émergentes en phase d'expérimentation (qui ont donc encore peu d'effet sur la croissance locale), une fois stabilisées ces activités se localisent ensuite dans des zones plus spécialisées au sein desquelles elles profitent des économies fondées sur la spécialisation pour développer leur croissance.

Dans une perspective un peu différente, les études menées dans le cas français par Autant-Bernard et Massard (1999) et Autant-Bernard (2000) modélisent plus directement les externalités, comme stock externe de R&D, et s'interrogent sur

[11] Trois modèles à effets aléatoires sont estimés : MCG, Tobit et Poisson.

leur origine interne à l'industrie considérée ou trans-frontière industrielle. Ainsi, tout comme Henderson (1986) l'avait fait pour confronter l'impact relatif des économies de localisation et d'urbanisation, ces travaux tentent d'évaluer l'existence d'externalités de connaissances intrasectorielles ou intersectorielles. Les externalités semblent alors, pour partie au moins, provenir de secteurs d'activité différents (c'est-à-dire que la production d'innovation dans un secteur est favorisée par la recherche menée dans les secteurs d'activité autres que celui considéré). Plus précisément, confrontant des effets locaux à des effets plus distants, cette analyse semble appuyer l'idée que la diversité sectorielle est favorable au développement d'externalités au sein d'une zone géographique concentrée (Audretsch et Feldman, 1999) tandis que la proximité sectorielle fonde la capacité à bénéficier de sources plus distantes d'externalités. Mais là encore, cette capacité à tirer profit des externalités intra et intersectorielle semble toutefois très variable selon le secteur considéré. La nécessité d'un retour plus fin sur la dynamique de production de connaissances se fait sentir ici. Il se devrait notamment de fournir des hypothèses plus précises concernant le rôle de la proximité géographique comme substitut éventuel des formes de proximités organisées qui peuvent résulter de l'appartenance à un même domaine de compétences.

CONCLUSION

Sans avoir l'ambition de l'exhaustivité, la revue de littérature présentée ci-dessus montre les difficultés de dégager une conclusion claire et simple concernant les effets de la spécialisation ou de la diversité sur la croissance locale, capable de fournir des orientations de politiques publiques. Si les effets bénéfiques de la diversité, en tout cas dans les secteurs de haute technologiques, sont souvent mis en avant, les effets de spécialisations apparaissent quant à eux beaucoup plus difficiles à cerner aujourd'hui.

Du point de vue théorique, des modèles récents d'économie géographique et de la synthèse économie géographique-croissance ont été utilisés à l'appui de ce débat. Leur aide à la modélisation et à l'interprétation des études empiriques reste cependant encore assez faible dans la mesure où ils ne confrontent pas véritablement les effets diversité et spécialisation et où les interprétations faites sur ce thème découlent plus d'un effet induit des choix de modélisation plus généraux que d'une véritable réflexion sur le sujet. Se rapprochant plus des modèles urbains que de la nouvelle économie géographique, certaines formalisations développent des interprétations intéressantes de la coexistence d'agglomérations spécialisées et diversifiées. Elles ne prennent cependant pas en compte les positionnements géographiques relatifs de ces zones ni leurs échanges.

Les études empiriques confirment cette image de complexité même si elles fournissent tout de même un certain nombre de clés de lecture nouvelles. Les modélisations intégrant indépendamment la spécialisation et la diversité montrent bien le caractère non corrélé de ces deux phénomènes qui décrivent des dynamiques différentes. L'interprétation de ces dynamiques est rendue complexe car elles recouvrent des processus dont les horizons temporels peuvent être divers, qui jouent différemment selon les caractéristiques des secteurs considérés, selon la dimension et les caractéristiques des zones étudiées aussi (aires métropolitaines, bassin d'emploi, départements français ou régions européenne par exemple). Enfin, si l'histoire joue dans la formation et la croissance des agglomérations, les contextes institutionnels qui servent de référence aux études (essentiellement Etats-Unis, Italie et France) sont donc déjà fortement marqués et donnent naissance à des dynamiques spécifiques.

Dans ce contexte les principales limites des réflexions actuelles résultent des problèmes de définition de la frontière des environnements, locaux, d'une part, et sectoriels, d'autre part. L'identification *a priori* des frontières du local et de l'intra / inter-sectoriel devient déterminante or une telle distinction du « dedans » et du « dehors » n'est pas sans poser de problèmes méthodologiques, tant du point de vue du fonctionnement du travail de connaissances, que des relations de concurrence.

De fait, les quelques rares études qui ne se limitent pas à un environnement local montrent clairement que la production d'innovation résulte de dynamiques liées à la fois à des proximités géographiques et non géographiques. Le débat spécialisation / diversité ne peut donc pas faire l'économie d'une réflexion sur les modalités de l'articulation entre ces diverses formes de proximité, en s'interrogeant notamment sur la pertinence actuelle du secteur comme révélateur d'une proximité organisée s'appuyant sur un langage ou une culture commune. D'autres formes de spécialisation ne sont-elles pas en train d'émerger aujourd'hui autour des « communauté de chercheurs » par exemple ? Quelles sont les relations de complémentarité/substitution qui qualifient l'articulation entre proximité géographique et proximité organisée due à l'appartenance sectorielle ?

Du point de vue méthodologique ces interrogations poussent au développement de représentations moins discontinues des espaces géographiques et sectoriels. Si la définition d'indicateurs utilisant des données situées dans un espace géographique continu a fait des progrès non négligeables dans la période récente (cf. Duranton, Overman, 2002), la définition d'une mesure de distance continue entre industrie en est encore qu'à ses balbutiements (cf. les avancées de Ellison et Gleaser, 1997, sur ce point).

Du point de vue plus théorique, il semble plutôt réducteur aujourd'hui de se contenter d'analyser la concurrence dans des cadres géographiques ou sectoriels strictement bornés et prédéfinis.

Ces éléments poussent finalement à une intégration beaucoup plus nette de certains déterminants fondamentaux des modèles d'économie spatiale un peu « oubliés » jusque là dans les études empiriques traitant du débat spécialisation / diversité et qui permettent une caractérisation des interactions entre zones géographiques : infrastructures de communication, coûts de transport et interactions stratégiques.

REFERENCES

Arrow K. J. (1962), « Economic welfare and the allocation of resources of invention », *in* Nelson R., ed., *The rate and direction of inventive activity : economic and social factors*, Princeton University Press, Princeton, 609-626.

Arthur W.B. (1990) « Silicon Valley locational clusters : when do increasing returns imply monopoly ? », *Mathematical Social Sciences,* vol.19. Traduit *in* Rallet et Torre, eds, (1995).

Audretsch D.B. et Feldman M.P. (1999), « Innovation in cities : science-based diversity, specialization and localized competition », *European Economic Review*, n°43, 409-429.

Autant-Bernard C. (2000), *Geographie de l'innovation et externalités locales de connaissances. Une étude sur données françaises,* Thèse pour le doctorat en Sciences économiques, Université Jean Monnet, St-Etienne.

Autant-Bernard C. et Massard N. (1999), « Origine des externalités technologiques locales. Une étude sur le cas français », Congrès de l'AFSE, Paris, 23-24 septembre.

Bairoch P. (1988), *Cities and economic development: from the dawn of history to the present*, University of Chicago Press, Chicago.

Baldwin R. et Forslid R. (2000), « The core-periphery model and endogenous growth : stabilizing and destabilizing integration », *Economica*, 67, 307-324.

Baldwin R., Martin P. et Ottaviano G. (2000), « Global income divergence, trade and industrialization : the geography of growth take-off », NBER Working Paper, n° W6458.

Capron H. et Cincera M. (1995), « Opportunités et externalités technologiques et croissance de la productivité des grandes firmes mondiales », in Haudeville B. , Héraud J.-A. et Humbert M., eds., *Technologie et performances économiques*, Paris, Economica, 279-309.

Combes P.P. (1996), *Intégration économique : localisation des entreprises et régulation des monopoles*, Thèse de Doctorat, EHESS, Paris.

Combes P.P. (2000), « Economic structure and local growth : France 1984-1993 », *Journal of urban economics*, 107, 134-149.

Desrochers P. (2001), « Urban Diversity and Intersectoral Diffusion : Some Insights from the Study of Technical Creativity », in Feldman M. et Massard N., *Institutions and systems in the geography of innovation*, Kluwer Academic publishers.

Dixit A.K. et Stiglitz J.E. (1977), « Monopolistic Competition and Optimum Product Diversity », *The American Economic Review*, 67, 297-308

Duranton G. (1997), « La nouvelle économie géographique : agglomération et dispersion », *Economie et Prévision*, 131, 5.

Duranton G. et Overmans H. G. (2002), « Testing for localisation using micro-geographic data », London School of Economics, Working Paper.

Duranton G. et Puga D. (2001), « Nursery Cities : Urban diversity, process innovation and the life-cycle of products », *The American Economic Review*, 91, 5, 1454-1477.

Duranton G. et Puga D. (2000), « Diversity and specialisation in cities : Why, where and when does it matter ? », *Urban Studies,* 37, 3, 533—555.

Ellison G. et Glaeser E. (1997), « Geographic Concentration in U.S. Manufacturing Industries : A Dartboard Approach », *Journal of Political Economy,* 105, 889-927.

Englmann F.C. et Walz U. (1995), « Industrial centers and regional growth in the presence of local inputs », *Journal of Regional Science*, 35, 3-27.

Ethier W. (1982), « National and international returns to scale in the modern theory of international trade », *The American Economic Review*, 72, 389-405.

Feldman M. P. (1994), *The Geography of Innovation*, Economics of Science, Technology and Innovation, vol. 2, Kluner Academic Publishers, Dordrecht, Boston, London.

Fujita M. et Thisse J.F. (1997), « Economie géographique, problèmes anciens et nouvelles perspectives », *Annales d'Economie et de Statistique*, 45, 37-87.

Glaeser E.L., Kallal H.D., Scheinkman J.A. et Shleifer A. (1992), « Growth in cities », *Journal of Political Economy*, 100, 6, 1126-1152.

Glaeser E.L. (1998), « Are cities dying ? », *Journal of Economic Perspectives*, 12, 2, 679-696.

Glaeser E.L. (2000), « The new economics of urban and regional growth », in Clarck G.L., Feldman M.P. et Gertler M.S. eds, *The Oxford Handbook of Economic Geography*, Oxford University Press, Oxford.

Grossman G. et Helpman E. (1991), *Innovation and growth in the global economy*, MIT Press, Cambridge.

Hageman A. et Kelly M. (1999), « Marshallian externalities in innovation » *Journal of economic growth*, 4, 39-54.

Henderson J.V. (1986), « Efficiency of ressource usage and city size », *Journal of Urban Economics*, 19, 47-70.

Henderson J.V. (1997), « Externalities and Industrial development », *Journal of urban Economics*, 42, 449-470.

Henderson J.V. (1999), « Marshall's scale economies », NBER Working Paper n°7358, 38 p.

Henderson R., Kuncoro A. et Turner M. (1995), « Industrial development in cities », *Journal of Political Economy*, 103, 5, 1067-1090.

Hirschman A.O. (1958), *The Strategy of development*, Yale University Press, New Haven .

Hoover E.M. (1936), *Location Theory and the shoe and leather industries*, Harvard University Press, Cambridge.

Jacobs J. (1969), *The Economies of cities*, Random House.

Jaffe A.B. (1989), « Real effects of academic research », *The American Economic Review*, 79, 5, 957-970.

Jaffe A.B., Trajtenberg M. et Henderson R. (1993), « Geographic localization of knowledge spillovers as evidenced by patent citations », *The Quarterly Journal of Economics*, août, 577-598.

Krugman P. (1991), *Geography and Trade*, MIT Press.

Krugman P. (2000), « Where in the world is the 'New Economic Geography' ? », in Clarck G.L., Feldman M.P. et Gertler M.S. eds, *The Oxford Handbook of Economic Geography*, Oxford University Press, Oxford.

Krugman P. et Venables A.J. (1995), « Globalization and the inequality of nations » *Quarterly Journal of Economics*, 110, 857-880.

Lamorgese A.R. (1997), « Externalities, Economic geography and growth : a cross-section analysis », working paper, Milan.

Marshall A. (1890), *The Principles of Economics,*MacMillan, NY.

Martin P. et Ottaviano G.I.P. (1999), « Growing locations : Industry location in a model of endogenous growth », *European Economic Review,* 43, 281-302.

Martin P. et Ottaviano G.I.P. (1996), « Growth and agglomeration », CEPR Discussion Paper, n°1529.

Neven D. et Thisse J.F. (1990), « On quality and variety competition », in Gabszewicz J.J. et Wolsey E., eds, *Economic Decision Making : Games, Econometrics and Optimization. Contributions in Honor of J.H. Drèze*,, North Holland, Amsterdam.

Paci R. et Usai S. (1999), « The role of specialisation and diversity externalities in the agglomeration of innovative activities », CRENOS Working Paper.

Porter M.E. (1990), *The competitive advantage of nations*, MacMillan Press, London .

Quigley J. (1998), « Urban diversity and economic growth » *Journal of economic perspectives*, 12, 2, 127-138.

Riou S. (2001), « Structure locale de R&D et effets de proximité géographique : une étude des déterminants de l'innovation locale en France », Document de travail Creuset.

Romer P. (1991), « Progrès technique endogène », *Annales d'Economie et de Statistiques*, 22, 32-48.

Romer P. (1986), « Increasing returns and long run growth », *Journal of political Economy*, 94, 1002-1037.

Rosenberg N. (1963), « Technological change in the machine tool industry, 1840-1910 », *Journal of Economic History*, 23, 414-443.

Rosenthal S.S. et Strange W.C. (2004), « Evidence on the nature and sources of agglomeration economies », *Handbook of Urban And Regional Economics*, Volume 4.

Saxenian A. (1994), *Regional advantage : culture and competition in Silicon Valley and Route 128*, Harvard University Press, Cambridge .

Sherer F.M. (1982), « Inter-industry technology flows in the United States », *Research Policy*, 11, 227-245.

Venables A.J. (1996), « Equilibrium location of vertically linked industries » *International Economic Review*, 37, 341-359.

Verspagen B. et Schoenmakers W. (2000), « The spatial dimension of knowledge spillovers in Europe : evidence from firm patenting data », Working Paper, avril.

Walz U. (1996), « Transport costs, intermediate goods and localized growth », *Regional Science and urban Economics*, v26, 671-695.

Partie IV

QUELLE DIFFUSION LOCALE DES CONNAISSANCES ?

CHAPITRE VIII

LES RESEAUX D'INNOVATION SONT-ILS LOCALISES? PROXIMITE ET DIFFUSION DES CONNAISSANCES (LE CAS DES PME DE L'« AGBIOTECH»)

DELPHINE GALLAUD,
ANDRÉ TORRE

INTRODUCTION

Depuis qu'est admis le principe que la capacité d'innovation constitue un moteur de la croissance des firmes ou des systèmes productifs, les politiques publiques retiennent l'idée que la proximité géographique joue un rôle dans les processus de circulation des technologies et des savoirs, en permettant les relations de face à face nécessaires à la constitution et au maintien d'une base de connaissances des entreprises ou des exploitations. Il est ainsi jugé utile de privilégier les interactions locales en favorisant la mise en place de réseaux ou de systèmes locaux d'innovation (clusters, technopoles...) au sein desquels la circulation des connaissances est renforcée par la possibilité de contacts fréquents, permis par la localisation conjointe des acteurs (Porter 2000).

Le présent article a pour objectif, dans la lignée de Rallet et Torre (2001), de s'interroger sur la pertinence de ce discours, en refusant tout angélisme en la matière et en se demandant si la proximité géographique est vraiment nécessaire à la diffusion et à l'échange des connaissances. Nous privilégions l'approche en termes de réseaux car cette forme de coordination des relations science industrie permet de traiter des interactions dans les processus d'innovation. Alors que la littérature économique traditionnelle a coutume d'aborder les interactions entre agents médiatisées par des échanges marchands, se sont développées également, depuis l'introduction de la théorie des jeux, des approches qui abordent les interactions directes entre acteurs, au gré de leurs échanges d'informations ou des relations de coopération qu'ils peuvent entretenir. Si une partie des recherches sur l'analyse en terme de réseaux s'inscrit dans ce courant, les réseaux d'innovation appartiennent encore à une autre catégorie, celles des relations médiatisées par la technologie qui circule entre les acteurs. Parmi les différentes manières d'accéder à des connaissances externes déjà présentes dans d'autres lieux (Hagedoorn et *al.* 2000) – prise de contrôle, création d'une filiale de recherche, arrangements contractuels, transferts de connaissances incorporés dans les biens, marchés de la connaissance – les réseaux d'innovation permettent de s'interroger sur les interactions de proximité.

Nous appelons réseau d'innovation une structure de coordination qui implique des agents appartenant à des organisations différentes (Universités, firmes, centres de recherche) pendant la durée d'un projet d'innovation, dans le but de réduire l'incertitude en créant un cadre favorable à l'émergence de règles de coordination. Ces règles visent à favoriser l'échange des ressources nécessaires à l'innovation, telles que les connaissances, qui se réalise par des relations de coopération, des arrangements contractuels ou les marchés de la connaissance. Au sein du réseau, qui permet la circulation et la création de ressources, se retrouvent détenteurs et utilisateurs de ressources, qu'il s'agisse de producteurs et d'utilisateurs, de concurrents, ou d'acteurs présentant des activités complémentaires.

Les réseaux peuvent posséder une dimension locale quand ils sont situés sur un même territoire ou à l'intérieur d'une même aire géographique, comme le montrent les travaux consacrés aux phénomènes concentration spatiale de la RD ou de l'innovation. On peut toutefois se demander si cette dimension est purement accidentelle ou si elle est liée à une nécessité de proximité dans le processus de construction ou de diffusion des connaissances. Afin d'apporter des éléments de réponse à la question de la place et du rôle de la proximité géographique dans la mise en place et le fonctionnement des réseaux d'innovation, nous procédons comme suit. Dans un premier temps, nous proposons une brève présentation des travaux qui défendent l'idée de l'importance d'une proximité géographique dans la diffusion des connaissances (II), avant d'analyser les processus de transmission des connaissances, d'abord en détaillant les acquisitions externes de technologie (III) puis en intégrant la dimension spatiale (IV). Nous terminons par une évaluation du caractère localisé des réseaux d'innovation dans les biotechs des IAA (V).

I- LA DIFFUSION DES CONNAISSANCES AU NIVEAU LOCAL : LES APPORTS DE LA LITTERATURE CONTEMPORAINE

Même si pas toujours directement évoquée en tant que telle, la référence à la proximité est constante dans la littérature contemporaine consacrée à la transmission des connaissances dans un cadre spatial. Si toutes les approches concluent à l'importance de la proximité géographique dans le processus de diffusion des connaissances, les analyses de type systémique visent avant tout à mettre en évidence les qualités réelles ou supposées des regroupements de firmes de technologie et conduisent à la définition des SPL (Systèmes Productifs Localisés) porteurs de potentialités de développement technologique local. En revanche, les approches de nature (plus) économétrique visent à approfondir le rôle joué par la proximité dans le processus de transmission des connaissances, en s'appuyant sur une modélisation des externalités géographiques en matière d'innovation et de technologie.

La relation entre géographie et technologie a fait l'objet, dans les années 80 et 90, d'une attention qui s'est portée sur le cadre institutionnel de production des innovations, des différences étant apparues entre des pays ou régions caractérisés par des rythmes inégaux d'innovation à niveau de développement comparable (Lung et *al.* 1999). Des recherches ont depuis été consacrées à des sujets tels que les milieux innovateurs (Ratti et *al.* 1997, Crevoisier 2001), les districts technologiques (Antonelli 1986), les technopoles ou les parcs scientifiques (Monck et *al.* 1988, Longhi, 1999) et, plus généralement, aux systèmes localisés de production et d'innovation (Lundvall 1992, Maskell et Malmberg 1999), dans le but de mettre à jour les liens complexes entre concentration spatiale et avantage technologique puis de révéler la composante organisationnelle sous-jacente à ce type de fonctionnement local. Ces approches présentent deux caractéristiques communes : elles postulent l'efficacité du local et mettent l'accent sur l'importance de la composante organisationnelle par le biais du recours aux réseaux. Les travaux portant sur les milieux innovateurs ont ainsi permis de mettre en évidence l'importance des liens entre différents acteurs locaux dans le développement technologique d'une région ou d'une aire géographique donnée, en particulier quand ils entretiennent des liaisons de type fournisseurs-utilisateurs de technologie pouvant contribuer à limiter les fuites de technologie et favoriser la mise en place et le développement de capacités d'apprentissage locales. Les recherches consacrées aux technopoles, souvent de nature moins théorique, cherchent systématiquement à mettre en évidence l'intérêt d'un regroupement local de firmes de haute technologie sur un même territoire en termes de production d'innovations, non seulement pour des raisons de concentration des potentiels de recherche ou d'innovation, mais encore par les effets de synergie qui en résulteraient en raison des collaborations entre firmes indigènes. L'ensemble de ces caractéristiques se retrouve dans les analyses des systèmes régionaux d'innovation, qui intègrent, en plus de la mise en place d'un réseau local fondé sur les complémentarités technologiques, des dimensions institutionnelles telles que les politiques mises en œuvre par les pouvoirs publics en termes d'aides à l'innovation ou de formation des ingénieurs ou des scientifiques, les relations science-industrie occupant une place centrale dans ce dispositif.

Au total, et comme le montrent les synthèses sur les clusters d'innovation (Porter 2000), l'idée que les firmes et les systèmes productifs bénéficient d'une concentration spatiale des activités de recherche et d'innovation est aujourd'hui largement admise, la proximité géographique apparaissant alors comme une condition essentielle de la réussite technologique, en particulier quand il s'agit de PME. Toutefois, des doutes sérieux s'expriment maintenant quant aux caractéristiques mêmes, voire aux vertus, des processus de concentration spatiale ainsi engagés, en particulier concernant la capacité à transférer sans coût et sans effort particulier des connaissances que l'on dit souvent tacites (Rallet et Torre 2001) et le caractère spontané de la participation des firmes aux réseaux locaux ainsi décrits (Oerlemans et *al.* 2001).

Alors que ces recherches posent généralement comme un a-priori le fait que la proximité géographique joue un rôle dans le processus d'innovation et de transmission des savoir, les travaux sur les externalités géographiques tentent de vérifier le rôle joué par cette dernière dans la transmission des connaissances en mesurant la distance maximale que pourrait parcourir une externalité technologique.

Une des caractéristiques de l'innovation est de produire des externalités. Du fait de la nature particulière de cette activité, parfois assimilée à la production d'un bien (semi)public, les résultats ne sont pas totalement appropriables par l'innovateur, une partie des connaissances se diffusant dans l'économie sans que celui-ci puisse l'empêcher, voire sans qu'il en soit conscient[1]. Quand l'innovation (ou la R&D) est assimilée à de l'information, la fuite des résultats est illimitée et concerne l'ensemble de l'économie, mais l'approche en termes de connaissances conduit à s'interroger sur les possibilités de diffusion de ces dernières ainsi que sur leur étendue géographique. D'un point de vue empirique, la constatation d'une forte concentration des activités d'innovation contredit l'hypothèse de diffusion complète de la R&D, qui devrait permettre une répartition égale des activités sur le territoire. La sur-concentration des activités innovantes, encore plus forte que celles de production (Audretsch et Feldman, 1996), est alors souvent expliquée par les caractéristiques spatiales des externalités, qui posséderaient une extension géographique limitée.

Autant-Bernard et Massard (1999) recensent quatre types de travaux consacrés à la mesure des externalités de connaissance (ou *spillovers*) et à leur étendue au niveau spatial, respectivement fondés sur :

- l'utilisation des brevets comme marqueurs des externalités (Jaffe et *al.* 1993) ;
- la concentration géographique de l'innovation (Feldman 1994, Audretsch et Feldman 1996) ;
- la coïncidence géographique (Jaffe 1986, Anselin et *al.* 1997) ;
- les interactions locales (Anselin et *al.* 1997, Wallsten 2001) ;
- auxquels on peut ajouter (Feldman 1999) : les connaissances incorporées dans les biens d'équipement.

Ces approches concluent toutes à l'existence des externalités et à la limite de leur extension géographique, ce qui expliquerait la concentration des firmes dans certains espaces et milite en faveur de l'importance de la proximité géographique dans la diffusion des connaissances. Toutefois, la portée de ces recherches est limitée par deux facteurs : la mesure de l'extension géographique est encore controversée, et l'analyse des canaux de transmission des externalités modifie le rôle joué par la proximité (Autant-Bernard 1999).

1. La mesure de l'extension géographique est encore controversée

Une partie des travaux cités ci-dessus ne propose pas de réelle mesure des externalités spatiales : en utilisant un découpage géographique prédéfini, les auteurs supposent l'existence des externalités mais ne les démontrent pas. Ainsi, les trois premières méthodes (brevets, concentration, coïncidence) ne proposent pas de réelles mesures des externalités (pas de mesure d'élasticité des dépenses de R&D sur la capacité d'innovation de la firme de référence) et encore moins de la distance qu'elles sont censées parcourir. Supposant que les externalités existent, elles

[1] On ne peut entrer ici dans le riche débat sur les externalités, leur définition (avec coût ou sans coût ?) et leur contenu (connaissances et information…). Nous adoptons provisoirement le sens souvent limité retenu dans la littérature consacrée aux questions de géographie de l'innovation.

modélisent leurs effets et mesurent en fait des phénomènes d'agglomération. Ces méthodes postulent généralement le rôle du local en utilisant des zones géographiques prédéfinies : les Etats (Jaffé 1989, Feldman 1994), les aires métropolitaines (Jaffé et *al.* 1993) et les Comtés (d'Anselin et *al.* 1997 dans leur première mesure). Les notions de distance, quand elles sont introduites dans les indicateurs de gravité et de couverture utilisées par les auteurs, sont prédéfinies. Par exemple, chez Anselin et al (deuxième mesure), la R&D peut avoir été effectuée dans un rayon de 50 ou 75 miles, *i.e.* d'environ 80 ou 120 kilomètres, autour du Comté de référence.

Les travaux plus récents, qui utilisent les Systèmes d'Information Géographique (SIG) pour modéliser l'étendue des *spillovers* de technologie, fournissent un début de mesure de la distance. Ainsi, Wallsten (2001) utilise les SIG dans le but d'analyser la probabilité, pour une firme dont la voisine a reçu des aides gouvernementales à l'innovation, de bénéficier à son tour de cette aide. Il construit la localisation des firmes sans utiliser de zone géographique prédéfinie et montre que les firmes bénéficiaires des aides se situent à proximité les unes des autres, en fait dans un rayon d'un dixième de miles (environ 170 mètres), souvent à la périphérie des zones urbaines. Même s'il s'agit ici d'externalités stratégiques liées à l'information plus que de R&D et que la participation à un programme gouvernemental est susceptible d'introduire des biais, on voit que la distance retenue diffère encore sensiblement d'un auteur à l'autre (de 80 kilomètres à 170 mètres) quand elle n'est pas prédéfinie, et laisse la porte ouverte à bien des extrapolations. Enfin, il faut attendre le travail d'Orlando (2000) pour que ces méthodes présentent simultanément des mesures des externalités et de distance.

2. Les canaux de transmission des externalités

Zucker et *al.* (1994) sont les premiers à mettre en évidence le rôle des interactions effectives dans la diffusion des connaissances, en montrant que la proximité géographique n'est pas suffisante pour bénéficier des externalités de technologie, un résultat également mis en avant par Cockburn et Henderson (1998), pour lesquels les externalités ne sont captées que si les firmes restent connectées avec les scientifiques (en particulier par la co-écriture d'articles). Audretsch et Stephan (1998) prolongent ces travaux en montrant que 70% des liens entretenus par les PME avec des scientifiques ne sont pas locaux mais varient en fonction des tâches principales des scientifiques (transfert de connaissances, signal de qualité pour les investisseurs et participation au conseil scientifique de PME), des résultats à considérer avec précaution car seul le transfert de connaissances est concerné dans l'analyse des réseaux d'innovation.

Zucker et *al* (1998) mesurent l'impact des relations avec les scientifiques les plus productifs (les « star-scientists », définis par le nombre d'articles publiés) et l'output d'innovation des firmes, mesuré par trois indicateurs : le nombre de produits en développement , le nombre de produits sur le marché et la croissance nette de l'emploi, qui traduisent des étapes du processus d'innovation, de l'invention à la performance économique (Autant-Bernard 1999). Ils concluent que seul l'impact des chercheurs liés aux firmes par des coopérations de recherche a un effet significatif sur les performances d'innovation. Il ne suffit donc pas, pour les firmes, d'être localisées à proximité des Universités, elles doivent encore entretenir des relations effectives de coopération avec les scientifiques locaux pour capter les externalités et les traduire en augmentation des performances innovantes. L'idée d'interactions révèle alors une limite à l'efficacité de la proximité géographique, en impliquant une forme d'organisation de cette dernière.

Ainsi, l'analyse des processus de transmission des externalités de connaissances conduit à reconsidérer le rôle supposé automatiquement positif de la proximité géographique, au profit d'interactions effectives de nature coopérative entre PME et scientifiques. A la donnée géographique vient s'ajouter une contrainte organisationnelle, l'idée que les firmes pourraient bénéficier sans coûts des résultats de la R&D se voyant remise en cause au profit d'une organisation de sa dissémination. Par ailleurs, la définition même des externalités ainsi retenue fait problème. Si l'on considère que les connaissances sont dans l'air, les externalités peuvent être captées sans coûts et la proximité géographique suffit ; elles deviennent en revanche beaucoup moins facilement transférables quand les connaissances sont « encastrées » dans le capital humain. La seule proximité géographique constitue alors une garantie insuffisante, la diffusion (coûteuse) devra être organisé. C'est la raison pour laquelle il faut s'interroger sur les interactions effectives entre agents, en particulier par rapport à l'acquisition externe de technologie, quitte à bousculer quelque peu la définition des externalités et de leur contenu retenue ci-dessus pour entrer dans la boite noire des interactions de technologie.

II- LES ACQUISITIONS EXTERNES DE TECHNOLOGIE

Toute entreprise désireuse de bénéficier de technologies externes doit s'appuyer sur des relations avec des agents détenteurs de savoirs, qu'il s'agisse des marchés de la connaissance ou d'interactions plus directes. Encore faut-il, pour que cette opération se révèle fructueuse, que la firme dispose en interne de capacités suffisantes pour assimiler ou reproduire ces connaissances importées, en particulier au niveau organisationnel.

Les travaux sur la capacité d'absorption analysent la manière dont une firme réceptrice peut capter une quantité plus ou moins importante de *spillovers* de technologie, l'organisation interne lui permettant de minimiser ses investissements de R&D pour absorber les connaissances disponibles dans son environnement. Cohen et Levinthal (1989) montrent ainsi que la R&D possède, à côté de la production de nouvelles informations utilisables comme input d'innovation, une fonction d'assimilation des connaissances externes. La capacité d'absorption d'une firme correspond alors à la quantité de connaissances externes qu'elle est capable d'utiliser. Il s'agit d'un facteur multiplicatif des montants d'investissements en R&D intra industrielle et d'un stock de connaissances extra-industrie (composé essentiellement de la recherche des Universités), qui ne prend pas en compte la distance géographique ; seule est considérée la distance technologique séparant l'émetteur du récepteur de l'externalité.

Ce travail peut être prolongé par la recherche des liens entre les caractéristiques internes de la firme et les types de connaissances externes absorbées. Mangematin et Nesta (1999) montrent ainsi que la possibilité d'absorber des connaissances externes renvoie à trois séries de problèmes distincts :

- la distinction entre connaissances appliquées et fondamentales, qui conduit à se demander quel type de connaissances importent les entreprises et débouche sur la mise en évidence d'une capacité d'absorption possédant deux facettes, correspondant respectivement aux activités de recherche et de développement. Il s'agit d'une compétence scientifique permettant de détecter dans l'environnement les avancées des connaissances porteuses d'opportunités technologiques et de réduire l'incertitude sur la valeur des projet de coopération, et d'une composante technologique contribuant au développement de l'innovation et à son introduction sur le marché (Arora et Gambardella 1994). Seule une entreprise disposant d'une capacité d'absorption forte est en mesure d'absorber les deux types de connaissances ;
- la distinction entre connaissances tacites et codifiées. La connaissance codifiée est exprimable à travers l'usage d'un code et « encastrée » sur un support indépendant du détenteur de la connaissance, alors qu'une connaissance tacite n'est pas exprimable dans un code ou utilisable par une tierce personne indépendamment de son détenteur. Même si l'on repère certaines connaissances à dominante tacite ou codifiée, les deux sont complémentaires (Nonaka 1994), ce qui conduit les firmes à investir dans des canaux de diffusion des connaissances plus coûteux que la simple lecture d'articles scientifiques et/ou techniques. Ainsi, une capacité d'absorption élevée, fruit d'une diversification des moyens d'accès à la connaissance, permet d'absorber des connaissances codifiées et tacites par le plus grand nombre de canaux différents. A l'inverse une faible capacité d'absorption limite les possibilités de coopération ;
- les processus de recontextualisation. Les connaissances sont souvent produites dans un contexte particulier, spécifique à l'entreprise, au laboratoire, ou au système productif au sein duquel elles prennent naissance. En raison de cette spécificité, leur transmission ne se fait pas sans difficulté puisqu'elles se révèlent difficiles à redéployer dans un autre contexte suite au manque d'un certain nombre d'informations qui aideraient à leur compréhension. Les utilisateurs de technologie doivent donc réaliser une opération de recontextualisation (Guilhon 2001), qui est coûteuse et nécessite ici encore des capacités d'absorption spécifiques.

Comme on le voit, la possible complémentarité entre R&D interne et externe (sans R&D interne il est impossible d'utiliser une connaissance que l'on n'a pas produite) conduit à se poser la question du rôle des coopérations externes, un aspect qui n'est pas approfondi par Cohen et Levinthal. Toutefois, sans que ces derniers abordent explicitement la question de l'espace, leur thèse se trouve en complète opposition avec les arguments développés pour faire la promotion des systèmes localisés de production et d'innovation (on pense en particulier aux technopoles).

Alors que l'approche des SLPI suppose que la proximité géographique pourrait suppléer aux insuffisances de l'organisation interne des firmes, en particulier des PME, l'analyse en termes de capacités d'absorption prône au contraire la mise en service des capacités organisationnelles internes des firmes au profit de l'assimilation de connaissances externes, y compris quand elles sont détenues par de proches voisins.

Ainsi, alors que les travaux concernant la diffusion des connaissances au niveau local (qu'il s'agisse d'externalités géographiques de connaissance ou de SLPI) mettent avant tout l'accent sur la proximité géographique des acteurs (parfois en la relativisant), les recherches consacrées à la capacité d'absorption des firmes s'appuient davantage sur les capacité organisationnelles internes des firmes et sur la proximité organisationnelle telle que l'entend l'Economie de Proximités (Gilly et Torre 2000)[2]. La voie que nous explorons ici concerne avant tout les relations inter-organisationnelles. Elle vise à réconcilier les deux types de proximité et à montrer leur intérêt souvent conjoint dans le processus d'acquisition externe de connaissances : nous supposons en effet l'existence d'une complémentarité entre les proximités géographique et organisationnelle, complémentarité mise en œuvre et activée par le recours aux réseaux d'innovation, dans leurs dimensions spatiales et a-spatiales.

III- LA DIMENSION SPATIALE DES OPERATIONS D'ACQUISITION EXTERNE DE TECHNOLOGIE DANS LES RESEAUX D'INNOVATION

A l'exception de quelques monographies décrivant le rôle des réseaux d'innovation locaux (Saxenian 1994), rares sont les travaux qui traitent à la fois des dimensions spatiales et interactives de la transmission et de la co-construction des connaissances. Si l'on désire aborder ces deux dimensions d'un même mouvement et mettre ainsi en évidence la complémentarité entre les deux formes de proximité (géographique et organisationnelle), il est nécessaire de décortiquer le lien entre circulation des connaissances - à travers différentes formes d'interactions externes - et types de proximité mobilisés.

Pour analyser cette complémentarité la première étape est fournie par le schéma de Leveque et *alii* (1996) qui analyse la liaison entre les formes d'organisation interne de la R&D et les modes de coopération externe. Trois archétypes principaux sont proposés, auxquels correspondent, pour les firmes, autant de formes de R&D[3] : Il s'agit, respectivement, de :

- l'exploration des voies d'un changement technique durable, par la recherche de nouvelles connaissances et de la manière de les utiliser dans

---

[2] Nous retenons ici essentiellement la définition de la proximité organisationnelle entre acteurs au sens de la logique d'appartenance à un même groupe d'entités économiques liées par des processus interactifs.

[3] Dans la réalité peu de firmes n'utilisent qu'une de ces formes et peuvent passer de l'une à l'autre en fonction de la période considérée et selon les types de concurrence auxquelles elles se trouvent confrontées.

le processus innovant. *La R&D d'exploration*, qui doit permettre la production et l'internalisation de nouvelles connaissances, engendre des coopérations visant à augmenter les possibilités d'apprentissage. A la forte incertitude de cette activité correspond un grand nombre d'accords avec des partenaires (scientifiques en particulier) susceptibles de mettre au point de nouvelles connaissances ;

- l'exploitation d'une technique d'innovation relativement connue. *La R&D d'exploitation* traduit une routinisation de la façon de produire l'innovation. Les coopérations, qui comportent une part d'accords clients fournisseurs plus élevée que la R&D d'exploration, se déroulent quand les deux parties cherchent à développer des compétences identiques mais que les produits et marchés sont complémentaires ;
- l'imitation des processus innovants des firmes concurrentes. *La R&D d'imitation*, qui requiert rapidité et flexibilité, est généralement totalement internalisée.

Le nombre de relations externes diminue quand on passe de l'exploration (qui peut se voir répartie entre plusieurs sites) à l'exploitation (caractérisée par le recours à des sources relativement banalisées de technologie extérieures), puis de l'exploitation à l'imitation (situation de reproduction des schémas externes, souvent parce que la firme ne dispose pas en interne des compétences servant à produire l'innovation).

Ce schéma, qui permet de lier l'organisation interne de la R&D (et donc sa capacité d'absorption) à un type de relations externes, est avant tout valable pour les oligopoles différenciés, donc pour des firmes relativement grandes. Il doit être amendé par la prise en considération de la taille des firmes. En effet, les Pme, prises entre leur logique d'innovation et la faiblesse de leurs capacités propres en matière de création de technologie, ne sont pas en mesure de développer aussi facilement certaines modalités de R&D interne.

Ces différents éléments nous permettent de penser le rôle joué par la proximité géographique dans le processus de transmission des connaissances, en insistant sur deux dimensions importantes : le besoin de proximité géographique temporaire et la prise en considération de la taille des firmes. En particulier, il faut réfléchir les différentes phases du processus d'innovation et les différents types de R&D qui peuvent lui être associés.

Le processus de R&D peut se décrire comme suit dans sa dimension spatiale. Une des phases initiales est certainement celle de la co-construction de programmes de recherche ou de définition de productions techniques à élaborer en commun. Par la suite, quand sont introduits un objet technique ou une technologie, une phase de décodification et/ou de recontextualisation (voire parfois de décontextualisation quand il s'agit d'une démarche d'imitation) s'impose, mise en œuvre à l'aide de la capacité d'absorption de la firme. C'est le cas pour l'achat de technologies extérieures sur les marchés de la connaissance. Mais c'est également vrai des autres types de mise en réseau, en particulier par les relations de nature coopérative ; des rencontres entre personnes s'avèrent nécessaires, dans le but de décodifier ou de décontextualiser les connaissances et d'établir des protocoles de partage des tâches entre les participants de l'opération, qu'ils soient internes à la firme, apporteurs externes ou nouveaux arrivants. Si la mise en œuvre de licences ou brevets ne nécessite pas de contact rapproché permanent, les relations coopératives requièrent une proximité géographique[4], même temporaire, en raison de la fréquence et de l'intensité des interactions ainsi repérées. La phase suivante de recodification ou de recontextualisation interne nécessite moins de relations de proximité géographique à l'intérieur du réseau car elle implique des échanges importants de connaissances codifiées à l'intérieur de l'entreprise et une intégration dans la capacité d'absorption de cette dernière. Les apprentissages concernés sont avant tout internes et la mise en fonction du processus de production s'appuie largement sur les connaissances codifiées, qui deviennent majoritaires, les aides et apports extérieurs pouvant le plus souvent s'effectuer par l'intermédiaire des communications à distance.

La mise en relation de ce processus de Recherche et Développement en trois phases, certes pas parcourues par l'ensemble des firmes (toutes ne font pas de la R&D d'exploration, par exemple), avec les différents types de coopérations externes permet d'isoler les catégories suivantes, qui possèdent à la fois une dimension spatiale et orgahnisationnelle :

- *relations informelles d'échanges de connaissances technologiques :* elles nécessitent une forte dose de proximité géographique permanente, en raison du caractère à la fois tacite et contextualisé de la connaissance ainsi que de la nécessité de revalider et d'enrichir sans cesse ces acquis ;
- *collaborations de recherche :* la co-construction de la connaissance est facilitée par une relation de proximité géographique ;
- *échange de chercheurs :* la proximité géographique est requise dans le cas d'échange de connaissances tacites mais peut s'obtenir par l'importation temporaire d'une compétence ;
- *contrats de recherche Industrie-Université* : cette recherche à contenu tacite est spatialement concentrée, en particulier dans des aires urbaines ou des zones géographiques précises (Grossetti et Nguyen 2001). En revanche, dès que les résultats sont acquis et présentés sous forme codifié, la nécessité de proximité géographique s'évanouit ;
- *conférences, foires, journaux, colloques, expositions...* : la proximité géographique n'est en aucun cas requise dans cette transmission de connaissances codifiées, que les firmes doivent être en mesure d'utiliser grâce à leur capacité d'absorption. Mangematin et Nesta (1999) montrent toutefois que même une firme disposant d'une capacité d'absorption élevée ne peut se contenter de lire des revues techniques pour innover ;
- *achats de brevets et licences :* Il est utile de distinguer les contrats de licence « sèche » de ceux comportant une assistance technique. Les premiers constituent une transaction spot sur un marché des connaissances : la proximité géographique n'existe pas. Dans le second cas, le breveté doit organiser la transmission du savoir faire technique défini dans le champ de son brevet, ce qui implique à la fois la

---

[4] On retient ici comme critère la possibilité de rencontres de face à face quotidiennes.

transmission d'un savoir codifié et d'un savoir tacite, nécessaire à l'exploitation industrielle de l'invention. La proximité géographique, qui facilite la transmission de ce savoir, permet également de diminuer les coûts, surtout dans le cas où le contrat prévoit que le breveté assure lui même le démarrage de la production et des sessions de formation pour le personnel du licencié (Gaudin 1993).

- *coopérations verticales ou horizontales :* si la proximité géographique est fréquente dans les relations clients fournisseurs, son rôle est moins clair pour les coopérations horizontales. Ici encore la temporalité est importante, provoquant des moments temporaires de besoins de proximité. Notons que dans le cas de relations avec des entreprises concurrentes il est intéressant de rechercher une proximité de type organisationnelle à distance afin de conserver l'accès aux marchés locaux.

Sur cette base, on peut qualifier comme suit la relation entre types de R&D et proximité géographique (considérée comme la possibilité de rencontres de face à face fréquentes entre les agents, au sens de Lung et *al.* 1997 et Rallet et Torre 2001), sachant que la proximité organisationnelle est consubstantiellement nécessaire à l'ensemble du processus d'acquisition de connaissances externes et qu'elle est toujours complémentaire à la proximité géographique.

Processus de R&D d'exploration	Proximité géographique permanente
Processus de R&D d'exploitation	Proximité géographique temporaire
Processus de R&D d'imitation	Proximité géographique accessoire

Le terme de proximité géographique permanente ou temporaire s'applique ici au processus, et ne doit en aucun cas être confondu avec la localisation des firmes, différente selon leur taille. Pour rester schématique, les firmes de taille importante, les filiales de groupe ou les Universités, peuvent échapper à la contrainte de localisation permanente dans la phase initiale d'exploration en utilisant des artifices tels que le déplacement d'équipes de chercheurs ou le dépaysement de Docteurs par exemple, une solution permise par le volume important de ressource humaine dont elles disposent. En revanche, pour les firmes de taille plus faible, la coïncidence entre la nécessité d'une R&D d'exploration et la nécessité d'une proximité géographique permanente pendant la durée de ce processus constitue souvent un facteur déterminant de localisation, une même personne se trouvant souvent assignée à des taches qui relèvent de phases différentes du processus de R&D. Elles sont alors contraintes de se localiser à proximité d'autres firmes ou laboratoires, y compris si elles n'ont besoin de la proximité géographique que pendant une seule phase de leur processus de R&D. Il ne faut donc surtout pas confondre proximité géographique et localisation des firmes, l'existence d'une proximité géographique permanente durant la phase de R&D d'exploration ne signifiant en aucune manière une localisation obligatoire à proximité, alors que cette même donnée représente souvent une contrainte de localisation pour les firmes de moindre taille. On peut donc d'ores et déjà en déduire que les réseaux d'innovation sont fortement localisés dans le cas de firmes de petite taille, ce qui est moins vrai pour les entreprises plus grandes.

Notons enfin que le rôle joué par la proximité géographique, plus ou moins important selon les phases et les types de projet d'innovation, diminue au cours du temps. Elle peut être, en effet :

- permanente et complémentaire à la proximité organisationnelle pendant la phase de co-production de connaissances fondamentales, tacites et contextuelles ;
- temporaire et complémentaire à la proximité organisationnelle pendant la phase d'absorption de connaissances produites durant la phase scientifique, qui implique une recontextualisation de ces dernières pour les tester dans des situations variés ;
- totalement dominée par la proximité organisationnelle, comme dans le cas des coordinations à distance, qui ne nécessitent pas d'interactions de face à face. C'est souvent le cas dans les phases d'élaboration de prototypes et essais cliniques ou de codification des résultats de recherche ;

IV- LES RESEAUX D'INNOVATION LOCALISES DANS LES FIRMES DES BIOTECHS DES IAA

Le secteur des Industries Agro-alimentaires a connu des mutations majeures au cours des trente dernières années, en particulier avec un retournement complet de la position de la France, passée du statut d'importateur à celui d'exportateur. Les IAA contribuent maintenant de manière décisive au solde positif de la Balance Commerciale, suite à la modernisation et à l'agrandissement des exploitations, à l'accroissement rapide des rendements, à l'intensification de l'élevage, etc... générant de gains de productivité auxquels correspondent de profondes modifications institutionnelles. Aujourd'hui, le dynamisme manifesté par la France dans le domaine des échanges internationaux la conduit au deuxième rang mondial derrière les USA, sa compétitivité reposant sur quelques points forts : céréales, sucre, produits laitiers, vins et boissons. Toutefois, alors que la croissance de ces activités a été particulièrement importante, les IAA restent la lanterne rouge des industries en matière de recherche. En France, l'effort de recherche se révèle relativement faible dans le secteur privé (1% du PIB), caractérisé par un déficit des effectifs de chercheurs comme du volume des dépenses de R&D ainsi que par des différences importantes selon le type d'entreprise. Les grands groupes de l'agro-alimentaire possèdent ainsi des activités importantes de R&D (souvent organisées au niveau mondial), ce qui est également le cas d'environ 300 PME françaises. En revanche, la majorité des entreprises de petite taille ne dispose pas de capacité formelle de R&D et a recours, dans le meilleur des cas, aux centres de transfert ou aux organismes d'intermédiation. La recherche publique occupe une place importante dans ce dispositif, en particulier avec le rôle pivot tenu par l'INRA, les contrats signés entre les firmes et les laboratoires publics étant souvent présentés comme un substitut à la faiblesse de la R&D interne.

Plusieurs explications peuvent être avancées pour résoudre cet apparent paradoxe :

- la dynamique de ces secteurs ne se nourrirait pas d'innovations, ou seulement incrémentales. En effet, si les innovations propres sont importantes dans les IAA, il s'agit principalement d'améliorations mineures ou de changements de présentation des produits existants ;
- cette dynamique serait liée à des connaissances et savoir faire déjà présents mais peu exploités et qui constituent, dès qu'utilisés, des gisements de productivité ;
- les innovations agronomiques ne seraient pas liées à l'activité de recherche du secteur, ce qui accrédite la thèse d'une diffusion provenant d'autres industries. Comme le rappellent Joly et Lemarié (2000), Pavitt (1984) classe les IAA dans la catégorie des industries dont l'innovation est due essentiellement au progrès technique incorporé dans les biens d'équipement qu'elles achètent, et peu à leur propre recherche, ce qui milite en faveur du modèle de la transmission des connaissances ;
- enfin, les taux de rendement sociaux des recherches seraient spécialement importants dans les domaines de l'agriculture et de l'alimentation. Huffman et Evenson (1993) montrent ainsi que l'impact de la recherche est particulièrement fort dans les IAA, davantage encore pour les cultures que pour l'élevage et pour la recherche scientifique qu'appliquée. Ce résultat justifie les nombreux travaux réalisés dans le secteur des semences, car les modifications et améliorations génétiques apparaissent à la fois comme un lieu d'innovation important et comme contribuant massivement à l'augmentation du rendement des grandes cultures.

Les biotechnologies présentent ainsi une dimension innovante évidente, avec le développement d'une industrie fondée sur des PME dont Mangematin et Torre (2001) mettent en évidence les spécificités au niveau français :

- très peu opèrent sur les marchés de consommation finale ; elles sont principalement fournisseurs d'autres entreprises, que ce soit dans le domaine de la santé ou des IAA. Leur activité principale concerne la conception, le développement et la fabrication de matériel génétique ou biologique à façon. L'activité principale des PME des IAA (un tiers de l'échantillon) concerne la mise au point de kits de diagnostics pour tester la présence d'OGM par exemple.
- elles sont principalement localisées en Ile de France, spécialisée dans la pharmacie, ainsi que dans cinq autres régions : l'Alsace, l'Auvergne, l'Aquitaine, la Bretagne (spécialisées dans les IAA) et Rhône-Alpes (spécialisée dans la pharmacie) ;
- elles présentent des trajectoires de développement auxquelles correspondent différents modèles de réseaux de coopération. Les entreprises à forte croissance (une minorité, surtout liées à la pharmacie) utilisent un réseau dense de coopération avec les Universités et les organismes publics de recherche. La proximité géographique joue peu pour ces firmes habituées à mobiliser des compétences par l'intermédiaire

de leur réseau scientifique international et qui privilégient donc la proximité organisationnelle. Les PME stables sur des niches utilisent un réseau plus localisé, sans toutefois négliger l'utilisation de partenaires nationaux ou internationaux en cas de besoin (PME de Bretagne et Auvergne par exemple). Enfin, les firmes adossées à une maison-mère regroupent surtout des PME liées aux marchés agricoles, créées par des groupes dans un objectif de flexibilité et de diminution des risques et se trouvant situées à proximité des clients.

- Corolleur et *al.* (2000) soulignent également le recours aux réseaux locaux, en reliant les trajectoires de développement aux profils de leurs fondateurs. Les entreprises sont le plus souvent créées dans l'agglomération où ces derniers travaillaient antérieurement, en particulier quand il s'agit de scientifiques, ce qui tendrait à indiquer que ce capital humain est plus spécifique et moins transférable que celui des managers. Les PME performantes combinent ainsi les compétences locales (en particulier dans le domaine scientifique) et globales (plutôt dans le domaine managérial).

On peut ainsi distinguer (Catherine et Corolleur, 2001) deux grands blocs d'entreprises :

- des firmes possédant une faible complexité technologique et des budgets faibles de R&D orientés vers l'exploitation et l'imitation, qui conduisent à la production d'innovations incrémentales, s'appuyant sur des compétences internes issues du métier de base de la firme. Ces PME, qui représentent 2/3 des effectifs totaux et dont les débouchés sont principalement situés dans les IAA et l'agriculture, sont souvent fournisseurs de grands groupes et travaillent sur des marchés de niche étroits. Leur réseau est essentiellement local, et elles s'appuient sur un financement géographiquement circonscrit. Selon les cas, on peut plutôt les ranger dans la catégorie des prestataires de services ou des fabricants de produits génériques, activités qui permettent une opérationalité rapide et l'obtention de profits significatifs ;
- des firmes possédant une complexité technologique plus forte et des volumes importants de R&D orientée vers la R&D exploratoire, qu'elles soient leaders sur leur marché et pratiquent des innovations radicales ou prestataires de recherche. Ces entreprises, dont les débouchés sont principalement situés dans la pharmacie, assument les risques et l'incertitude de programmes de recherche jugés trop risqués par les groupes et recherchent des marchés plus larges. Leur réseau est plutôt international et s'appuie sur une mobilisation géographiquement étendue des fonds. Qu'elles se positionnent en tant que producteurs de produits-phares ou qu'elles jouent plutôt le rôle de plate-formes technologiques, leur opérationalité est souvent à moyen ou long terme, tandis que leurs bilans d'exploitation présentent des soldes négatifs.

Les relations de coopération des PME aux débouchés liés à l'agriculture, qui font plutôt de la R&D d'exploitation, sont souvent du type clients fournisseurs (Leveque et *al.* 1996) et impliquent des liens de proximité géographique, (*Cf. III*, ci-dessus), surtout dans les phases initiales de recherche et de développement. Le réseau local domine également pour les autres types de coopération, en particulier pour les PME situées dans des clusters, dont les compétences faiblement spécifiques ne nécessitent pas l'utilisation d'un réseau international et sont disponibles, sinon dans la région, du moins au niveau national (Mariani 2000). Toutefois, les modalités de coopération en R&D sont susceptibles de se modifier au cours du temps sous l'influence des dynamiques de concurrence. Les débuts du processus d'innovation nécessitent un fort recours aux collaborations externes, voire à la co-construction, pour exécuter de la R&D exploratoire, le nombre et la variété des accords diminuant par la suite pour se rapprocher de formes de coopération de type clients fournisseurs (Leveque et *al.* 1996). L'hypothèse de réseaux plus étendus et plus diversifiés dans la pharmacie que pour les PME liées à l'agriculture et aux IAA doit être alors relativisée, puisque toutes passent généralement par une phase de R&D d'exploration à leur entrée sur le marché.

En position intermédiaire par rapport aux firmes des IAA et aux firmes de biotechnologie dont les débouchés se trouvent dans la pharmacie, les PME de biotech végétales sont toutefois relativement plus proche de ces dernières, avec lesquelles elles partagent un certain nombre de techniques et de méthodes de recherche.

Les (rares) données sur les PME de ce secteur montrent qu'existent de grands réseaux intégrés (Depret et Hamdouch 2000), regroupant différentes organisations et développés par de grands groupes de l'industrie pharmaceutique, qui créent souvent une division de biotechs végétales en dehors de leur métier de base. C'est le cas d'Aventis par exemple. Il importe de ne pas confondre ces réseaux avec ceux constitués par les PME, qui présentent des spécificités en terme d'objectifs et ou de contraintes (de survie par l'accès au réseau par exemple) et sont davantage incitées à se constituer un domaine de compétences spécifiques (donc à développer une stratégie de niches).

La stratégie des groupes tend à faire penser qu'un certain nombre de techniques, tout d'abord mises au point dans la pharmacie, peuvent être ensuite transférées aux IAA. Toutefois, la distance entre les résultats de recherche et le marché est un peu plus importante pour les biotechnologies végétales que pour celles du secteur pharmaceutique, liées de manière quasiment continue aux avancées de la recherche fondamentale, ce qui induit une place moins centrale de la recherche fondamentale ainsi que des évolutions moins rapides. Alors que la pharmacie est marquée par une série de découvertes à convertir le plus rapidement possible en innovations, les biotechnologies végétales sont souvent plutôt caractérisées par un niveau plus faible de découvertes scientifiques et un renouvellement plus lent des compétences. Par ailleurs, ces techniques étant généralement relativement anciennes, le cycle de vie de l'industrie peut le plus souvent correspondre à la phase de R&D d'exploitation, pour laquelle le nombre d'accords est plus faible et de type plus traditionnel, orienté vers les relations de sous-traitance étendues, avec comme objectif de réduire le coût de développement des innovations. En conséquence, le recours aux coopérations scientifiques pourrait être davantage ponctuel et constituer un moyen de compléter les bases de connaissance des PME sur des points précis, pour réaliser un projet particulier et non pour maintenir une capacité d'absorption diversifiée. Les interactions mobilisées dans ce cadre nécessiteraient alors seulement une proximité géographique temporaire, qui se révèle pourtant souvent fatale aux PME en termes de localisation. Cette contrainte se révèle en effet tellement forte au regard des faibles moyens dont elles disposent qu'elles se trouvent obligées de se localiser près des apporteurs de technologie, dans le but de profiter des avantages procurés par ces derniers en termes de connaissances.

CONCLUSION

Quel est le rôle joué par la proximité géographique dans la mise en place et le fonctionnement des réseaux d'innovation ? Est-il fondamental, comme le laissent supposer les politiques publiques qui favorisent les interactions science industrie au niveau local, dans l'espoir d'une meilleure circulation des connaissances ? Notre article montre qu'un bloc de littérature (SPL et externalités) regarde la proximité géographique comme une condition nécessaire à la diffusion des connaissances (I), alors que les développements sur les canaux de transmission des externalités considèrent que la proximité géographique n'exerce une influence sur les performances innovantes des firmes que dans le cas d'interactions effectives entre les agents (II). Bénéficier des externalités exige, de la part des firmes, de coûteux efforts d'organisation.

Nous partons alors de l'hypothèse que l'organisation est première dans les modalités de transmission des connaissances et que la proximité géographique, qui peut être temporaire (en particulier dans les phases initiales du processus de R&D), vient dans certaines situations améliorer les performances des firmes. Les plus petites ressentent alors plus fortement la contrainte de proximité, qui pèse souvent sur leurs choix de localisation, si bien que les réseaux de petites firmes ont un caractère local plus prononcé que ceux constitués d'entreprises de taille plus importante (III). Ce schéma, appliqué aux biotechnologies végétales (IV), révèle que les PME liées aux IAA et à l'agriculture sont insérées dans un réseau d'innovation moins diversifié et plus local que celui des PME pharmaceutiques et ont davantage recours aux relations fréquentes et répétées avec les clients et les fournisseurs. Le caractère localisé du réseau au sein duquel elles s'insèrent s'explique par différentes variables, mais pas par une nécessité de proximité géographique permanente dans le processus de circulation des connaissances. Il découle plutôt de la faiblesse de leurs capacités humaines et financières, qui les contraint à une localisation à proximité des entreprises ou des laboratoires, sources de connaissances, dans l'espoir de bénéficier d'une transmission de savoir qui ne concerne pourtant que des rencontres temporaires.

REFERENCES

Almedia P. et Kogut B. (1997), « The exploration of technological diversity and the geographic localization of innovation », *Small Business Economics,* 9, 21-31.

Anselin L., Varga A. et Acs Z. (1997), « Local geographic spillovers between University research and high technology innovations » *Journal of Urban Economics*, 42, 422-448.

Antonelli C. (1986), « Technological Districts and Regional Innovation Capacity », *Revue d'Economie Régionale et Urbaine*, 5, 695-705

Arora A. et Gambardella A. (1994), « Evaluating technological information and utilizing it. Scientific knowledge, technological capability and external linkages in biotechnology », *Journal of Economic Behaviour and Organization*, 24, 91-114.

Audretsch D. (1998), « Agglomeration and the location of activity », *Oxford Review of Economic Policy*, 14, 2, 18-29.

Audretsch D. et Stephan P. (1996), « Company scientist locational links : the case of biotechnology », *American Economic Review*, 86, 3, 641-651.

Audretsch D. et Feldman M. (1996), « R&D spillovers and the geography of innovation and production », *American Economic Review*, 86, 3, June, 630-640.

Autant-Bernard C. et Massard N. (1999), « Econométrie des externalités technologiques locales et géographie de l'innovation : une analyse critique », *Economie Appliquée*, LII, 4, 35-68.

Cassiman B. et Veugelers R. (1998), « Complementarity between technology make and buy in innovation strategies : evidence from belgian manufacturing firms », WP (on line). URL http://www. Meritbbs.univmaas.nl/.

Catherine D. et Corolleur F. (2002), « Diversité des modèles d'activité des Nouvelles Entreprises de Biotechnologies. Une approche par les compétences et les ressources illustrée sur le cas français », miméo, Université de Grenoble.

Cockburn I. et Henderson R. (1998), « Absorptive capacity, coauthorship behaviour and the organization of research in drug discovery », *The Journal of Industrial Economics*, XLVI, 2, 157-182.

Cohen W. et Levinthal W. (1989), « Innovation and learning : the two faces of R&D », *The Economic Journal*, 99, september, 569-596.

Crevoisier O. (2001), « L'approche par les milieux innovateurs : état des lieux et perspectives », *Revue d'Economie Régionale et Urbaine,* 1, 153-165.

Depret M. et Hamdouch A. (2000), « Pharmacie et biotech l'ère des réseaux », *Biofutur,* 203, septembre, 44-48.

Estades J. et Ramani S. (1997), « Trajectoire technologique et mobilisation des réseaux dans les PME de biotechnologie en France et en Grande-Bretagne », *Revue Internationale PME,* 10, 3-4, 39-56.

Feldman M. (1999), « The new economics of innovation, spillovers and agglomeration : a review of empirical studies », *Economics Innovation and new technology*, 8, 5-25.

Gaudin JH. 1993, *Guide pratique de l'ingénierie des licences et des coopérations industrielles,* LITEC, 415 p.

Grossetti M. (1995), *Science, industrie et territoire*, Presses Universitaires du Mirail, Collection « Socio-logiques ».

Grossetti G. et Nguyen D. (2001), « La structure spatiale des relations science-industrie en France : l'exemple des contrats entre les entreprises et le laboratoires du CNRS », *Revue d'Economie Régionale et Urbaine*, 2, 311-326.

Guilhon B. et *al.*(2000), *Technology and markets for knowledge*, Kluwer Academic Publishers.

Hagedoorn J., Link A. et Vonortas N. (2000), « Research partnerships » *Research Policy*, 29, 567-586.

Hakansson H.O. (1987), « *Industrial technological development : a network approach* », Londres.

Hendrickx Candéla C. (2001), « Externalités de connaissances et localisation des activités : une revue des analyses empiriques » *Revue d'Economie Régionale et Urbaine*, 1, 11-38.

Hippel von E. (1988), *The sources of innovation,* Oxford University Press, NewYork.

Huffman W. et Evenson R. (1993), *Science for Agriculture : a long term perspective*, Ames, Iowa State University Press.

Joly P.B. et Lemarié S. (2000), « Cinquante ans d'innovation en Agriculture », *Economie Rurale*, Janv-Avr, 86-97.

Jaffe A. (1986), « Technological opportunity and spillovers of R&D : evidence from firms patents, profits and market value » *The American Economic Review*, 76, 5, 984-1001.

Jaffe A. (1989), « Real effects of academic research », *The American Economic Review,* 79, 5, 957-970.

Jaffe A., Trajtenberg M. et Henderson R. (1993), « Geographic localization of knowledge spillovers as evidenced by patents citations », *The Quarterly Journal of Economics,* august, 577-598.

Leveque F., Bonazzi C. et Quental C. (1996), « Dynamics of cooperation and industrial R&D : first insights into the black box 2 », in Coombs R. ed, *Technological cooperation*,Cheltenham, Eduard Elgar.

Longhi Ch. (1999), « Networks, collective learning and technology development in innovative high technology regions : the case of Sophia-Antipolis », *Regional Studies*, 33, 4, 333-342.

Lundvall B.A. (1992), « Relations entre utilisateurs et producteurs, systèmes nationaux d'innovation et internationalisation », in Foray D. et Freeman Ch. eds, *Technologie et Richesse des Nations,* Economica, Paris.

Lung Y. et *al* (1997), *Organisation spatiale et coordination des activités d'innovation des entreprises*, Rapport pour le Commissariat au Plan.

Lung Y., Rallet A. et Torre A. (1999), « Connaissances et Proximité Géographique dans les processus d'innovation », *Géographie, Economie, Société*, 1, 2, 281-306.

Mangematin V. et Nesta L. (1999), « What kind of knowledge can a firm absorb ? » *International Journal of Technology Management*, 18, 3-4, 149-172.

Mangematin V. et Torre A. (2001), « Création et développement de PME dans le secteur des Biotechnologies : le cas français », *Economie rurale*, 263, Mai-Juin, 2-15

Mariani M. (2000), « Networks of inventors in the chemical industry », WP Merit, (on line). URL http://www.meritbbs.univmaas.nl/.

Massard N. (2001), « Externalités de connaissances et géographie de l'innovation : les enseignements des études empiriques », Séminaire CGP, La place de la France dans l'économie des connaissances.

Maskell P. et Malmberg A. (1999), « Localised learning and industrial competitiveness », *Cambridge Journal of Economics*, 23, 167-185.

Monck C.S., Porter S.P., Quintas P. et Storey D.J. (1988), *Science Parks and the Growth of High Technology Firms,* Croom Helm, London.

Narula R. (1999), « Choosing between internal and non internal R&D activities : some technological and economics factors » WP (on line). URL http://www.meritbbs.univmaas.nl/.

Nonaka I. (1994), « A dynamic theory of organizational knowledge creation » *Organization Science,* 5, 1, 14-37.

Oerlemans L., Meeus M. et Boekema F. (2001), « Innovation, organizational and spatial embeddedness : an exploration of determinants and effects », WP 01-03 ECIS (On line). URL http://www.tm.tue.nl/ecis/.

Orlando M. (2000), "On the importance of geographic and technological proximity for R&D spillovers: an empirical investigation", WP Federal Reserve Bank of Kansas, Kansas City.

Pavitt K. (1984), « Sectoral patterns of technical change : towards a taxonomy end a theory *», Research Policy,* 13, 343-373.

Porter M. (2000), Locations, clusters and company strategy, in Clark et *al.* eds, *The Oxford handbook of economic geography*, Oxford U. Press, Oxford.

Rallet A. et Torre A. (2001), Proximité Géographique ou Proximité Organisationnelle ? Une analyse spatiale des coopérations technologiques dans les réseaux localisés d'innovation, *Economie Appliquée*, LIV, 1, 147-171.

Ratti R., Bramanti A. et Gordon R. (1997), *The Dynamics of Innovative Regions*, Ashgate Publishing, Aldershot.

Saxenian AL. (1994), *Regional advantage: culture and competition in Silicon Valley and Route 128*, Cambridge MA, Harvard University Press.

Wallsten S. (2001), « An empirical test of geographic knowledge spillovers using geographic information systems and firm-level data » *Regional Science and Urban Economics,* 31, 571-599.

Zucker L., Darby M. et Armstrong J. (1994), « Intellectual capital and the firm : the technology of geographically localised knowledge spillovers » WP NBER 4946.

Zucker L., Darby M. et Brewer M. (1998), « Intellectual human capital and the birth of US biotechnology enterprises » *The American Economic Review*, 88, 1, 290-305.

CHAPITRE IX

LA DISTANCE CULTURELLE ENTRE PAYS EUROPÉENS RALENTIT-ELLE LA DIFFUSION DE CONNAISSANCES ?

CAROLINE HUSSLER

INTRODUCTION

Avec l'avènement de l'économie fondée sur la connaissance (Baslé et Renault, 2004), les réflexions menées sur la géographie des flux de connaissances se font de plus en plus pressantes. Alors que la plupart des travaux existants suggèrent que les connaissances se diffusent surtout entre voisins géographiques (Autant-Bernard, 2001 ; Jaffe et *al.*, 1993 ; Maurseth et Verspagen, 2002), on assiste simultanément à ce qu'Allen (2000) appelle « de-territorialisation of closeness » : aujourd'hui, le transfert de connaissances ne prend plus systématiquement et nécessairement place au sein de districts industriels ou entre voisins physiques. Pour Allen (2000), « What (seems to) matter in such situations (of knowledge transfer) is not the fact of local embeddedness, but the existence of relationships in which people are able to internalise shared understandings or are able to translate particular performances on the basis of their own tacit and codified understandings » (*ibid*, p.28). En d'autres termes, les proximités géographique et technologique, si elles sont nécessaires pour pouvoir bénéficier de plus de flux de connaissances, ne suffisent pas à garantir un partage des connaissances entre zones géographiques. Le concept de proximité va bien au-delà de la simple dimension géographique de l'espace relationnel (Amin et Wilkinson, 1999). Il englobe aussi des dimensions plus cognitives (Rallet et Torre, 2004). Etre proche de quelqu'un ce n'est pas forcément se situer à portée géographique de ce dernier, ce peut être aussi avoir des affinités avec lui. Ainsi, une autre forme de similitude, de ressemblance, plus abstraite, plus intangible semble jouer un rôle dans la géographie des flux de connaissances. L'objectif de ce chapitre est précisément de chercher à cerner cette proximité cognitive si bénéfique. L'hypothèse principale que nous souhaitons tester est que la proximité culturelle peut jouer ce rôle de catalyseur de la diffusion de connaissances et créer cette vision partagée (shared understanding selon Allen, *op. cit.*).

Pourquoi la culture aurait-elle un rôle à jouer dans la diffusion des connaissances ? Les réponses apportées par la littérature sont multiples. Ainsi,

Boschma (2004) suggère de se pencher sur cette dimension[1], car pour lui, la proximité culturelle limite le risque de comportements opportunistes, et, dès lors, constitue un élément de confiance déterminant pour l'activité d'innovation et la divulgation de connaissances stratégiques. Pour Lundvall (1999), l'existence de différences culturelles entre acteurs de l'innovation (il se concentre essentiellement sur l'innovation engendrée par les relations clients-fournisseurs), est un frein à la diffusion de connaissances, non pas pour des problèmes d'opportunisme, mais parce que certains messages sont difficiles à transmettre. Li (1999) renforce cette idée lorsqu'il montre que la quantité d'informations échangée entre groupes de cultures différentes est plus faible que celle échangée au sein d'un groupe culturellement homogène. Plus précisément, le montant d'informations envoyé est le même, quelle que soit la composition du groupe, mais le montant des informations retransmises aux membres du groupe diverge, du fait d'un manque d'harmonie culturelle[2]. Dans le cadre d'un processus d'innovation, ce phénomène s'explique d'autant plus que les informations et les connaissances échangées sont complexes et mouvantes (Lundvall, 1999). Il est alors nécessaire de toujours recombiner des informations explicites, codifiées, et des connaissances plus tacites (Cowan et al., 2000 ; Polanyi, 1958), ce qui est beaucoup plus aisé lorsqu'on partage les mêmes normes, les mêmes bases de connaissances, les mêmes modèles de pensée, de raisonnement et d'appréhension de la réalité, en un mot, la même culture. Si toutes ces analyses semblent pertinentes, toutes postulent la proximité culturelle entre acteurs et ses conséquences, sans jamais la mesurer. Ce manque de travaux empiriques provient très probablement du fait que les différences qualitatives caractérisant une culture sont difficilement réductibles à des variables quantitatives. Dans ce chapitre, nous proposons pourtant de combler ce manque et de compléter les réflexions conceptuelles par une analyse quantitative de l'impact de l'espace culturel sur l'innovation. Pour cela, nous testons le pouvoir explicatif de la proximité culturelle sur la géographie de la diffusion de connaissances au sein des pays européens, afin de voir si les observations empiriques confirment les intuitions théoriques.

Shane (1993) initie les premières études économétriques sur l'impact de la culture sur l'innovation. Dans ses travaux, il démontre sur la base d'une étude menée sur quelques 33 pays, que les sociétés les plus radicalement innovantes sont celles qui sont individualistes, à faible distance hiérarchique et qui acceptent l'incertitude[3]. Cependant, son analyse ne dit rien quant à l'impact de la culture sur la diffusion de connaissances et sur l'innovation incrémentale, ou quant à de potentielles barrières culturelles à la diffusion et à l'acquisition de connaissances. Or Cohen et Levintahl (1989) insistent sur le fait que recevoir et tirer partie d'externalités de connaissance d'un côté, et créer activement des connaissances d'un

---

[1] Dans sa contribution, il encourage l'étude de la proximité culturelle au niveau macroéconomique (qu'il appelle proximité institutionnelle), et de la proximité culturelle au niveau microéconomique (qu'il dénomme proximité sociale).

[2] Les acteurs ne jouissant pas de bases de connaissances et de modèles de réflexion communs, certains éléments d'information qu'ils reçoivent ne leur semblent pas intelligibles, et de ce fait, ils les négligent ou les oublient.

[3] Ces concepts sont définis de façon plus précise *supra*, § 1.2.

autre côté, ne sont que les deux facettes d'un même processus. Sans la capacité d'absorber des idées extérieures, il est probable que les sociétés n'innovent jamais de façon incrémentale. Il est donc intéressant de voir si les traits culturels d'une population influencent sa capacité à absorber des idées émises par ses partenaires. C'est précisément l'objet de notre travail.

Pour répondre à cette question, et ainsi faire écho à Thirft (2000, p. 689), en ouvrant « the pandora's box of cultural geographies of economies », nous choisissons de mener notre étude au plan macroéconomique du pays, et de nous concentrer sur les flux de connaissances entre pays de l'Union Européenne. Concrètement, nous proposons tout d'abord de préciser les contours d'une culture et de sélectionner les indicateurs capables d'en rendre compte dans une analyse de type économétrique (§ 1). Dans un deuxième temps (§ 2), nous détaillons le dispositif empirique (données, variables, modèles) que nous mobilisons. Puis, nous présentons et interprétons les résultats économétriques de l'étude (§ 3), avant d'en discuter la portée et les limites (§ 4).

I- MESURER LA CULTURE ET LA PROXIMITÉ CULTURELLE

> « *Every man is in certain respects a) like all other men, b), like some other man, c) like no other man* »,
> Kluckhohn et Muray (1948).

La principale difficulté pour définir une culture et mesurer des distances entre cultures est de déterminer le niveau pertinent de similitude entre individus, et sur cette base, de définir des critères précis de comparaison. Ce défi a été l'enjeu d'une littérature riche issue principalement de travaux de psychologues et de sociologues. Nous proposons dans cette section liminaire d'en rappeler les principales conclusions, en gardant à l'esprit notre objectif principal : trouver une définition quantifiable de la culture afin de pouvoir mener une étude économétrique. Nous revenons tout d'abord sur les analyses proposées par la socio-anthropologie (§ 1.1) en insistant sur leur hétérogénéité et leur manque d'opérationalité. Puis nous détaillons les travaux d'Hofstede, qui, le premier, a proposé une définition chiffrée du phénomène culturel (§ 1.2). Suite aux travaux précurseurs d'Hosftede, d'autres études empiriques ont proposé des indicateurs quantitatifs de la culture (§ 1.3). Mais plutôt que d'infirmer les résultats du sociologue hollandais, les études récentes viennent les raffiner. Ceci nous encourage à nous baser sur les travaux d'Hofstede, fort de leurs avantages et en dépit de leurs inconvénients (§ 1.4).

1. Définitions proposées par la socio-anthropologie : des contours variables et un manque d'applicabilité

Historiquement, une des premières définitions anthropologiques de la culture présente cette dernière comme « that complex whole which includes knowlegde, belief, art, morals, laws, customs and any other capabilities and habits acquired by man as a member of a society » (Tylor, 1871). Selon cette approche, la culture est le résultat de la vie en groupe c'est à dire un système organisé d'opinions partagées pour pouvoir coexister. Définir une culture c'est donc trouver des facteurs qui résument les croyances et valeurs communes à une société donnée à un moment donné, ou inversement trouver des caractéristiques qui englobent les traits distinctifs des différents groupes sociaux. En effet, pour Boas (1940), « chaque culture est dotée d'un style particulier qui s'exprime à travers les langues, les croyances, les coutumes, mais pas seulement. Ce style, cet esprit propre à chaque culture influe sur le comportement des individus ».

Parmi les indicateurs de différenciation culturelle, nombreux sont les anthropologues et les sociologues qui mentionnent la langue (Sapir, 1921 ; Pinker, 1995). D'ailleurs, les rares travaux économiques qui intègrent la notion de culture à leurs analyses, tels que la littérature économique sur le commerce international (dont Helliwell, 1998) et plus récemment l'analyse des flux de connaissances menée par Botazzi et Peri (2003) ou par Sjöholm (1996), utilisent la langue comme indicateur des différences culturelles entre individus et groupes d'individus. Mais cette définition basée sur le seul aspect linguistique ne semble pas satisfaisante, dans la mesure où elle ne permet pas de rendre compte de la complexité de la culture, comme le soulignaient déjà Hall (1979) et Gudykunst (1991).

Ecartant ce problème, d'autres auteurs (parmi lesquels Baal, 1981) considèrent que « *the most distinctive cultural feature* » est décrit par la religion ; d'autres encore, tels Parsons (1964), insistent sur l'éducation et la famille comme caractéristiques essentielles d'une culture. Pour lui, « *dans le processus de socialisation, la famille (...) joue un rôle prépondérant. Mais le rôle de l'école et du groupe d'appartenance n'est pas négligeable non plus* ».

Ainsi, trouver la bonne définition de la culture est un véritable défi, qui explique très probablement le manque criant d'études empiriques sur l'impact de la culture sur le comportement économique des agents en général, et de l'innovation en particulier. En effet, aucune définition ne fait l'unanimité[4], même si les facteurs précédents sont ceux les plus généralement retenus[5]. De plus, la majorité de ces définitions manque, malheureusement, cruellement d'applicabilité et s'avère peu pertinente pour mesurer des proximités ou distances entre cultures et mener des

---

[4] Kluckhohn et Strodtbeck (1961) vont même jusqu'à proposer 168 définitions différentes de la culture.

[5] Si le sexe, la génération, la classe sociale sont également souvent mentionnés au rang des facteurs de différenciation culturelle, nous ne les retenons pas, suivant en cela les idées d'Hofstede (1980). Pour lui, ces facteurs constituent des catégories et non des groupes de personnes. Un groupe est un ensemble de personnes en contact les unes avec les autres. Une catégorie regroupe des personnes qui ont quelque chose en commun, sans avoir nécessairement pour autant des contacts entre eux. Qui plus est, même si l'appartenance à ces catégories peut influencer le comportement de leurs membres, ces spécificités se retrouvent quelle que soit la culture nationale analysée (les hommes et les femmes ont des comportements différents quel que soit le pays étudié, tout comme les vieux se différencient des jeunes par exemple). Enfin, Van Oudenhoven montre en 2001 que l'effet national semble plus important que l'impact du sexe et de l'âge sur la définition d'une culture, nous encourageant encore un peu plus à ne pas retenir ces indicateurs dans notre comparaison culturelle.

études économétriques[6]. En la matière, un pas important a été possible grâce à l'étude d'Hofstede publiée dans son ouvrage *Culture's consequences* (1980).

2. *La notion de culture chez Hofstede*

Pour Hofstede, la culture correspond à « *the collective programming of mind which distinguishes the members of one group from another* » (1980, p. 21). Concrètement, grâce à une analyse factorielle écologique (une analyse factorielle menée sur les données moyennes nationales) menée entre 1968 et 1972 sur des données collectées auprès de 88 000 employés d'une grande multinationale américaine évoluant dans 40 succursales à travers le monde, Hofstede a identifié quatre dimensions capables de résumer the « *collective programming of mind* » d'une nation donnée[7]. Ces dimensions sont: *power distance, uncertainty avoidance, individualism et masculinity*[8]. *Power distance* (PDI) renvoie au degré d'acceptation des inégalités au sein d'une société, ou inversement aux attentes égalitaires au sein des institutions et des groupes d'appartenance. L'idée *d'uncertainty avoidance* (UAI) fait référence à l'inconfort ressenti face à une situation imprévue ou inversement à la tolérance de la nouveauté et de l'improvisation. La notion d'*individualism (IND)* symbolise la tendance à se préoccuper presque exclusivement de soi et de sa famille proche, ou inversement à être très inséré socialement et à se sentir concerné par le destin de plusieurs communautés d'appartenance. Enfin, la *masculinity* (MASC) renvoie au goût pour le pouvoir, la réussite et la différenciation des sexes, ou inversement à une attitude plus modeste et tournée vers les autres et leur bonheur. Après avoir identifié ces quatre critères, Hofstede crée une échelle ordinale pour chacun d'entre eux et positionne chaque pays de son étude sur ces quatre échelles. Finalement, chaque culture nationale est décrite par quatre chiffres.

La définition proposée par Hofstede satisfait doublement nos attentes. En effet, non seulement elle est multicritère (et permet ainsi de rompre avec la définition retenue jusqu'ici dans la littérature économique qui assimilait culture et langue), mais en plus, elle se décline en indicateurs quantitatifs très faciles à manipuler dans une étude économétrique, et disponibles pour tous les pays de l'Union Européenne. Cependant, il semble indispensable de présenter les travaux quantitatifs ultérieurs, afin de mettre en évidence leurs points communs et leurs différences, et finalement de sélectionner la définition la plus pertinente.

---

[6] Pour une étude exploratoire de l'impact de la religion, de la langue et de l'éducation sur l'innovation, on peut cependant se reporter à Hussler (2000).

[7] Pour plus de détails sur la méthodologie employée par Hofstede, cf Evans et Malvondo (2001).

[8] Ces 4 dimensions sont très proches de celles proposées en 1969 par Inkeles et Levinson.

3. *Des définitions ultérieures ... qui confirment Hofstede*

Un second groupe de chercheurs, autoproclamé *The chinese culture connexion* (1987), s'est penché sur la définition d'une culture nationale suite aux travaux de Hofstede. Ils souhaitent vérifier que les résultats d'Hofstede ne sont pas culturellement biaisés du fait que le questionnaire fut élaboré uniquement par des occidentaux. Ils mènent donc une étude sur 15 hommes et 15 femmes dans 23 pays et leur administrent un questionnaire issu des idées de chercheurs Chinois. Leur analyse factorielle met à jour 4 dimensions. Trois d'entre elles coïncident de manière substantielle avec les résultats d'Hofstede. La quatrième, plus originale, est intitulée *confucian work dynamism* (CWD) et renvoie au fait d'accepter la hiérarchie tout en valorisant la persévérance et l'économie de ressources, valeurs très proches de la culture confucéenne. Cependant, dans la mesure où nous concentrons notre étude sur des pays Européens, cette variable ne nous semble pas pertinente. Qui plus est, les travaux de la *Chinese culture connexion* ne fournissent pas de valeurs pour le critère CWD, pour l'ensemble de pays européens qui constituent notre échantillon d'étude.

Plus récemment, Schwartz (1992) tente de déterminer quelles sont les valeurs universelles qui pourraient permettre (une fois évaluées et classées par degré d'importance) de mener des analyses de psychologie sociale comparée entre cultures. Partant d'une liste de 56 valeurs *a priori,* il demande aux participants de son étude d'indiquer dans quelle mesure celles-ci guident leur vie. Il ressort de son enquête que les systèmes de valeurs semblent universellement organisés de façon bipolaire : les deux pôles pertinents opposent *openess to change vs conservatism* d'un côté et *self transcendence vs self enhancement* de l'autre. De plus, l'auteur remarque que quel que soit le pays étudié, les 56 valeurs se groupent selon dix grand domaines, qu'il appelle valeurs types[9] et qui pourraient donc constituer les critères de comparaison inter-culturelle recherchés. En 1995, en collaboration avec Sagiv, il complète son étude, en élargissant l'échantillon d'analyse et retrouve une relative stabilité des 10 valeurs types. Les deux auteurs montrent que 44 des 56 valeurs ont des significations stables à travers les cultures, ce qui encourage à les considérer comme pertinentes pour discriminer les populations.

Enfin, Trompenaars (1993) propose un modèle de mesure des spécificités culturelles nationales basé sur 7 dimensions : *universalism* vs *particularism*, *individualism* vs *collectivism*, *neutral* vs *emotional*, *specific* vs *diffuse*, *achievement* vs *ascription*, *orientation in time* et *attitude towards the environment.* Issus d'une base de données de 15 000 réponses parmi 50 pays (dont neuf pays de l'ex bloc communiste), ses résultats viennent largement confirmer ceux de Hofstede et ceux de Schwartz (Smith et Bond, 1998), tout en souffrant d'un inconvénient par rapport à ces deux autres études : les dimensions utilisées ne sont pas issues, ni validées par l'étude empirique, mais uniquement déduites de la littérature passée sur la culture telle que Parsons et Shils (1951) ou Kluckhohn et Stodtbeck (1961).

[9] Ces valeurs types sont : le pouvoir, la réussite, le plaisir, la stimulation, l'universalisme, le générosité, la tradition, la conformité, la sécurité et l'autonomie.

Finalement, les critères culturels identifiés par Hofstede et leurs valeurs nationales sont largement confirmés par les travaux ultérieurs. En effet, on peut noter que la *Chinese culture connexion*, avec des mesures d'origine différente, des dates de réalisation différentes (l'enquête chinoise s'est déroulée entre 1983 et 1985), des échantillons d'étude différents et un ratio hommes/ femmes différent, retrouve 3 des 4 indicateurs mis en évidence par Hofstede. De même, les travaux de Schwartz et Sagiv (1995), plutôt que de s'opposer aux travaux hofstediens, apparaissent comme leur raffinement. Par exemple, les valeurs élémentaires telles que la sécurité, la tradition et la conformité que Schwartz résume par la valeur type conservatisme s'apparentent fortement au côté communautaire et opposé au risque d'Hofstede. Parallèlement les concepts de réussite et de pouvoir rappellent le caractère masculin, alors que l'universalisme et la bienveillance se rapprochent des idées hofstediennes de féminité.

Cette convergence des indicateurs ultérieurs et la disponibilité d'indicateurs chiffrés pour l'ensemble des pays de notre échantillon constituent un premier avantage de l'utilisation des indicateurs d'Hofstede pour notre analyse. Il convient cependant de cerner s'il en existe d'autres, et inversement de rappeler quelques précautions méthodologiques concernant l'utilisation de ces indicateurs.

4. Choix définitif des indicateurs culturels : avantages et inconvénients

La nature des critères d'Hofstede, ainsi que leurs mesures ont été testées à maintes reprises au cours des trente dernières années. Sondergaard (1994) propose une revue analytique des quelques 61 études testant Hofstede, et conclut que « *they are remarkably few non-confirmations; (...) differences predicted by Hofstede's dimensions are largely confirmed (and) Hosftede's 4 dimensions could be said to be validated* » (*ibid*, p. 451-452). Quant aux études mobilisant des données plus récentes (Fernandez et *al.*, 1997 ; Van Oudenhoven, 2001, Beugelsdijk et Van Shaik, 2003), elles confirment, elles aussi, la valeur des critères d'Hofstede, même plus de trente ans après leur élaboration. Tout cela nous encourage à utiliser cette classification pour construire nos indicateurs culturels.

En plus de leur simplicité et de leur fiabilité, les critères d'Hofstede semblent exhaustifs, dans la mesure où les quatre dimensions sont fortement corrélées aux critères traditionnels identifiés par la socio-anthropologie : éducation, langue et religion. Ainsi, Hosftede remarque-t-il une relation entre la langue d'un pays et la distance hiérarchique affichée par cette même culture. Plus précisément, « *Countries in which a Romane language is spoken score medium to high on the PDI scale. Countries in which a Germanic language is spoken score low. There seems to be a relationship between language area and present day mental software regarding power distance. The fact that a country belongs to a language area is rooted in history : romane languages all derive from Low Latin, and were adopted in countries colonised by Spain and Portugal which themselves were former colonies of Rome. Germanic languages are spoken either in countries which remain barbaric in Roman days, or in areas once under Roman rule but reconquered by barbarians (like England). Thus some roots of the mental program called PDI go back at least to Roman times (2000 years ago)* » (1997, chapitre 2). De même, dans le chapitre 2, il avance que le degré de distance hiérarchique est fortement et positivement corrélé avec le niveau d'étude des individus. A mesure que les individus progressent dans leurs études universitaires, ils s'émancipent de leur cocon familial et des idées de leurs enseignants. Ces multiples liaisons et corrélations nous encouragent à nous concentrer sur les critères d'Hofstede pour construire nos indicateurs de distance culturelle, puisque non seulement ces critères sont très facilement applicables et mesurables (car d'ores et déjà mesurés), mais en plus ils sont proches des critères traditionnels.

Signalons cependant que, si les indicateurs culturels d'Hofstede sont les plus usités dans la littérature, ils sont également les plus décriés. En effet, on peut tout d'abord noter qu'Hosftede se concentre uniquement sur les dimensions nationales de la culture, négligeant ce faisant la possibilité de coexistence de sous-cultures au sein d'un même pays. Or, aujourd'hui, différentes ethnies et cultures nationales coexistent dans plusieurs pays (Au, 2000). Par conséquent, le pays ne semble pas constituer de prime abord un niveau d'homogénéité culturelle pertinent[10], ou au moins peut s'avérer en contradiction avec d'autres niveaux culturels plus désagrégés. Cependant, bien que sensibles aux contradictions potentielles entre différents niveaux de cultures, Pizam et *al.* (1997) montrent que la culture nationale est plus influente que les cultures professionnelles et ou industrielles dans l'explication du comportement managérial. Dans la même ligne, Van Oudenhoven (2001) conclut que les différences culturelles intra-nationales sont marginales lorsqu'on cherche à définir la culture existante (comme le fait Hofstede). Elles apparaissent uniquement lorsqu'on s'attache à décrire les contours de la culture désirée par les individus. En un mot, se concentrer sur la culture nationale n'est finalement pas pénalisant pour l'analyse.

Les critiques sont également nombreuses quant à la pertinence de la méthodologie utilisée par Hofstede : les données sont traitées au niveau agrégé (on travaille sur une moyenne par pays) et peuvent laisser apparaître des contradictions avec les comportements individuels. De plus, les données sont basées sur des comportements au travail, et peuvent donc négliger le comportement extra-professionnel. Or l'innovation peut prendre corps en dehors du cadre de travail. Enfin les données ont été collectées exclusivement auprès des membres d'une seule et même multinationale américaine, ce qui peut générer un biais propre à la culture de l'entreprise étudiée. Mais plutôt qu'un inconvénient, ce dernier point, peut au contraire témoigner de la robustesse des conclusions d'Hofstede. En effet cela montre qu'il existe des différences culturelles nationales même au sein d'une seule et même multinationale. Cela confirme une fois de plus que la culture nationale semble avoir plus de poids que la culture professionnelle.

---

[10] Cherchant à identifier le niveau auquel émerge une identité collective au sein des pays Européens, Chauvel (1995) conclut que sur certains points, le pays est un niveau pertinent et homogène, alors que sur d'autres la communauté linguistique est plus déterminante, et qu'enfin, sur une troisième catégorie de sujets, une autre dimension, indéterminée, joue ce rôle harmonisateur.

Au total, si certaines limites subsistent, les avantages semblent plus nombreux. Nous utilisons donc les critères d'Hofstede pour mesurer la proximité culturelle, compléter les indicateurs de proximités plus traditionnels et proposer de premières estimations empiriques de l'impact de l'espace culturel sur la diffusion de connaissances. La partie suivante présente les détails pratiques de notre analyse.

II- MODÈLES ET VARIABLES

La notion de culture étant désormais précisée, il reste à présenter la démarche empirique mise en œuvre pour mener notre analyse quantitative de l'impact de l'espace culturel sur la géographie des flux de connaissances. L'objectif de cette section est d'abord de décrire et de justifier la méthodologie que nous avons adoptée pour repérer la localisation et l'intensité des flux de connaissances (§ 2.1). Puis, nous détaillons les indicateurs de distance (§ 2.2) et les variables de contrôle (§ 2.3) utilisés pour estimer notre modèle.

1. La variable endogène

La variable dépendante de notre modèle résume les flux de connaissances technologiques entre pays. A l'instar de Jaffe et *al.* (1993), nous pensons que «*even if technological spillovers are invisible for human eyes, they do leave a paper trail in the form of citations*» (p. 26). Par conséquent notre variable dépendante est le nombre de citations de brevets entre deux pays noté Y_{ij} (où i et j indiquent des pays). Nous utilisons une matrice de citations de brevets élaborée par Maurseth et Verspagen (2002) sur la base des données de l'Office Européen de Brevets[11]. Les chiffres couvrent la période 1979-1996. Les lignes de la matrice indiquent les pays qui génèrent le brevet (le pays cité i), alors que les colonnes décrivent les pays j qui citent le brevet dans leur propres demandes de brevets. Les dépôts de brevets et citations sont rattachées au pays d'origine de leur(s) inventeur(s) et non de leur déposant. Ce choix méthodologique permet d'éviter tout biais de localisation lié à l'affectation géographique d'un brevet selon l'adresse de son propriétaire, tel que la sur-représentation des zones géographiques hébergeant les sièges sociaux des entreprises, par exemple. Par ailleurs, il correspond à une approche cognitive du brevet (on cherche à savoir où a été créée la connaissance) qui convient bien aux objectifs de ce chapitre[12].

Sur le plan économétrique, les données sont sous forme d'une coupe transversale sur l'ensemble de la période, la matrice ne renseignant que quant au

[11] Nous tenons à remercier chaleureusement Bart Verspagen pour son soutien dans l'analyse de cette base de données.

[12] En effet, les aspects économiques et financiers relatifs à la propriété du brevet ne constituent pas le cœur de notre réflexion.

nombre total de citations entre pays et non quant à la date des dépôts et/ou des citations.

Certes, le recours aux citations de brevets comme indicateurs des flux de connaissances ne fait pas l'unanimité (cf infra, chapitre 1, § 1.2.1.3). Cependant, Jaffe et al. (2002, p. 218) ont récemment conclu, qu'en dépit de leurs défauts, «aggregate citation flows can be used as proxies for knowledge-spillovers intensity...between countries». Notre étude se basant sur des flux inter-nationaux, l'utilisation des citations est donc retenue.

Par ailleurs, il peut être objecté que, parmi tous les mécanismes de diffusion de connaissances existants[13], nous choisissons celui qui reflète une circulation de connaissances codifiées, pour tester l'impact de la culture et de la proximité culturelle. En effet, on peut raisonnablement penser que pour mesurer la diffusion de connaissances, qui est souvent considérée comme limitée du fait du caractère tacite de certaines connaissances, une analyse d'échanges moins codifiés et par des canaux moins formels aurait pu être plus intéressante. Nous adoptons la position inverse : si nous arrivons à montrer un impact de l'espace culturel sur la géographie des externalités de connaissance avec notre indicateur très restrictif, cela renforcera la validité de notre résultat. Pour résumer, ce choix peut avoir pour conséquence de sous-estimer l'impact de la culture, ce dont il faudra se souvenir lors de l'analyse des résultats.

Tableau 1

REPARTITION DES FLUX DE CITATIONS ENTRE PAYS DE L'UE

Pays	**Part du pays dans le total des flux européens émis (proportion des brevets cités issus de ce pays)**	**Part du pays dans le total des flux européens reçus (proportion des brevets citant issus de ce pays)**
Autriche	2.14	3.14
Allemagne	40.52	40.64
Espagne	0.52	0.85
France	17.21	17.85
Grèce	0.04	0.06
Italie	6.85	7.94
Pays-Bas	6.32	6.25
Portugal	0.02	0.03
Suède	3.45	2.67
Royaume-Uni	18.10	15.20
Belgique	2.48	2.76
Irlande	0.20	0.18
Finlande	0.92	1.24
Danemark	1.24	1.18
Total	**100**	**100**

[13] La littérature propose aussi de s'intéresser à la mobilité des chercheurs, à la co-publications d'articles scientifiques, à la participation à des colloques et conférences, etc. Pour une présentation synthétique de l'ensemble des mécanismes de révélation et de diffusion de connaissances, voir Lhuillery (2001).

Nous proposons de résumer l'intensité des flux de connaissances entre pays dans le tableau 1. La première colonne renseigne sur les flux émis (c'est à dire sur la localisation des brevets cités), alors que la seconde représente les pays destinataires des flux (c'est à dire les pays des inventeurs des brevets citant).

On peut remarquer que les pays qui bénéficient les plus de flux sont aussi ceux qui en émettent le plus. Ce phénomène peut s'expliquer par le fait que ces pays sont aussi ceux qui brevettent le plus. Il nous faut donc intégrer des variables, pour contrôler cet effet de taille. Nous y reviendrons (§ 2.3).

2. *Les indicateurs de distance*[14]

Pour tester l'influence de la distance économique entre pays sur leur propension à se citer mutuellement, nous utilisons la variable E_{ij} qui est égale au ratio du PNB par tête du pays *j* divisé par le PNB par tête du pays *i*. Cet indicateur nous permet de tester l'idée de convergence-rattrapage ou β convergence sur données européennes. Selon cette théorie, en raison du rendement décroissant du capital, les économies vont convergent plus ou moins rapidement vers leur sentier d'équilibre de long terme selon leur situation de départ (Baumol, 1986). Plus précisément les économies vont afficher des taux de croissance de valeur inversement liée à la valeur initiale de leur stock de capital[15]. Par conséquent, si β convergence il y a, nous devrions observer un effet négatif de la variable E_{ij} sur la variable expliquée, les pays étant moins développés économiquement, profitant d'un montant de flux de connaissances plus important que les pays riches. Nous basons nos calculs sur les données Eurostat de PNB par tête en PPA pour l'année 1996.

Parallèlement nous intégrons un indicateur de distance technologique entre pays. En effet, les dépôts de brevets et leurs citations ne sont pas distribués de façon homogène entre secteurs industriels (Von Hippel, 1988). Dès lors, les similitudes et ou différences de structure industrielle entre pays, peuvent jouer un rôle explicatif dans l'intensité de leurs échanges de connaissances. Pour rendre compte de la proximité (ou distance) technologique entre pays, nous adoptons un indice basé sur les travaux de Jaffe (1986) repris par Botazzi et Peri (2003)[16]. Notre mesure de proximité technologique n'est autre que le coefficient de corrélation entre les

---

[14] Dans cette contribution, nous utilisons indifféremment les termes de distance et de proximité. Pourtant, dans la définition ontologique proposée par Le Boulch (2001, p. 3), « *la proximité est un jugement de valeur qui porte sur une perception de la distance [...] ; la distance est quantitative là où la proximité est qualitative* ». Par conséquent, la proximité renvoie à quelque chose de subjectif, de perçu, et ne peut donc en principe pas s'étalonner. Cependant, à l'instar de nombreux dictionnaires, et par souci de simplicité, nous choisissons de confondre les deux notions dans ce travail.

[15] Pour un recueil exhaustif de la littérature théorique et empirique relative à la β convergence en Europe et dans le monde, voir Le Gallo (2002a).

[16] Cet indicateur permet d'éviter de définir des liens technologiques entre secteurs, ce pour quoi la littérature ne propose pas de technique unique. Ainsi, pour Maurseth et Verspagen (2002), deux secteurs sont proches si les brevets déposés dans l'un citent fréquemment ceux déposés dans l'autre. Breschi et *al.* (2003) utilisent quant à eux, la co-occurrence de classes technologiques dans les brevets (en tant que classe principale et secondaire) comme indicateur de la proximité technologique entre domaines technologiques.

distributions sectorielles des brevets de deux pays. Concrètement, nous répartissons les dépôts de brevets de chaque pays en 116 classes technologiques, en nous basant sur le deuxième niveau d'agrégation de la classification internationale des brevets. Chaque pays est donc caractérisé par un vecteur 116x1 qui résume la part de ses brevets déposés dans chaque classe technologique. Puis, nous calculons le coefficient de corrélation entre couples de pays, et l'utilisons comme mesure[17] de proximité technologique T_{ij}. Finalement, un couple de pays qui brevète dans des secteurs différents possède un indice de proximité technologique égal à 0, alors que l'indice de deux pays qui ont une répartition technologique de leurs brevets similaire vaut 1. Les données de l'OCDE relatives aux dépôts de brevets des pays européens en 1996 sont mobilisées pour le calcul de cet indice.

Enfin, la distance géographique est approchée par le nombre minimum de frontières (ou zones maritimes) qui doivent être traversées pour aller du pays *i* au pays *j*. Cet indicateur est une mesure classique dans la littérature géographique (Hagett et *al.* 1977).

L'objectif de notre modèle est de tester l'impact de la proximité culturelle sur la géographie de diffusion des connaissances, afin d'évaluer si la proximité culturelle favorise les flux de connaissances entre pays. Pour cela, nous complétons les variables présentées ci-dessus par quatre indicateurs de distance culturelle entre pays. Ces derniers sont calculés sur la base des critères d'Hofstede et « à la manière » de Kogut et Singh (1988). Précisément, pour chacun des quatre indicateurs d'Hofstede, nous calculons la distance suivante :

$$dist_{aij} = (C_{ai} - C_{aj})^2 / V_a$$

Où C_{ai} correspond à la valeur du critère *a* pour le pays *i* dans l'éude d'Hofstede, V_a correspond à la variance du critère *a*, $dist_{aij}$ est la différence entre le pays j et i selon le critère culturel *a*, et *a*={PDI, IND, Masc, UAI}.

Nous intégrons donc un continuum de distances culturelles à l'instar du continuum de distances non culturelles[18].

3. *Les variables de contrôle*

Comme il est d'usage, nous contrôlons l'effet de la taille. Pour cela nous utilisons la variable P_i qui résume le nombre total de brevets déposés dans le pays $_i$ sur la période 1978-1996. En effet, nous postulons que plus un pays dépose de brevets, plus il a de chance d'être cité par des brevets ultérieurs.

---

[17] Nous normalisons au préalable tous les coefficients de corrélation afin de ne manipuler que des valeurs positives dans notre analyse économétrique.

[18] Nous avons également réalisé des estimations en adoptant une vision binaire de la distance et en ne distinguant que deux états pour chaque distance culturelle (et en créant une variable muette qui prenait la valeur 1 pour des pays proches et 0 pour des pays éloignés). Les résultats, selon cette spécification alternative, sont très proches du modèle présenté puisque les variables significatives et leur signe sont les mêmes.

Parallèlement, plus un pays dépose de brevets, plus il a de chance de se référer à des brevets existants. Il convient donc d'intégrer une variable de contrôle pour le pays *j*. Plutôt que d'utiliser P_j à cet effet (ce qui risquerait d'engendrer des phénomènes d'endogénéité) nous choisissons $PP_j=P_j-Y_{ij}$, c'est à dire le nombre de dépôts de brevets du pays *j* qui ne font pas référence aux brevets de *i*. Cette variable *PPj* permet de contrôler la nature cumulative de la production de connaissances et l'idée de capacité d'absorption de Cohen et Levinthal (1989). En effet, si l'on transpose aux brevets les résultats de Cohen et Levinthal obtenu sur la RD, on doit trouver que plus un pays est capable d'inventer des brevets sans l'aide des autres (PP_j), plus ce pays est capable de comprendre et d'assimiler les externalités de connaissance (Y_{ij}) générées dans le pays *i*. En effet, sa propre capacité à inventer lui permet de jouir de connaissances et compétences nécessaires à la compréhension et à l'absorption de celles émises par les autres, afin de les utiliser pour mettre au point de nouvelles idées. Selon Machlup (1983) : « *the more is invented, the easier it becomes to invent still more* ».

Finalement, le modèle testé est le suivant :

$$Y_{ij} = f(\Omega_{ij})$$

$$\Omega_{ij} = \left\{, \ln E_{ij}, dist_{PDij}, dist_{INDij}, dist_{MASCij}, dist_{UAij}, \ln T_{ij.}, \ln G_{ij}, \ln P_{i}, \ln PP_{j} \right\}$$

Le contexte empirique et la méthodologie de construction des variables étant définis, la section suivant est dédiée à la présentation et à la discussion de nos résultats d'estimation.

III- RÉSULTATS ET INTERPRÉTATIONS : L'IMPACT DES PROXIMITÉS SUR LA GÉOGRAPHIE DES FLUX DE CONNAISSANCES

Nous proposons tout d'abord de discuter le choix et la pertinence de la méthode d'estimation retenue, avant de présenter les résultats (§ 3.1). Dans un deuxième temps, nous exposons les conclusions quant à l'impact des variables non culturelles sur l'innovation, afin de mettre en évidence des points communs et ou différences par rapport à la littérature existante (§ 3.2). Puis nous détaillons l'impact de la distance culturelle sur la diffusion de connaissances (§ 3.3).

1. Résultats d'estimation

Les occurrences de citations de brevet sont des variables discrètes et prennent des valeurs entières. La méthode traditionnelle pour estimer leurs déterminants est donc un modèle de Poisson dans lequel on estime la relation entre le taux d'arrivée d'une citation et les variables indépendantes. Les résultats du modèle de Poisson sont donnés en annexe (annexe 2) pour information. Cependant, si l'on représente la distribution de la variable expliquée, on remarque que celle-ci prend un large spectre de valeurs différentes (on se rapproche d'un continuum), ce qui nous encourage à utiliser la méthode des moindres carrés (MCO). Dans ce cas, nous linéarisons les modèles précédents pour finalement estimer une équation du type[19] :

$$\ln Y_{ij} = \beta \Omega_{ij} + u$$

avec *u* le terme d'erreur supposé iid.

Les estimations obtenues sont présentées dans le tableau 2 ci-après. Avant de nous pencher sur l'analyse des résultats, on peut remarquer que le modèle est caractérisé par un R^2 et une statistique de Fisher élevés, témoignant de son pouvoir explicatif. Notons également que l'introduction des variables culturelles aux côtés des distances économiques, technologiques et géographiques augmente le R^2 (dans le modèle sans variable culturelle qui n'est pas présenté ici, il atteint une valeur de 0.781) et donc le pouvoir explicatif du modèle.

Tableau 2

ESTIMATEURS MCO DU MODELE

Variables explicatives	Modèle A
Distance économique (ln E_{ij})	-0.009
Proximité technologique (ln T_{ij})	**0.122**
Distance géographique (ln G_{ij})	**-0.236**
Distance culturelle en termes de:	
- distance hiérarchique (dist PD_{ij})	-0.024
- individualisme (dist IND_{ij})	-0.064
- masculinité (dist $MASC_{ij}$)	-0.045
- aversion vis à vis du risque (dist UAI_{ij})	**0.114**
Nombre de brevets déposés par le pays i (ln P_i)	**0.567**
Nombre de brevets déposés par le pays j sans l'aide de connaissances extérieures (ln PP_j)	**0.539**
F	86.25
R^2 ajusté	0.797
N	196
Durbin-Watson	2.138

Les variables en gras sont significatives au seuil de 5%.

Par ailleurs, si la significativité globale augmente, il convient également de veiller à ce que certains effets ne soient pas occultés ou au contraire dédoublés du fait de l'introduction des variables culturelles. Certaines variables peuvent en effet être corrélées aux variables culturelles introduites. Sur ce point, Grabher (1993) soutient que proximité culturelle et géographique sont imbriquées. Selon lui, « *la culture homogène crée des règles et engendre la confiance, et ses limites géographiques accroissent les probabilités d'interaction et de communication sociales, qui réduisent le problème de rationalité limitée* ». Il est donc délicat de

[19] Dans la mesure où certaines observations des variables distance géographique et citations de brevets sont égales à zéro et ne peuvent par conséquent pas être transformées par la fonction ln, nous avons choisi de rajouter 1 à toutes les observations de ces deux variables. Par ailleurs, nous avons également mené une estimation sans la Grèce et sans le Portugal (les deux seuls pays pour lesquels certains flux de connaissances inter-nationaux sont égaux à 0) et avant le rajout d'une citation par observation. Les résultats sont sensiblement les mêmes, ce qui nous encourage à présenter le modèle sur 14 pays.

démêler proximité géographique et proximité culturelle. Pour tester son idée, et ainsi voir si notre modélisation ne souffre pas d'auto-corrélation des variables, nous calculons (en plus de la statistique de Durbin Watson) les coefficients de corrélation entre les variables culturelles et la distance géographique (cf. annexe 3). Il en ressort que la proximité culturelle ne coïncide pas systématiquement avec la proximité géographique. Par conséquent, notre volonté d'inclure la proximité culturelle aux cotés de la proximité géographique s'avère utile pour compléter les travaux existants en analysant une nouvelle explication (non corrélée aux autres) de la géographie des flux de connaissances.

Ces précautions économétriques prises, passons à l'analyse des estimateurs.

2. *Influence des proximités « traditionnelles » et de la capacité d'absorption*

On peut tout d'abord noter que la distance géographique entre territoires exerce une influence négative sur le volume des échanges de connaissances entre ces territoires (β_A= - 0.236). Ainsi, les échanges de connaissances (même très codifiées comme celles incorporées dans les brevets), sont facilités par la proximité géographique, même lorsqu'on se place au niveau inter-national , c'est à dire dans le cadre de distances importantes. Ceci confirme les résultats sur données américaines de Jaffe et Trajtenberg (1999) ou sur données suédoises de Sjöholm (1996).

Deuxièmement, la proximité technologique joue un rôle explicatif dans la géographie de la diffusion des connaissances. Les résultats témoignent en effet que les flux de connaissances entre pays européens augmentent de façon significative à mesure que la proximité technologique entre pays augmente (β_A = 0.122). Cependant, l'impact de la proximité technologique est presque deux fois moins important que celui de la proximité géographique. Ainsi, si la proximité géographique est le meilleur canal de diffusion de la connaissance, la proximité technologique peut être une explication des flux de connaissances entre pays éloignés physiquement. Cet estimateur suggère également que sur longue période (nous disposons de données agrégées sur plus de 25 ans) les connaissances se diffusent plus facilement au sein de zones technologiquement homogènes plutôt qu'entre pays aux structures technologiques distinctes. Cependant, ce résultat peut s'expliquer par la forme de nos données. En effet, nous ne disposons que de données en coupe transversale. Or d'après Verspagen et de Loo (1999), les spillovers sont d'abord intra-sectoriels, mais à mesure que le temps passe, ils deviennent inter-sectoriels. Il se peut donc que notre échantillon surestime l'impact de la proximité technologique et des spillovers intra-sectoriels, car vraisemblablement seule une partie des citations reçues par les brevets les plus récents est incluse dans la base que nous utilisons (et par conséquent les citations plus tardives et plus inter-sectorielles sont occultées). Pour tester ce point, des données en séries temporelles (dont nous de disposons pas pour le moment) seraient nécessaires.

Troisièmement, la distance économique n'apparaît pas comme un facteur explicatif de la géographie des flux de connaissances. Son estimateur n'est en effet pas statistiquement significatif. Ce résultat confirme ceux que Maurseth et Verspagen (2002) présentent au niveau des régions européennes. Ce phénomène s'explique vraisemblablement par le niveau d'harmonisation économique qui existe déjà entre pays de l'Union.

Il est intéressant de noter que le montant des flux de connaissances échangés entre deux pays augmente sensiblement avec le nombre total de dépôts de brevets de ces deux pays. Qui plus est, les résultats indiquent que le nombre total de dépôts de brevets est le déterminant le plus important du volume de connaissances échangées. Ainsi les idées de Cohen et Levinthal (1989) sont une fois de plus confirmées au niveau des brevets : plus un pays est intrinsèquement inventif (capable d'inventer sans l'aide des autres, c'est à dire avec un PP_J élevé), plus il est à même de bénéficier d'externalités de connaissance générées par d'autres pays fortement innovants. Cependant, si l'on compare les coefficients de P_i et de PP_j, on remarque que l'émetteur de la connaissance (et en l'occurrence l'inventeur du brevet originel) joue un rôle plus important dans la diffusion de connaissances que le destinataire. On peut en faire l'interprétation suivante : sans volonté de sa part de dévoiler ses connaissances par l'intermédiaire d'un brevet, les receveurs (aussi compétents soient-ils) ne peuvent pas bénéficier de ses idées.

Finalement, la géographie des flux de connaissances s'explique principalement par le dynamisme et les capacités d'absorption des acteurs (P_i et PP_j). La proximité géographique en tant que telle joue un rôle plus réduit sur la diffusion des connaissances. On retrouve donc les idées de Breschi et Lissoni (2001a, b) : les spillovers ne sont pas « dans l'air », mais bien la conséquence d'actions délibérées et d'investissements volontaires de la part des agents.

3. Influence de la proximité culturelle

L'impact de la distance culturelle sur l'intensité des flux de connaissances est mitigé, puisque seul un indicateur de distance culturelle s'avère statistiquement significatif. En effet, notre analyse montre que des pays ayant une attitude vis-à-vis du risque très différente ont plus de chances d'échanger beaucoup de connaissances entre eux, et ainsi de développer des innovations par imitation. En d'autres termes, et de façon surprenante, ce n'est pas la proximité culturelle qui est bénéfique mais la distance : les territoires complémentaires en matière d'attitude vis à vis du risque sont ceux qui bénéficient du plus grand nombre d'échanges de connaissances entre eux. En effet, on peut imaginer que les populations ayant un faible degré d'aversion au risque se chargent d'investir dans la recherche sur des thématiques risquées, alors que les populations plus *risquophobes* développent des nouvelles idées dans des domaines moins aléatoires. Ainsi, elles bénéficient toutes les deux d'une forte accumulation de connaissances dans des domaines spécifiques et différents. On aurait donc une sorte de division du travail d'innovation dans un premier temps, suivi d'un échange des travaux issus de la première phase aux partenaires spécialisés dans des domaines différents. Ces résultats semblent confirmer les travaux de Shane et *al.* (1995). Ces derniers concluent en effet, que « *uncertainty avoidance has implications for the nature of the innovations pursued – exploratory vs exploitative, high risk vs low risk, radical vs incremental* » (*ibid*, p. 934). Par ailleurs, ils valident l'hypothèse formulée par Boschma (2004) et Lundvall (1999) : une trop forte proximité culturelle n'est pas la panacée. Plus précisément, Johnson et Lundvall (1991) expliquent que si la distance culturelle est grande, alors les acteurs en ont conscience et ils la contrebalancent par une proximité plus importante selon une autre dimension spatiale, ou par le biais d'une innovation radicale capable de rapprocher les deux cultures. Par contre, si la distance culturelle est plus faible, elle est moins visible et donc plus délicate à gérer.

Si la distance en matière d'aversion vis à vis du risque est significative pour notre régression, il convient néanmoins de préciser que l'impact de cette variable sur le volume des échanges de connaissances est faible[20]. Ce manque de pouvoir explicatif de la distance culturelle peut s'expliquer en partie par la nature des connaissances dont nous étudions la diffusion. En effet, nous concentrons notre analyse sur la diffusion de connaissances très codifiées incorporées dans les brevets. A priori, ce type de connaissances est le plus facilement transférable entre individus : il leur suffit de partager le même code (Cowan et *al.*, 2000). Dans ce cadre de transmission, la marge d'interprétation des informations et connaissances transmises est quasi-nulle (puisque tout est codifié) et de ce fait, la place pour d'éventuelles incompréhensions du fait de différences culturelles est limitée. Le manque d'effet significatif peut également résulter du fait que l'effet de la distance culturelle sur la diffusion de connaissances n'est pas linéaire. En effet, si comme avancé par la littérature l'excès et l'absence de proximité culturelle sont toutes deux néfastes, il n'est pas étonnant que notre estimation linéaire n'identifie pas d'effets clairs.

Pour finir, cette analyse soutient l'idée que l'innovation n'est pas seulement guidée par l'environnement économique, technologique ou géographique. D'autres déterminants, d'essence culturelle, ont aussi un rôle (moindre) à jouer.

CONCLUSIONS ET PROLONGEMENTS

En utilisant les citations de brevets Européens, nous avons examiné la géographie des flux de connaissances en Europe, et testé si les connaissances se diffusent plus rapidement entre pays partageant certaines caractéristiques économiques, technologiques, géographiques ou culturelles. Nous avons ainsi proposé de prendre en considération de nouvelles formes spatiales dans l'analyse économétrique de la dynamique de l'innovation. Notre principale originalité réside dans l'intégration de l'espace culturel au rang des variables explicatives. Pour appréhender l'impact de l'espace culturel sur la dynamique d'innovation nous avons testé si les différences culturelles favorisent les flux de connaissances entre pays.

Nos résultats empiriques présentent la distance culturelle comme non décisive dans l'explication des flux de connaissances technologiques entre pays

[20] Pour comparer l'impact des distances culturelles aux autres distances, une étape calculatoire supplémentaire est nécessaire. En effet, les distances non culturelles sont exprimées en ln contrairement aux distances culturelles. Nous avons donc estimé l'élasticité autour de la moyenne de la distance UAI et trouvé qu'elle était très faible (de l'ordre du centième) en comparaison de celle de la distance géographique et du nombre de brevets.

européens. En effet, seul un des quatre indicateurs de distance culturelle retenus est significatif. Plus précisément, nous trouvons que seules de grandes différences en matière de comportement vis-à-vis du risque augmentent l'intensité des flux de connaissances entre territoires. Finalement, le nombre limité de flux de connaissances entre certains pays ne semblent pas être imputable à une incompréhension culturelle, tout au moins au sein de l'Europe des 15. Les différences culturelles entre membres de l'Union n'apparaissent donc pas comme un obstacle à l'harmonisation des niveaux d'innovation en Europe.

En nous penchant sur cette première question, nous apportons les premiers éléments à une réflexion sur l'impact de la culture sur la géographie des connaissance. Mais il ne s'agit là que d'un préliminaire. En effet, si nous trouvons que la distance culturelle n'a que peu d'impact sur la diffusion de connaissances, cela n'implique pas que les traits culturels d'une population sont sans effet sur les échanges de connaissances de cette dernière. Plus précisément, on peut imaginer qu'appartenir à une culture donnée peut favoriser (ou ralentir) l'absorption de flux de connaissances externes, quels que soient les traits culturels des partenaires émetteurs (et donc quelle que soit la distance culturelle entre acteurs). Plus que la proximité à proprement parler, ce serait l'appartenance à un espace culturel présentant des caractéristiques précises qui serait bénéfique[21], ce qui ouvre la voie à des travaux futurs.

Ces premiers résultats appellent également à être complétés et testés à une échelle plus large (les flux de connaissances mondiaux, afin de vérifier si l'Europe peut être considérée comme un bloc culturel homogène vis à vis du reste du monde), à une échelle plus réduite (de manière à prendre en considération les spécificités culturelles locales) mais aussi dans le temps (afin de proposer une vision dynamique de l'impact de la distance culturelle sur la diffusion de connaissances).

[21] Nous glissons ainsi d'une conception de l'espace en termes de distances à une conception en termes de zones homogènes en leur sein mais hétérogènes vis-à-vis de l'extérieur.

REFERENCES

Allen J. (2000), « Power/ economic knowledge: Symbolic and spatial formations », in Bryson J.R., Daniels P.W., Henry N. and Pollard J. eds, *Knowledge, Space, Economy*, London, Routledge, 15-33.

Amin A., et Wilkinson F. (1999), « Learning, proximity and industrial performance : an introduction », *Cambridge Journal of Economics,* 23, 121-125.

Au K.Y. (2000), « Intra-cultural variation as another construct of international management : a study based on secondary data of 42 countries », *Journal Of International Management*, 6, 217-238.

Autant-Bernard C. (2001), « The geography of knowledge spillovers and technological proximity », *Economic of Innovation and New Technology*, 10, 237-254.

Baal et Jan van (1981), *Man's Quest for Partnership : The Anthropological Foundations of Ethics and Religion,* Assen, The Netherlands: Van Gorcum.

Baslé M. et Renault R. (2004), *L'économie fondée sur la connaissance : questions au projet européen*, Economica, Paris.

Beugelsdijk S. et Van Schaik T. (2003), « Toward A Unified Europe? Explaining Cultural Differences By Economic Development, Cultural Heritage and Historical Shocks », European Regional Science Association Conference, Jyvaskyla, Finland, 27-29 Août.

Boas F. (1940), *Race, Language And Culture,* Mac Millan, New York.

Boschma R.A. (2004), « Proximité et innovation », *Economie Rurale*, 280, 8-24.

Bottazzi L. et Peri G. (2003), « Innovation and spillovers in regions : Evidence from European patent data », *European Economic Review*, 47, 4, 687-710.

Breschi S. et Lissoni F. (2001a), « Localised knowledge spillovers vs innovative milieux: Knowledge 'tacitness' reconsidered », *Papers in Regional Science,* 80, 255-273.

Breschi S. et Lissoni F., 2001b, « Knowledge spillovers and local innovation systems : A critical survey », *Industrial and Corporate Change,* 10(4), 975-1005.

Breschi S., Lissoni F. et Malerba F. (2003), « Knowledge relatedness in firm technological diversification », *Research Policy*, 32, 1, 69-87.

Chauvel L. (1995), « Valeurs régionales et nationales en Europe », *Futuribles*, Juillet.

Chinese Culture Connexion (1987), « Chinese values and the search for culture-free dimensions of culture », *Journal of Cross-cultural Psychology*, 18, 143-164.

Cohen W.M. et Levinthal D. (1989), « Innovation and learning : the two faces of R&D », *Economic Journal*, 99, 569-596.

Cowan R., David P.A. et Foray D. (2000), « The explicit economics of knowledge codification and tacitness », *Industrial And Corporate Change*, 9, 211-254.

Evans, J. et Malvondo F. (2001), «An alternative operationalisation of cultural distance», Paper Presented At ANZMAC Conference, New Zealand, December.

Fernandez D.R., Carlson D.S., Stepina L.P et Nicholson J.D. (1997), « Hofstede's country classification 25 years later », *Journal Of Social Psychology*, 137, 43-54.

Grabher G. (1993), « Rediscovering the social in the economics of interfirm relations », *in* Grabher G. ed., *The Embedded Firm-On the Socioeconomics of Industrial Networks,* Routledge, London, 1-31.

Gudykunst W.B. (1991), *Bridging differences*, Sage, Californie.

Hagget P., Cliff A. D. et Frey A. (1977), *Locational Models*, Edward Arnold; Londres.

Hall Edward T. (1979), *Au Delà De La Culture*, Seuil, Paris.

Helliwell J.F. (1998), *How Much Do National Borders Matter?,* Washington, Brookings Institution.

Hofstede G. (1980), *Culture's Consequences* : *International Differences In Work Related Values*, Beverly Hills, Sage Publications.

Hofstede G. (1997), *Cultures and organizations: software of the mind*, Mac Graw Hill (rev. edition).

Hussler C. (2000), « Culture et innovation : quand l'enracinement culturel contraint l'homogénéisation technico-économique des sociétés européennes », *mémoire de DEA Analyse Economique,* ULP, Strasbourg.

Inkeles A. et Levinson D.J. (1969), « National Character: The study of modal personality and sociocultural systems » in Lindzey G.et Aronson E. eds. *The Handbook Of Social Psychology*, vol.4. Reading, M.A.: Addison-Wesley.

Jaffe A.B. (1986), « Technological opportunity and spillovers from R&D : Evidence from firms' patents, profits and market values », *American Economic Review*, 76, 984-1001.

Jaffe A.B et Trajtenberg M. (1999), « International knowledge flows : evidence from patent citations », *Economic of Innovation and New Technology*, 8, 105-136.

Jaffe A.B et Trajtenberg M. (1999), « International knowledge flows: evidence from patent citations », *Economic of Innovation and New Technology*, 8, 105-136.

Jaffe A.B, Trajtenberg M. et Banks B. (2002), « The Meaning of Patent Citations: Report on the NBER/Case-Western Reserve Survey of Patentees », in Jaffe A. et Trajtenberg M. eds, *Patents, Citations & Innovation s: A Window on the Knowledge Economy*, Cambridge: MIT Press.

Jaffe A.B, Trajtenberg M. et Henderson R. (1993), « Geographic localization of knowledge spillovers as evidenced by patent citations », *Quarterly Journal of Economics*, 108, 577-598.

Kluckhohn F. et Strodtbeck F. (1961), *Variations In Value Orientations*, Evanston, IL, Peterson.

Kluckhohn F. et Muray H.A. (1948), *Personality in nature, culture and society*, Knopf, New York.

Kogut B. et Singh H. (1988), « The effect of national culture on the choice of entry mode », *Journal Of International Business Studies*, Fall, 411-432.

Le Boulch G. (2001), « Approche systémique de la proximité : Définitions et discussion », 3èmes Journées de la proximité, Paris, Juin.

Le Gallo J. (2002a), *Disparités géographiques et convergence des régions européennes : une approche par l'économétrie spatiale*, Thèse de Doctorat, Université de Bourgogne, Dijon, Mai

Lhuillery S. (2001), « Voluntary Technological Disclosure As A Efficient Knowledge Management Device: An Empirical Study », Séminaire Beta, University Louis Pasteur, Strasbourg, May.

Li H.Z. (1999), « Communicating information in conversations: A cross cultural comparison », *International Journal of Intercultural Relations*, 23, 3, 687-709.

Lundvall B. A. (1999), « Spatial division of labour and interactive learning », *Revue d'Economie Régionale et Urbaine*, 3, 469-488.

Maurseth P.B. et Verspagen B. (2002), « Knowledge Spillovers In Europe. A Patent Citations Analysis », *Scandinavian Journal of Economics*, 104, 4, 531-545.

Parsons T. (1964), *Essays in Sociological Theory,* The Free Press, New York.

Parsons T. et Shils E.A. (1951), *Towards a general theory of action*, Harvard University Press, Cambridge.

Pinker S. (1995), *The language instinct*, Allen Lane, The Penguin Press, UK.

Pizam A., Pine R., Mok C. et Shin J.Y. (1997), « Nationality vs industry cultures: Which has the greater effect on managerial behaviour ? », *International Journal of Hospitality Management*, 16, 2, 127-145.

Polanyi M. (1958), *Personal Knowledge. Towards a Post Critical Philosoph,* Routledge London.

Rallet A. et Torre A. (2004), « Proximité et localisation », *Economie Rurale*, 280, 25-41.

Sapir E. (1921), *Anthropologie, Tome 2 : culture*, traduction française, 1967, Editions de Minuit, Paris.

Shane S. (1993), « Cultural influences on national rates of innovation », *Journal of Business Venturing,* 8, 59-73.

Shane S., Venkataraman S. et Mac Millan I. (1995), « Cultural differences in innovation championing strategies », *Journal of Management*, 21, 5, 931-952.

Schwartz S.H. (1992), « Universals in the content and structure of values: theoretical advances and empirical tests in 20 countries », in Zama L. ed., *Advances In Experimental Social Psychology*, NY Academic Press, 1-66.

Schwartz S.H. et Sagiv L. (1995), « Identifying culture-specificities in the cintent and structure of values », *Journal of cross-cultural psychology*, 26(1), 92-116.

Smith P.B. et Bond M.H. (1998), *Social psychology across cultures*, Prentice Hall, Europe.

Sondergaard M. (1994), « Research note : Hofstede's consequences : A study of reviews, citations and replications », *Organizational Studies*, 15, 3, 447-456.

Thrift N., 2000, « Pandora's box ? Cultural geographies of economics », in Clark G., Feldman M. et Gertler M. eds., *The Oxford Handbook of economic geography*, Oxford University Press, 389-704.

Trompenaars F. (1993), *Riding the Waves of Culture*, Nicholas Brealey Publishing, Londres.

Tylor E.B. (1871), *Primitive Culture*, Murray, Londres.

Van Oudenhoven J.P. (2001), « Do organisations reflect national cultures ? A 10-nation study », *International Journal of Intercultural Relations*, 25, 89-107

Verspagen B. et de Loo I. (1999), « Technology spillovers between sectors and over time », *Technological Forecasting and Social Change*, 60, 215-235.

Von Hippel E. (1988), *The Sources of Innovation*, Oxford University Press, New York..

ANNEXES

Annexe 1
TRAITS SAILLANTS DE L'ECHANTILLON

Liste des pays inclus dans l'échantillon
Allemagne, Autriche, Belgique, Danemark, Espagne, France, Finlande, Grèce, Irlande, Italie, Pays-Bas, Portugal, Royaume-Uni, Suède.

Statistiques descriptives de l'échantillon

Variables	Moyenne	Min	Max	Ecart-type
Intensité des flux de connaissances (Y_{ij})	836.60	0	48447	3777.59
Distance économique (E_{ij})	1.03	0.56	1.79	0.24
Proximité technologique (T_{ij})	0.83	0.56	1	0.10
distance géographique (G_{ij})	2.93	0	8	1.74
distance culturelle en termes de:				
- distance hiérarchique (dist PD_{ij})	1.86	0	9.81	2.21
- individualisme (dist IND_{ij})	1.86	0	12.99	2.65
- masculinité (dist $MASC_{ij}$)	1.86	0	9.64	2.19
- aversion vis à vis du risque (dist UAI_{ij})	1.86	0	9.71	2.21
Nombre de brevets déposés par le pays i (P_i)	12549.21	50	71412	18934.37
Nombre de brevets déposés par le pays j sans aides extérieures (PP_j)	11658.88	18	71403	17965.63

Annexe 2
RESULTATS D'ESTIMATION DU MODELE DE POISSON

Variables explicatives	Modèle A
Distance économique (ln E_{ij})	0.012
Proximité technologique (ln T_{ij})	**4.189**
Distance géographique (ln G_{ij})	**-0.728**
Distance culturelle en terme de:	
- distance hiérarchique (dist PD_{ij})	-0.164
- individualisme (dist IND_{ij})	0.054
- masculinité (dist $MASC_{ij}$)	-0.039
- aversion vis à vis du risque (dist UAI_{ij})	**0.190**
Nombre de brevets déposés par le pays i (ln P_i)	**0.791**
Nombre de brevets déposés par le pays j sans l'aide de connaissances extérieures (ln PP_j)	**0.681**
Log vraissemblance	-15247.57
Pseudo R^2	0.96
N	196
LR chi 2(9)	689411.40

Annexe 3
COEFFICIENTS DE CORRELATION ENTRE LES DISTANCES CULTURELLES ET LA DISTANCE GEOGRAPHIQUE

	Distance PDI	Distance IND	Distance Masc	Distance UAI
Distance géographique	0.24	0.35	0.28	0.42

LISTE DES AUTEURS

Adel Ben Youssef
ADIS
Faculté jean Monnet de Droit, Science économiques et gestion
Université de Paris Sud
54, Bld Desgranges
92331 Sceaux Cedex
adel.ben-youssef@jm.u-psud.fr

Delphine Gallaud
UMR SAD-APT
INRA INAPG
16 rue Claude Bernard
75231 Paris cedex 05
delphine.gallaud@laposte.net

Claudine Gay
Centre Walras
Université Lyon 2
14, avenue Berthelot
69007 Lyon
cgay@univ-lyon2.fr

Jean-Alain Héraud
beta, UMR n°7522 CNRS
Université Louis Pasteur
61 Avenue de la forêt noire
67085 Strasbourg.
heraud @cournot.u-strasbg.fr

Caroline Hussler
beta, UMR n°7522 CNRS
Université Louis Pasteur
61 Avenue de la forêt noire
67085 Strasbourg.
hussler@cournot.u-strasbg.fr

Rémi Lallement
Commissariat général du Plan
18 rue de Martignac
75700 Paris 07 SP
rlallement@plan.gouv.fr

Nadine Massard
CREUSET
Université de Saint-Etienne
6, Rue Basse des Rives
42 023 Saint-Etienne cedex 2
massard@univ-st-etienne.fr

El Mouhoub Mouhoud
Université Paris13
CEPN-CNRS UMR 7115
UFR Economie
Avenue J.-B. Clément
93420 Villetaneuse
mouhoud@seg.univ-paris13.fr

Francis Munier
beta, UMR n°7522 CNRS
Université Louis Pasteur
61 Avenue de la forêt noire
67085 Strasbourg.
munier@cournot.u-strasbg.fr

Sandrine Paillard
Unité prospective
INRA
147 rue de l'Université
75338 Paris Cedex 07
sandrine.paillard@paris.inra.fr

Fabienne Picard
Laboratoire Recits
Université de Technologie de Belfort-Montbéliard
90010 Belfort
fabienne.picard@utbm.fr

Michel Quéré
GREDEG, UMR CNRS
250 Avenue Albert Einstein
06560 Valbonne
quere@idefi.cnrs.fr

Alain Rallet
ADIS
Faculté jean Monnet de Droit, Science économiques et gestion
Université de Paris Sud
54, Bld Desgranges
92331 Sceaux Cedex
alain.rallet@jm.u-psud.fr

Stephane Riou
CREUSET
Université de Saint-Etienne
6, Rue Basse des Rives
42 023 Saint-Etienne cedex 2
stephane.riou@univ-st-etienne.fr

Patrick Rondé
beta, UMR n°7522 CNRS
Université Louis Pasteur
61 Avenue de la forêt noire
67085 Strasbourg.
ronde@cournot.u-strasbg.fr

André Torre
UMR SAD-APT
INRA INAPG
16 rue Claude Bernard
75231 Paris cedex 05
torre@inapg.inra.fr

Messaoud Zouikri
IRIS
Université Paris Dauphine
Place du Maréchal de Lattre de Tassigny
75775 Paris cedex 16
zouikri@yahoo.com

Jean-Marc Zuliani
cieu-umr 5053 CNRS
Département de géographie
Université Toulouse le-mirail
5, Allée Antonio Machado
F - 31058 Toulouse
zuliani@univ-tlse2.fr

577423 - Septembre 2014
Achevé d'imprimer par

1livre.com
du rêve à la réalité !

www.ingramcontent.com/pod-product-compliance
Lightning Source LLC
LaVergne TN
LVHW011129300926
849160LV00008B/574
9782296026476